高等应用数学

主　编　马树燕　王海萍

北京理工大学出版社
BEIJING INSTITUTE OF TECHNOLOGY PRESS

内 容 简 介

本书注重基本概念、基本理论和基本技能的训练，注重培养学生应用数学知识分析和解决问题的能力．全书共分为8章，第1章~第6章讲述微积分知识，第7章和第8章分别讲述线性代数和概率论基础知识．为了能较好地实施高职高专数学教学，本书开头增添了“中学数学知识回顾”，使该书既保持高职数学理论的系统性和科学性，又兼顾知识的衔接性和实用性．

本书的编写在数学内容的深度和广度方面，力求做到易教、易学、易懂，在教材结构和内容选择上，遵循由浅入深的原则，便于学生对概念的了解、对基本知识和方法的掌握，并能使学生将所学知识与实际应用很好地联系起来．

本书可作为高职高专院校“高等数学”“应用数学”或“经济数学”课程的教材．

图书在版编目(CIP)数据

高等应用数学 / 马树燕，王海萍，许卫球主编. --北京：北京理工大学出版社，2018.8(2022.8 重印)

ISBN 978-7-5682-6051-0

Ⅰ. ①高… Ⅱ. ①马… ②王… ③许… Ⅲ. ①应用数学-高等职业教育-教材 Ⅳ. ①O29

中国版本图书馆 CIP 数据核字(2018)第 182538 号

出版发行 / 北京理工大学出版社有限责任公司
社　　址 / 北京市海淀区中关村南大街5号
邮　　编 / 100081
电　　话 / (010) 68914775（总编室）
　　　　　(010) 82562903（教材售后服务热线）
　　　　　(010) 68944723（其他图书服务热线）
网　　址 / http://www.bitpress.com.cn
经　　销 / 全国各地新华书店
印　　刷 / 涿州市新华印刷有限公司
开　　本 / 787 毫米×1092 毫米　1/16
印　　张 / 13.25
字　　数 / 317 千字
版　　次 / 2018年8月第1版　2022年8月第4次印刷
定　　价 / 42.00元

责任编辑 / 钟　博
文案编辑 / 钟　博
责任校对 / 周瑞红
责任印制 / 施胜娟

前 言 PREFACE

高等数学作为高等院校理工科专业的基础学科，在我国已有近百年的教学史，但其作为高职高专的基础知识学科，在我国仅有十几年的历史．近些年，随着国家经济的高速发展，各行各业对技能型人才的数量和质量的要求都在不断提高．

为了适应高职院校人才培养的新要求，充分发挥数学课程在学院人才培养中的重要作用，本着“拓宽文化基础、增强能力支撑、构建学生可持续发展平台和提供专业工具”的精神，针对高职院校学生的学习特点，昆山登云科技职业学院数学组的教师结合多年来的教学实践经验编写了本教材．在教材编写中，编者们认真遵循实用、够用的原则，对以往教材中的微积分内容进行了适当的精简和弱化，增加了一些更为基础的内容以适应学生对数学知识的承受能力，并依据对专业课教师的走访交流结果，在内容编写上增添了使用面较为广泛的线性代数和概率论两部分的初步知识．本书为学生学习专业基础课、专业课提供必需的数学知识和数学方法，突出高职高专数学教学“学以致用”的特点．全书着重数学应用方法的介绍，淡化理论的推导和证明，取消繁杂的计算，既保证基本知识要点，又满足各专业对数学学习的基本需求，并为学生的后续课程学习和可持续发展奠定了必要的数学基础．

本书由马树燕、王海萍主编，编写分工为：王海萍编写第 1 章～第 3 章、第 8 章，马树燕编写第 4 章～第 7 章．这本教材是数学组同仁共同研讨、团结合作的结果，其作为学院数学课程改革的一个部分，会存在一些不足之处，在今后的教学实践中，我们将使之更加完备和完善．

由于编者水平有限，加之时间仓促，书中的错漏之处在所难免，敬请读者批评指正．

编　者

目录 CONTENTS

中学数学知识回顾

1. 合并同类项

(1)如果两个单项式,它们所含的字母相同,并且各字母的指数也分别相同,那么就称这两个单项式为**同类项**．如 $2ab$ 与 $-3ab$,$3m^2n$ 与 $-2m^2n$ 都是同类项．特别的,所有的常数项也都是同类项．

(2)把多项式中的同类项合并成一项,叫作同类项的合并(或合并同类项)．同类项的合并应遵照法则进行:把同类项的系数相加,所得结果作为系数,字母和字母的指数不变．

(3)合并同类项的理论依据是分配律:$a(b+c)=ab+ac$.

(4)注意括号的使用．

【同步训练 0.1】

对下列各题进行化简：

(1) $-xy+3-2xy+5xy-4xy-7$;

(2) $\frac{1}{x}(1+\ln x)-(1-\ln x)\left(-\frac{1}{x}\right)$;

(3) $2(1-x^2)+2x(-2x)$;

(4) $e^x(\cos x-\sin x)+e^x(\sin x+\cos x)$.

2. 因式分解

把一个多项式化为几个最简整式的乘积的形式,这种变形叫作把这个多项式**因式分解**(也称为分解因式)．常用的方法有：

(1)提取公因式法．

(2)公式法：

①平方差公式:$a^2-b^2=(a+b)(a-b)$;

②完全平方公式:$a^2+2ab+b^2=(a+b)^2$.

(3)十字相乘法．口诀:首尾分解,交叉相乘,求和凑中．

(4)分组分解法．

【同步训练 0.2】

将下列各式分解因式：

(1) $5x^2-xy$；

(2) x^4-1；

(3) x^2-4x+3；

(4) $6x^2+7x-5$.

3. 指数公式与幂的运算

$a^{-n}=\frac{1}{a^n}(a\neq0)$，　$a^0=1(a\neq0)$，　$a^{\frac{m}{n}}=\sqrt[n]{a^m}$（$a\geqslant0$，$m$、$n$ 为正整数）.

$a^m\cdot a^n=a^{m+n}(a\neq0)$，　$a^m\div a^n=a^{m-n}(a\neq0)$.

$(ab)^n=a^n\cdot b^n(ab\neq0)$，　$\left(\frac{a}{b}\right)^n=\frac{a^n}{b^n}(ab\neq0)$.

【同步训练 0.3】

化简下列各题：

(1) $3x^2y^3\cdot\sqrt{x\frac{2}{y^5}}$；

(2) $\frac{x^2-\sqrt[3]{x^2}}{x^2}$；

(3) $\ln\frac{1}{\sqrt[3]{e^4}}$；

(4) $16x\cdot x^2+5(-x^2\cdot x)$.

4. 常用三角函数公式与正弦、余弦定理

(1) 三角函数公式：

$$\sin^2x+\cos^2x=1,\tan x=\frac{\sin x}{\cos x},1+\tan^2x=\sec^2x,$$

$$\sin2x=2\sin x\cos x,\cos2x=\cos^2x-\sin^2x=2\cos^2x-1=1-2\sin^2x.$$

(2)正弦定理:

对$\triangle ABC$,有

$$\frac{a}{\sin A}=\frac{b}{\sin B}=\frac{C}{\sin C}.$$

(3)余弦定理:

在$\triangle ABC$中,有

$$a^2=b^2+c^2-2bc\cdot\cos A;$$
$$b^2=c^2+a^2-2ca\cdot\cos B;$$
$$c^2=a^2+b^2-2ab\cdot\cos C.$$

【同步训练 0.4】

1. 化简下列各题.

(1)$(\sin x+\cos x)^2-1$;　　　　(2)$\dfrac{2\sin^2 x}{1+\cos 2x}$.

2. 证明:$1+\cot^2 x=\csc^2 x$.

3. 已知力 $F1$ 的大小为 10N,力 $F2$ 的大小为 5N,两个力的夹角为 60°,求它们的合力 $F3$ 的大小及 $F3$ 与 $F1$ 夹角的正弦值.

5. 复数与平面向量

1)复数

规定 $i^2=-1$,其中 i 为虚数单位,形如 $z=a+bi$,a、$b\in\mathbf{R}$ 的数称为**复数**,a 称为复数的实部,b 称为复数的虚部.当 $b\neq0$ 时,z 称为虚数,若 $a=0$,$b\neq0$,则 z 称为纯虚数.复数的模 $|z|=\sqrt{a^2+b^2}$.

复数相加时,实部与实部相加,虚部与虚部相加,其原理与合并同类项相同.复数相乘时,符合多项式乘法法则,同时运用 $i^2=-1$.

2)平面向量

平面向量即平面内既有大小(即长度,或称为模长),又有方向的有向线段,记作 $\vec{z}$ 或 $\overrightarrow{AB}$(A、B 分别为向量的起点和终点)等.平面坐标系内把向量 $\vec{z}$ 平移至起点与原点重合,则终点坐标(a,b)即向量 $\vec{z}$ 的坐标.向量 $\vec{z}$ 的模长 $|\vec{z}|=\sqrt{a^2+b^2}$.

向量加法符合平行四边形法则,向量减法符合三角形法则(箭头方向指向被减向量).坐标运算则是横坐标和纵坐标分别相加或相减.

向量的数量积来源于物理上功的计算.

设向量 $\vec{a}$ 与 $\vec{b}$ 的夹角为 θ,则 $\vec{a}\cdot\vec{b}=|\vec{a}||\vec{b}|\cos\theta$,又称 $|\vec{a}|\cos\theta$ 为 $\vec{a}$ 在 $\vec{b}$ 上的投影.易知 $|\vec{a}|=\sqrt{\vec{a}\cdot\vec{a}}$,若 $\vec{a}=(x,y)$,$\vec{b}=(m,n)$,则 $\vec{a}\cdot\vec{b}=xm+yn$,所以有 $\cos\theta=\dfrac{\vec{a}\cdot\vec{b}}{|\vec{a}||\vec{b}|}=\dfrac{xm+yn}{\sqrt{x^2+y^2}\sqrt{m^2+n^2}}$.

【同步训练 0.5】

1. 计算$(3-4i)(2+i^3)$.

2. 化简$\dfrac{1-2i}{3i}$.

3. 已知$|\vec{a}|=1$,$|\vec{b}|=4$,$\vec{a}$ 与 $\vec{b}$ 夹角为60°.

求:(1)$(2\vec{a}+\vec{b})\cdot(3\vec{b}-\vec{a})$;

(2)$|\vec{a}+\vec{b}|$.

4. 已知 $\vec{a}=(-2,1)$,$\vec{b}=(5,-3)$,求 $\vec{a}$ 与 $\vec{b}$ 的夹角 θ 的余弦.

6. 直线与方程

1) 直线的倾斜角

在平面直角坐标系内,若直线与 x 轴相交,则 x 轴正向以逆时针绕交点旋转至与该直线重合,转过的角度 α 称为直线的倾斜角．若直线与 x 轴平行或重合,则倾斜角 α 为 $0°$．显然 $\alpha\in[0°,180°)$．当 $\alpha\neq90°$时,定义 $k=\tan\alpha$ 为直线的斜率．

两直线平行或重合⇔倾斜角相同⇔斜率相同(若存在)．

2) 直线方程的五种形式

(1) 两点式:$(y-y_1)(x_2-x_1)=(x-x_1)(y_2-y_1)$,其中$(x_1,y_1)$,$(x_2,y_2)$是直线上两个点．

(2) 点斜式:$y-y_1=k(x-x_1)$,(x_1,y_1)是直线上的点．

(3) 斜截式:$y=kx+b$,直线过点$(0,b)$．

(4) 截距式:$\frac{x}{a}+\frac{y}{b}=1$,直线过点$(a,0)$,$(0,b)$,且 $ab\neq0$．

(5) 一般式:$Ax+By+C=0$(A、B 不能同时为零)．

【同步训练 0.6】

1. 已知直线 $y=x-7$,求它的倾斜角度数．

2. 已知直线的倾斜角为 $60°$,且过点$(-1,3)$,求直线方程．

3. 已知直线 l 过点$(1,-1)$且与直线 $2x+3y=1$ 平行,求直线 l 的方程．

第1章 函数、极限和连续

【学习目标】

☞ 理解函数的概念、性质及函数的图像,掌握复合函数的分解过程.

☞ 了解数列极限与函数极限的相关概念,理解无穷小与无穷大的概念,会求函数的极限.

☞ 理解函数连续与间断的概念.

1.1 函 数

1.1.1 函数的概念和性质

1. 函数的概念

1)常量与变量

对各种现象的发展变化过程进行定量的描述时,总要涉及两种基本的量,即常量和变量.在某过程中数值保持不变,取固定值的量称为**常量**;在研究过程中数值发生变化,在一定范围内可能取不同值的量称为**变量**.

注意:常量与变量是相对"过程"而言的.

常量与变量的表示方法:通常用字母 a,b,c 等表示常量,用字母 x,y,z 等表示变量.

2)函数

在研究问题时,为了描述某一变化过程中不同变量之间的依赖关系,给出函数的概念.先来看两个实际的例子.

例1.1 自由落体运动中,质点下落的距离 s 与下落时间 t 之间的关系由下式确定:

$$s=\frac{1}{2}gt^2.$$

其中 $g\approx 9.8\text{m/s}^2$ 为重力作用下自由落体的加速度.由这个关系式可知,对于任意大于零的 t 值,有唯一的 s 值与之对应.

例1.2 在几何中,圆的面积 S 由半径 r 唯一确定,它们之间的关系由下式给出:

$$S=\pi r^2$$

对于每个非负的 r 值,由此关系式都可以得到唯一的面积 S 与之对应.

以上两例虽然背景不同,但它们都表达了两个变量之间相互依赖的关系.这个关系由一个对应法则给出,当其中一个变量在其变化范围内任意取定一个数值时,根据这个对应法则,另一个变量有唯一确定的值与之对应.两个变量之间的这种对应关系就是函数的实质.

定义 1.1 设 x 和 y 是两个变量，D 是一个非空实数集，如果对于每个数值 $x \in D$，按照某个法则 f，总有确定的数值 y 和它对应，则称 y 是 x 的**函数**，记作 $y=f(x)$（图 1-1）.

数集 D 叫作这个函数的**定义域**.

当 $x_0 \in D$ 时，称 $f(x_0)$ 为函数在 x_0 处的函数值. 当自变量 x 在定义域内取每一个数值时，对应的函数值的全体叫作函数的**值域**.

函数的两要素：定义域与对应法则（图 1-2）.

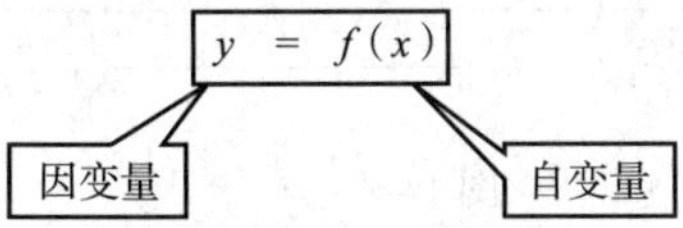

图 1-1

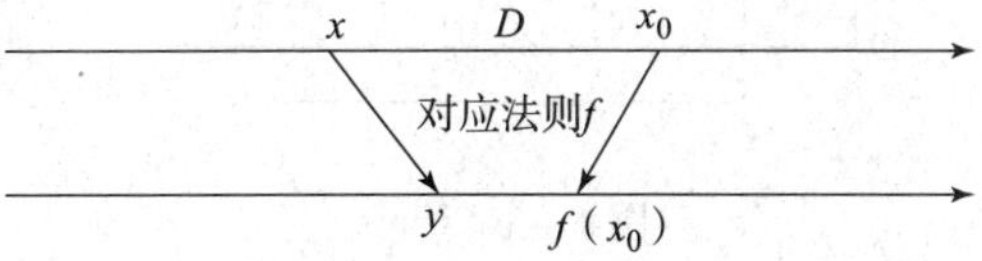

图 1-2

约定： 定义域是自变量所能取的使算式有意义的一切实数值. 例如 $y=\sqrt{1-x^2}$，D：$[-1,1]$，再如 $y=\dfrac{1}{\sqrt{1-x^2}}$，$D$：$(-1,1)$.

2. 函数的性质

1）函数的有界性

设函数 $f(x)$ 在集合 D 上有定义. 如果存在常数 $M>0$，使得对任意的 $x\in D$ 恒有 $|f(x)|\leqslant M$，则称函数 $f(x)$ 在 D 上**有界**；如果这样的 M 不存在，即对于任意的正数 M，无论它多大，总存在 $x\in D$，使得 $|f(x)|>M$，则称函数 $f(x)$ 在 D 上**无界**.

如果存在常数 M（或 m），使得对任意的 $x\in D$，恒有 $f(x)<M$（或 $f(x)>m$），则称函数 $f(x)$ 在 D 上有**上界**（或有**下界**）.

显然，在某区间上有界的函数在此区间上也必有上界和下界；反之，若函数在某区间上既有上界，也有下界，那么它在此区间上一定是有界的. 无界函数可能只有上界，而没有下界；或者只有下界，而没有上界；或者既没有上界，也没有下界.

例如，函数 $y=\sin x$ 在其定义域 $\mathbf{R}$ 上是有界的，这是因为对任意的 $x\in\mathbf{R}$，恒有 $|\sin x|\leqslant 1$. 而函数 $y=\dfrac{1}{x}$ 在其定义域 $(-\infty,0)\cup(0,+\infty)$ 上无界，但是如果研究范围是区间 $[1,2]$，显然对任意的 $x\in[1,2]$，恒有 $\left|\dfrac{1}{x}\right|\leqslant 1$，这就是说 $y=\dfrac{1}{x}$ 在 $[1,2]$ 上是有界的. 由此可见，一个函数是否有界，与所讨论的区间有关.

2）函数的单调性

设函数 $f(x)$ 的定义域为 D，区间 $I\subset D$. 如果对于区间 I 上的任意两点 x_1 和 x_2，当 $x_1<x_2$ 时，恒有 $f(x_1)<f(x_2)$，如图 1-3 所示，则称函数 $f(x)$ 在区间 I 上是单调增加的；如果对于区间 I 上的任意两点 x_1 和 x_2，当 $x_1<x_2$ 时，恒有 $f(x_1)>f(x_2)$，如图 1-4 所示，则称函数 $f(x)$ 在区间 I 上是单调减少的. 单调增加的函数和单调减少的函数统称**单调函数**，使函数单调的区间称为函数的**单调区间**.

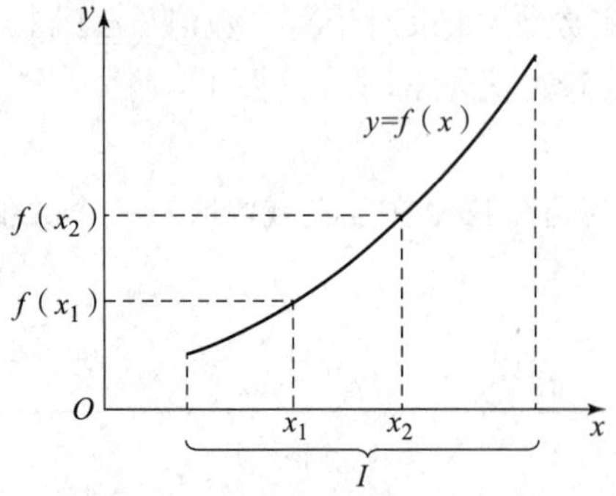

图 1-3

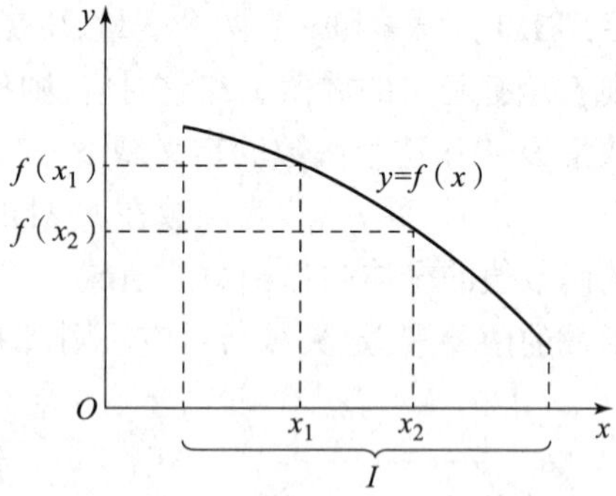

图 1-4

函数的单调性不仅和函数表达式有关,也和定义区间有关．一般的,如果函数在整个定义域内不单调,可以将定义域分成多个子区间,使函数在各个子区间内单调．例如,函数 $y=x^2$ 在整个定义域 $(-\infty,+\infty)$ 内不是单调的,但是在定义域的子区间 $(-\infty,0)$ 上单调减少,在 $(0,+\infty)$ 上单调增加.

3) 函数的奇偶性

设函数 $f(x)$ 的定义域为 D,其中 D 关于原点对称,即当 $x\in D$ 时,有 $-x\in D$. 如果对于任意 $x\in D$,恒有 $f(-x)=f(x)$ 成立,则称 $f(x)$ 为**偶函数**．如果对于任意 $x\in D$,恒有 $f(-x)=-f(x)$ 成立,则称 $f(x)$ 为**奇函数**．例如函数 $y=x^2$ 与 $y=x\sin x$ 都是 $(-\infty,+\infty)$ 上的偶函数,函数 $y=x^3+x$ 是 $(-\infty,+\infty)$ 上的奇函数,函数 $y=\dfrac{1}{x}$ 是 $(-\infty,0)\cup(0,+\infty)$ 上的奇函数,而函数 $y=x^2+x$ 是非奇非偶的函数.

由定义可知,奇函数的图像关于原点对称,如图 1-5 所示;偶函数的图像关于 y 轴对称,如图 1-6 所示.

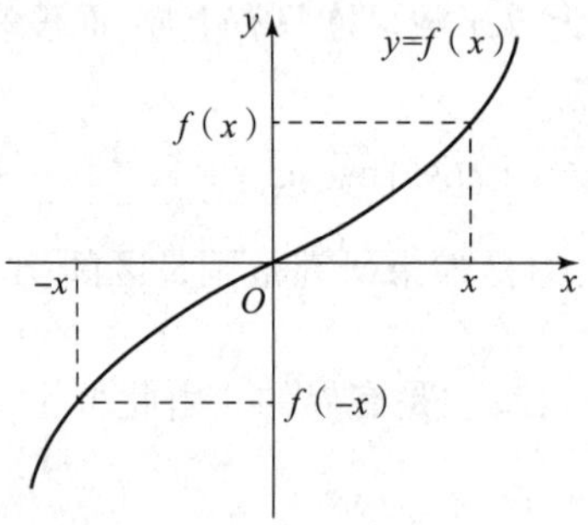

图 1-5

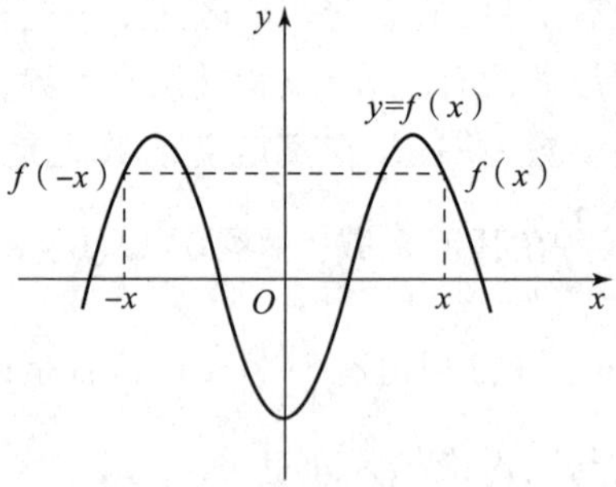

图 1-6

4) 函数的周期性

设函数 $f(x)$ 的定义域为 D,如果存在一个正数 l,使得对于任意 $x\in D$,均有 $(x\pm l)\in D$,且有恒等式

$$f(x+l)=f(x)$$

成立,则称 $f(x)$ 为周期函数,l 称为函数 $f(x)$ 的周期(通常所说周期函数的周期是指其**最小正周期**).

例如,函数 $y=\sin x$, $y=\cos x$ 都是周期为 2π 的周期函数,而 $y=\tan x$ 是以 π 为周期的周期函数. 周期函数的图像在每个长度为一个周期的区间上都有相同的形状,自然也有相同的单调性等特性,如图1-7所示.

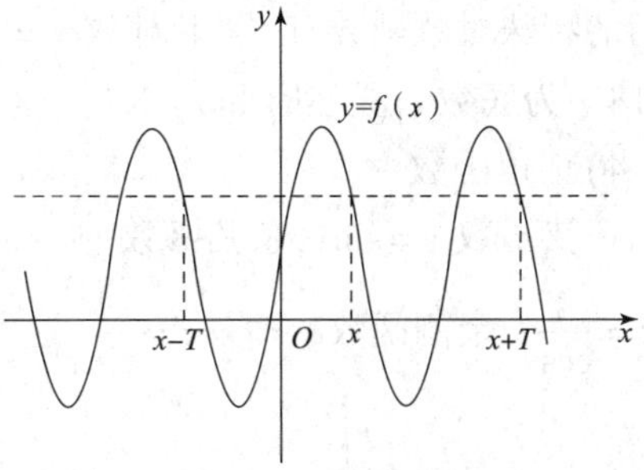

图1-7

1.1.2 初等函数

本书主要研究初等函数,而初等函数是由基本初等函数组成的.

1. 基本初等函数及其图形

把中学时学过的常数函数、幂函数、指数函数、对数函数、三角函数、反三角函数这六类函数统称为基本初等函数. 下面简单给出常用的基本初等函数的表示式及其图形、特征.

1) 幂函数 $y=x^{\mu}$ (μ 是常数)

幂函数 $y=x^{\mu}$ 的定义域和值域依 μ 的取值的不同而不同,但是无论 μ 取何值,幂函数在 $(0,+\infty)$ 内总有定义,而且图形都经过点 $(1,1)$,如图1-8所示.

2) 指数函数 $y=a^x$ ($a>0, a\neq 1$)

指数函数 $y=a^x$ (a 是常数) 的定义域为 $(-\infty,+\infty)$,值域为 $(0,+\infty)$,图像都经过点 $(0,1)$,如图1-9所示.

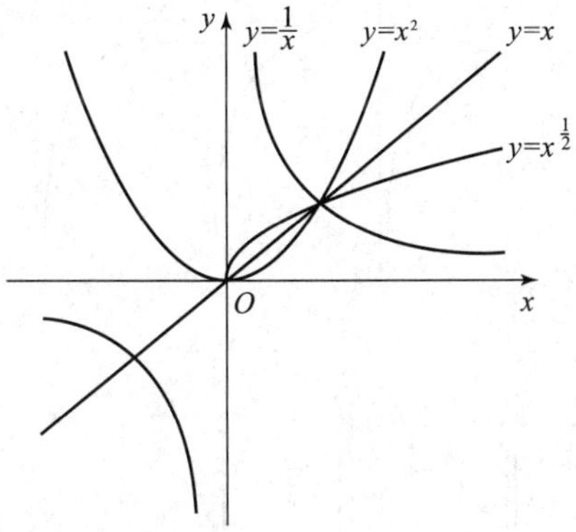

图1-8

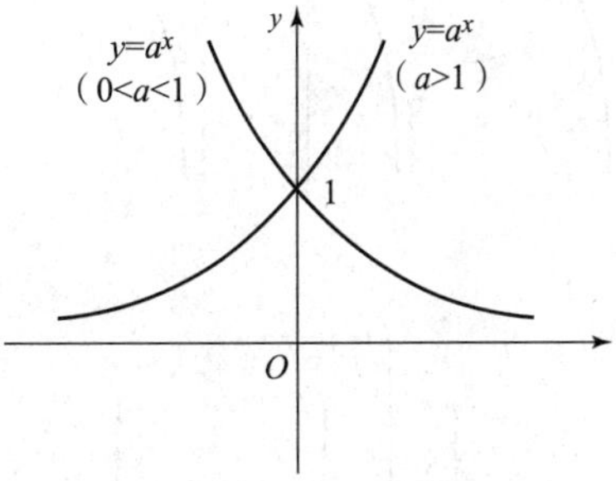

图1-9

常用的指数函数为 $y=e^x$ ($e\approx 2.718\,281\,8$).

3) 对数函数 $y=\log_a x$ ($a>0, a\neq 1$)

对数函数 $y=\log_a x$ (a 是常数) 的定义域为 $(0,+\infty)$,值域为 $(-\infty,+\infty)$,其图像始终在 y 轴右侧,当 $a>1$ 时,图像严格单调递增;当 $0<a<1$ 时,图像严格单调递减. 对数函数的图像都经过点 $(0,1)$,如图1-10所示.

对数函数和指数函数互为反函数,它们的图像关于直线 $y=x$ 对称.

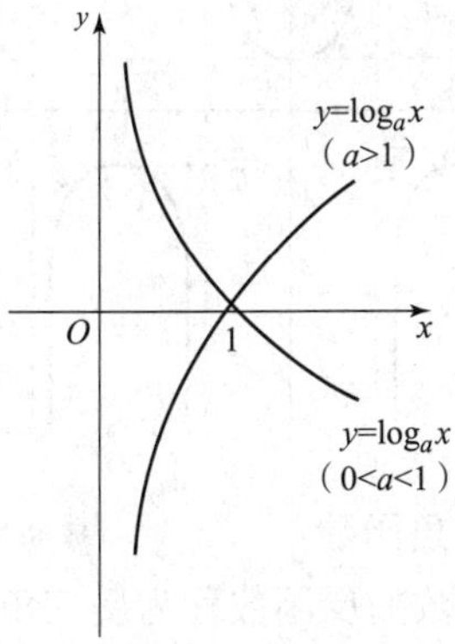

图1-10

常用的特殊对数函数有:常用对数 $y=\lg x$(以 $a=10$ 为底数)及自然对数 $y=\ln x$(以 $a=\mathrm{e}\approx 2.718\cdots$ 为底数),显然有 $\ln \mathrm{e}=1$.

4)三角函数

正弦函数 $y=\sin x$,余弦函数 $y=\cos x$,正切函数 $y=\tan x$,余切函数 $y=\cot x$,正割函数 $y=\sec x=\dfrac{1}{\cos x}$,余割函数 $y=\csc x=\dfrac{1}{\sin x}$这六个函数统称为三角函数,其图像如图 1-11 所示.

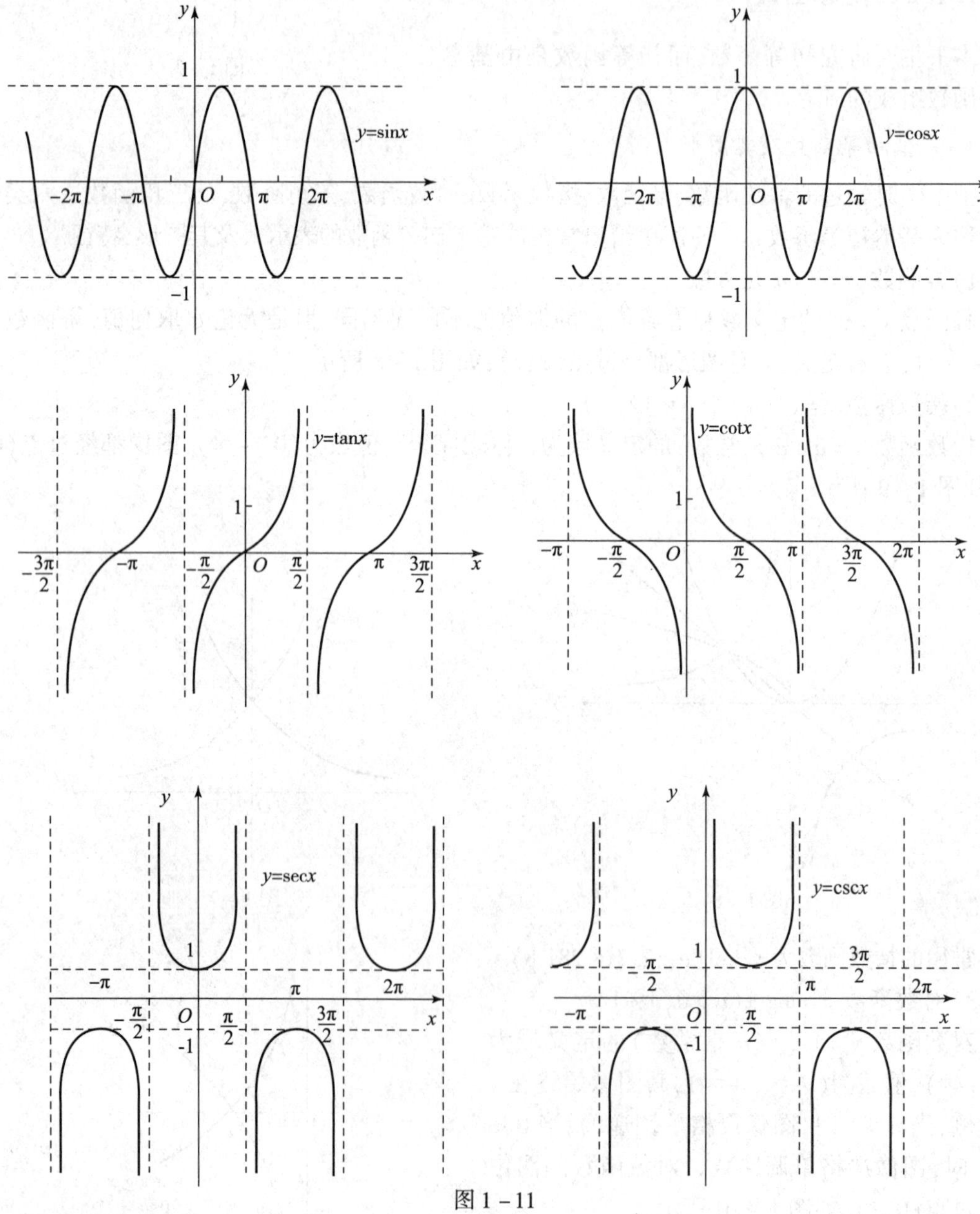

图 1-11

5)反三角函数

三角函数的反函数称为反三角函数,分别表示为:

反正弦函数 $y=\arcsin x$, 反余弦函数 $y=\arccos x$,

反正切函数 $y=\arctan x$，　　　反余切函数 $y=\operatorname{arccot} x$.

它们的图像如图 1－12 所示.

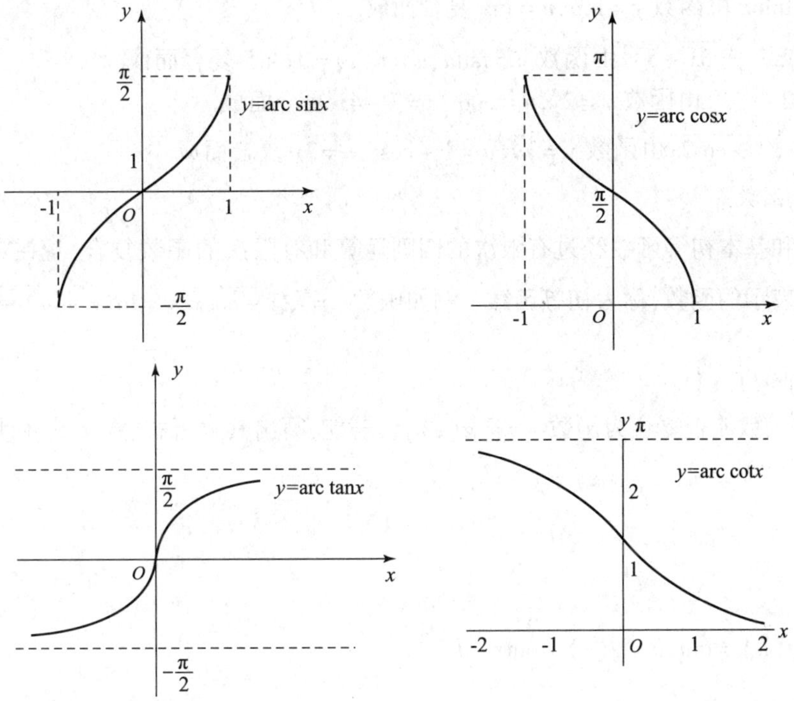

图 1－12

以上就是常用的几种基本初等函数.

2. 复合函数

定义 1.2　设 $y=f(u)$，而 $u=\varphi(x)$，且函数 $\varphi(x)$ 的值域包含在函数 $f(u)$ 的定义域内，那么变量 y 通过变量 u 构成 x 的函数，称 y 为由 $y=f(u)$ 及 $u=\varphi(x)$ 复合而成的 x 的**复合函数**，记作 $y=f[\varphi(x)]$，其中 x 是自变量，u 称为**中间变量**.

复合函数也可以由两个以上的基本初等函数经过复合构成，从而可以有多个中间变量.

若 $y=f(u)$，$u=\varphi(v)$，$v=\psi(x)$ 可以复合，则有复合函数为 $y=f\{\varphi[\psi(x)]\}$，其中 u、v 为中间变量．例如，$y=\sin 2x$ 就是由 $y=\sin u$ 和 $u=2x$ 复合而成；$y=\cos(x^2)$ 就是由 $y=\cos u$ 和 $u=x^2$ 复合而成；由 $y=\sqrt{u}$，$u=\cos v$，$v=\dfrac{x}{2}$ 可以复合成复合函数 $y=\sqrt{\cos\dfrac{x}{2}}$. 但是不是任何两个函数都可以复合成一个复合函数，例如 $y=\sqrt{u}$ 和 $u=-x^2-1$ 两个函数不能复合.

在讨论复合函数的分解过程时，不管是分成两个还是更多个，基本思想是一致的：

(1) 由外及里，先看外层函数，再看内层函数，依此类推.

(2) 每一层的函数都是一个基本初等函数或几个基本初等函数的四则运算式.

应该注意的是，每层次中的函数都不能出现复合关系.

例 1.3　将下列复合函数分解成初等函数或简单函数.

(1) $y=\sin^2 x$；　(2) $y=\cos(3-2x)$；　(3) $y=\ln(\ln x)$；

(4) $y=\tan\sqrt{(3x+5)^7}$；　(5) $y=2^{\cot(7-4x)}$；　(6) $y=\sqrt[3]{1+\cos 2x}$.

解 (1) $y=\sin^2 x$ 由函数 $y=u^2, u=\sin x$ 复合而成.

(2) $y=\cos(3-2x)$ 由函数 $y=\cos u, u=3-2x$ 复合而成.

(3) $y=\ln\ln x$ 由函数 $y=\ln u, u=\ln x$ 复合而成.

(4) $y=\tan\sqrt{(3x+5)^7}$ 由函数 $y=\tan u, u=v^{\frac{7}{2}}, v=3x+5$ 复合而成.

(5) $y=2^{\cot(7-4x)}$ 由函数 $y=2^u, u=\cot v, v=7-4x$ 复合而成.

(6) $y=\sqrt[3]{1+\cos 2x}$ 由函数 $y=\sqrt[3]{u}, u=1+\cos v, v=2x$ 复合而成.

3. 初等函数

由常数和基本初等函数经过有限次的四则运算和有限次的函数复合,且在定义域内能用一个解析式表示的函数,称为**初等函数**. 例如函数 $y=\sqrt{1-\cos x}, y=\ln(x-\sqrt{1+x^2})$ 等都是初等函数.

【同步训练 1.1】

1. 下列函数能否复合为函数 $y=f[g(x)]$? 若能,写出其解析式、定义域、值域.

(1) $y=f(u)=\sqrt{u}, u=g(x)=x-x^2$;

(2) $y=f(u)=\ln u, u=g(x)=\sin x-1$.

2. 将下列复合函数分解成初等函数或简单函数.

(1) $y=e^{3-2x}$; (2) $y=\sin(\cos x)$; (3) $y=\sqrt{1+\tan x}$;

(4) $y=\ln(\tan 3x)$; (5) $y=2^{\sqrt{3-2x}}$; (6) $y=\ln\left(\sin^2\frac{x}{2}\right)$.

4. 分段函数

在实际应用中,常遇到这样一类函数:在自变量的不同变化过程中,对应法则用不同的式子表示,这种函数称为**分段函数**,例如

$$f(x)=\begin{cases}2x-1, & x>0\\ x^2-1, & x\leqslant 0\end{cases}$$

例 1.4 设$f(x)=\begin{cases}1, & 0\leqslant x\leqslant 1,\\ -2, & 1<x\leqslant 2,\end{cases}$求函数$f(x+3)$的定义域.

解 因为$f(x)=\begin{cases}1, & 0\leqslant x\leqslant 1,\\ -2, & 1<x\leqslant 2,\end{cases}$所以有$f(x+3)=\begin{cases}1, & 0\leqslant x+3\leqslant 1\\ -2, & 1<x+3\leqslant 2\end{cases}=$ $\begin{cases}1, & -3\leqslant x\leqslant -2,\\ -2, & -2<x\leqslant -1,\end{cases}$故函数$f(x+3)$的定义域为$[-3,-1]$.

例 1.5 设函数$f(x)=\begin{cases}1-2x, & -3<x\leqslant 0,\\ x^2, & 0<x<2,\\ 3x+2, & x\geqslant 2,\end{cases}$,求$f(-2)$,$f(0)$,$f\left(\frac{1}{2}\right)$,$f(2)$,$f(3)$的值.

解 $f(-2)=1-2\times(-2)=5$, $f(0)=1-2\times 0=1$,

$f\left(\frac{1}{2}\right)=\left(\frac{1}{2}\right)^2=\frac{1}{4}$, $f(2)=3\times 2+2=8$, $f(3)=3\times 3+2=11$.

例 1.6 绝对值函数

$$f(x)=|x|=\begin{cases}x, & x\geqslant 0\\ -x, & x<0\end{cases}$$

函数图像如图 1-13 所示.

例 1.7 符号函数

$$y=\operatorname{sgn}x=\begin{cases}1, & x>0\\ 0, & x=0\\ -1, & x<0\end{cases}$$

函数图像如图 1-14 所示.

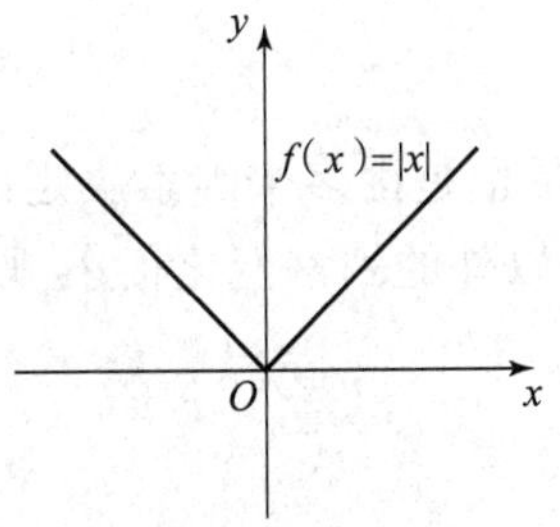

图 1-13

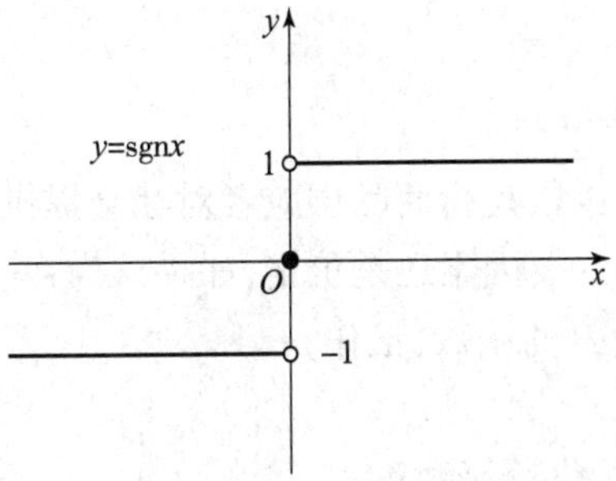

图 1-14

【同步训练 1.2】

设对任意$x>0$,函数值$f\left(\frac{1}{x}\right)=x+\sqrt{1+x^2}$,求函数$y=f(x)(x>0)$的解析表达式.

1.1.3 经济学中的常用函数

在经济分析中,对成本、价格、收益等经济量的关系进行研究时,发现这些经济量之间存在各种依存关系. 对实际问题而言,往往有多个变量同时出现,为了便于研究各个经济量之间的关系,逐渐形成各种经济函数.

下面介绍经济学中常用的几种函数.

1. 需求函数

所有经济活动的目的在于满足人们的需求. 所谓需求量,是指在一定的价格水平下、一定的时间内,消费者愿意购买并且有承受能力购买的商品量. 需求量并不等于实际购买量,因为某种商品的需求量除了和商品的价格有关,还受其他许多因素的影响,如消费者的数量、收入、习惯和兴趣、季节性以及代用商品的价格等. 这些因素厂商是无法控制的,且在一段时间内不会有太大变化,因此如果视其他因素对需求暂无影响,只考虑商品的价格,则需求量 Q 是价格 P 的函数,记作

$$Q=Q(P)$$

称 $Q(P)$ 为需求函数.

一般来说,商品价格上涨会使需求量减少,即需求量是价格的减函数. 在企业管理和经济学中常见的需求函数表达式有:

(1)线性函数: $Q=-aP+b(a,b>0)$;

(2)幂函数: $Q=kP^{-a}(k,a>0)$;

(3)指数函数: $Q=ae^{-bP}(a,b>0)$.

例 1.8 设某商品的需求函数为

$$Q=-aP+b(a,b>0)$$

讨论 $P=0$ 时的需求量和 $Q=0$ 时的价格.

解 当 $P=0$ 时,$Q=b$,它表示当价格为零时,消费者对商品的需求量为 $Q=b$,此时 b 就是市场对该商品的饱和需求量. 当 $Q=0$ 时,$P=\dfrac{b}{a}$,它表示价格上涨到 $P=\dfrac{b}{a}$ 时,没有人愿意购买该商品.

2. 供给函数

供给函数是指商品供应者对社会提供的商品量. 供给量也是由多个因素决定的,但影响供给量的主要因素还是价格,如果认为在一段时间内除价格以外的因素变化很小,则供给量 S 便是价格 P 的函数,记作

$$S=S(P)$$

称 $S(P)$ 为供给函数.

一般来说,商品的市场价格越高,生产者愿意而且能够向市场提供的商品量也就越多. 因此,商品供给量 Q 随商品价格 P 的上涨而增加,即供给函数是单调增加的函数.

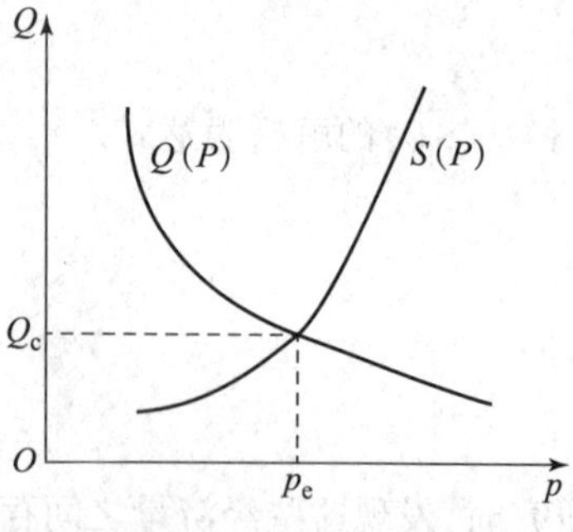

图 1－15

经济学中常见的供给函数表达式有:

(1)线性函数: $S=aP+b(a,b>0)$;

(2)幂函数: $S=kP^{a}(k,a>0)$;

(3)指数函数: $S=ae^{bP}(a,b>0)$.

在同一坐标系中作出需求曲线 $Q(P)$ 和供给曲线 $S(P)$ 如图 1－15 所示,两条曲线的交点 (P_0,Q_0) 就是供需平衡点,P_0 称为均衡价格.

当市场价格 $P>P_0$ 时,供给量将增加,而需求量将减少,市场上出现“供过于求”的现象,商品滞销,这种情况不会持续太久,随后价格 P 减少. 反之,当市场价格 $P<P_0$ 时,供给量减少,而需求量增加,市场上出现“供不应求”的现象,商品短缺,会形成抢购等情况. 这种情况也不会持久,必然导致价格 P 上涨. 总之,市场上的商品价格围绕均衡价格波动.

3. 成本函数

任何一种产品的生产都需要有投入,把生产一定数量产品所需要的各种生产要素投入的费用总额称为**成本**,它由**固定成本**和**可变成本**组成. 固定成本是指在短时间内不发生变化或变化很小的投入部分,比如厂房、机器设备等,用 C_0 表示;可变成本是指随产品数量变化而变化的投入部分,比如原材料、燃料能源等,记为 $C_1(Q)$. 生产 Q 个单位产品时,某种商品的固定成本和可变成本之和,称为**总成本**,记为 C,即 $C(Q)=C_0+C_1(Q)$.

为了了解生产的好坏情况,有时还需给出**平均成本**,也就是单位产品的成本,用 $\overline{C}(Q)$ 表示,即 $\overline{C}(Q)=\dfrac{C(Q)}{Q}$.

例 1.9 已知产品的总成本为 $C(Q)=1\ 000+\dfrac{Q^2}{8}$,求生产 100 个该产品时的总成本和平均成本.

解 由题意,产量为 100 时的总成本为 $C(100)=1\ 000+\dfrac{100^2}{8}=2\ 250$. 平均成本为 $\overline{C}(Q)=\dfrac{C(Q)}{Q}=\dfrac{2\ 250}{100}=22.5$.

4. 收益函数

总收益是指生产者出售一定数量产品所得的全部收入.

在经济学中把价格 P 和出售量 Q 的乘积称为在该需求量和价格下所得的**总收益**,用 R 表示,即 $R=R(Q)=PQ$.

平均收益是指每出售一个单位产品所得到的收入,用 $\overline{R}(Q)$ 表示,即 $\overline{R}(Q)=\dfrac{R(Q)}{Q}=\dfrac{QP(Q)}{Q}=P(Q)$.

例 1.10 已知某产品价格与销售量的关系为

$$P=10-\frac{Q}{5}$$

求销售量为 30 时的总收益和平均收益.

解 $R=R(Q)=P(Q)Q=10Q-\dfrac{Q^2}{5}$,

$R(30)=120$.

$\overline{R}(Q)=\dfrac{R(Q)}{Q}=P(Q)=10-\dfrac{Q}{5}$,$\overline{R}(30)=4$.

5. 利润函数

利润是生产一定数量产品的总收益与总成本之差,用 L 表示,即 $L(Q)=R(Q)-C(Q)$.

一般的,有

(1)如果 $L(Q)=R(Q)-C(Q)>0$,则生产处于盈利状态;

(2)如果 $L(Q)=R(Q)-C(Q)=0$,则生产处于保本状态;

(3)如果 $L(Q)=R(Q)-C(Q)<0$,则生产处于亏损状态.

例 1.11 某工厂生产某种产品,固定成本为 2 000 元,每生产一件产品,成本增加 5 元,若该产品的销售单价为每台 9 元,求产量为 200 台时的总成本、平均成本及总利润,并求生产这种产品的保本点.

解 设产量为 Q 台,则总成本函数 $C(Q)=2\,000+5Q$,

平均成本函数为 $\overline{C}(Q)=\dfrac{C(Q)}{Q}=\dfrac{2\,000}{Q}+5$,

收益函数为 $R=R(Q)=9Q$,

利润函数为 $L(Q)=R(Q)-C(Q)=9Q-(2\,000+5Q)=4Q-2\,000$.

当产量为 200 台时,

总成本为 $C(200)=2\,000+5\times200=3\,000$(元),

平均成本为 $\overline{C}(200)=\dfrac{C(200)}{200}=15$(元/台),

总利润为 $L(200)=4\times200-2\,000=-1\,200$(元),

令 $L(Q)=4Q-2\,000=0$,得 $Q=500$ 台,即产品产量的保本点.

6. 库存函数

设某企业在计划期 T 内,对某种物品的总需求量为 Q,由于库存费用及资金占用等因素,考虑均匀地分 n 次进货,每次进货批量为 $q=\dfrac{Q}{n}$,进货周期为 $t=\dfrac{T}{n}$. 假定每件物品的储存单位时间费用为 C_1,每次进货费用为 C_2,每次进货量相同,进货间隔时间不变,以匀速消耗储存物品,则平均库存为$\dfrac{q}{2}$,在时间 T 内的总费用 E 为

$$E=\frac{1}{2}C_1Tq+C_2\frac{Q}{q}$$

其中,$\dfrac{1}{2}C_1Tq$ 是储存费,$C_2\dfrac{Q}{q}$是进货费用.

储存费就是经济学中所指的库存持有成本,库存持有成本的高低与库存数量有直接的关系. 从经济的观点出发,在各种库存情况下,合理选择订货批量,可以使库存成本和订货成本合计最低. 把这个使库存成本和订货成本合计最低的订货批量,叫作**经济订货批量**.

7. 复利模型

利息是资金的时间价值的一种表现形式. 利息分为单利和复利,若本金在上期产生的利息不再加入本期本金计算利息,就叫**单利**;反之,若本金在上期产生的利息也纳入本期本金计算利息,就叫**复利**.

例 1.12 设 p 是本金,r 为年复利率,n 是计息年数,若每满$\dfrac{1}{t}$年计息一次,求本利和 A 与计息年数 n 的函数模型.

解 由题意,每期的复利率为$\frac{r}{t}$,第一期末的本利和为

$$A_1 = p + p.\ \frac{r}{t} = p\left(1 + \frac{r}{t}\right)$$

把 A_1 作为本金计息,则第二期末的本利和为

$$A_2 = A_1 + A_1.\ \frac{r}{t} = p\left(1 + \frac{r}{t}\right)^2$$

再把 A_2 作为本金计息,如此反复,第 n 年(第 nt 期)年末的本利和为

$$A = p\left(1 + \frac{r}{t}\right)^{nt}$$

【同步训练 1.3】

设手表的价格为每只 70 元时,销售量为 10 000 只,如果单价每提高 3 元,需求量减少 3 000只,试求需求函数;如果单价每提高 3 元,制表厂可多提供 300 只手表,求供给函数;求手表市场处于平衡状态下的价格和需求量.

习题 1.1

1. 求下列函数的定义域.

(1)$y = \sqrt{x^2 - 4x + 3}$; (2)$y = \sqrt{4 - x^2} + \frac{1}{\sqrt{x + 1}}$; (3)$y = \sqrt{x - 1} + \frac{1}{\ln|x - 1|}$.

2. 若函数$f(x) = x^2 - 2x + 3$,求$f(0)$,$f(2)$,$f(-x)$,$f\left(\frac{1}{x}\right)$.

3. 设$f(x) = \begin{cases} 2 + x, & x < 0, \\ 0, & x = 0, \\ x^2 - 1 & x > 0, \end{cases}$求函数$f(x)$的定义域及$f(-1)$,$f(2)$的值,并作出它的图形.

4. 将 y 表示成 x 的函数.

(1)$y = u^2, u = 1 + \sqrt{v}, v = x^3 + 2$; (2)$y = \sqrt{u}, u = 2 + v^2, v = \sin x$.

5. 写出下列复合函数的复合过程.

(1)$y = \sqrt{4x + 3}$; (2)$y = \frac{1}{2 - 3x}$; (3)$y = \mathrm{e}^{-3x}$;

(4)$y = \ln(\cos 3x)$; (5)$y = \sin\frac{1}{3x - 1}$; (6)$y = \ln[\ln(5x + 1)]$;

(7)$y = \sin^2(2x^2 + 1)$; (8)$y = 5^{\ln\sin x}$; (9)$y = \cos^2(\sin 3x)$.

6. 已知某商品的成本为 $C(Q) = 100 + \frac{Q^2}{4}$,求 $Q = 10$ 时的总成本、平均成本.

7. 某服装厂生产衬衫的可变成本为每件 15 元,每天的固定成本为 2 000 元,若每件衬衫售价为 20 元,则该厂每天生产 600 件衬衫的利润是多少？无盈亏产量是多少？

8. 设某产品的价格函数是 $P(Q)=60-\frac{Q}{1\ 000}(Q\geqslant 10\ 000)$,其中 P 为价格(元),Q 为产品销售量,又设产品的固定成本为 60 000 元,变动成本为 20 元/每件. 求:(1)成本函数;(2)收益函数;(3)利润函数.

【同步训练 1.1】答案

1. (1)$y=f[g(x)]=\sqrt{x-x^2},x\in D=\{x|0\leqslant x\leqslant 1\},f(D)=\left[0,\frac{1}{2}\right]$.

(2)不能,因为 $g(x)=\sin x-1\leqslant 0$,$g(x)$的值域与 $f(u)$ 的定义域之交集是空集.

2. (1)$y=\mathrm{e}^u,u=3-2x$;

(2)$y=\sin u,u=\cos x$;

(3)$y=\sqrt{u},u=1+v,v=\tan x$;

(4)$y=\ln u,u=\tan v,v=3x$;

(5)$y=2^u,u=\sqrt{v},v=3-2x$;

(6)$y=\ln u,u=v^2,v=\sin t,t=\frac{x}{2}$.

【同步训练 1.2】答案

设 $\frac{1}{x}=u$,则 $f(u)=\frac{1}{u}+\sqrt{1+\frac{1}{u^2}}=\frac{1+\sqrt{1+u^2}}{u}$,故 $f(x)=\frac{1+\sqrt{1+x^2}}{x}(x>0)$.

【同步训练 1.3】答案

需求函数 $Q(P)=10\ 000-\frac{P-70}{3}\times 3\ 000=1\ 000(80-P)$;

供给函数 $S(P)=10\ 000+\frac{P-70}{3}\times 300=100(P+30)$;

$P_0=70$ 元,$Q_0=10\ 000$ 只.

1.2 极限的概念

极限是描述变量在变化过程中的变化趋势. 为理解极限的概念,先从数列的极限说起.

1.2.1 数列的极限

1. 数列的概念

如果按照某一法则,对每一个 $n\in\mathbf{N}^+$,对应有一个确定的实数 x_n,这些实数 x_n 按照下标 n 从小到大排列得到一个序列 $x_1,x_2,\cdots x_n,\cdots$,就叫作**数列**,简记为$\{x_n\}$.

数列中的每一个数叫作数列的项,第 n 项 x_n 叫作数列的**一般项**或**通项**. 例如:

(1)$\frac{1}{2},\frac{2}{3},\frac{3}{4},\cdots,\frac{n}{n+1},\cdots$;

(2) $2,4,8,\cdots,2^n,\cdots$;

(3) $\frac{1}{2},\frac{1}{4},\frac{1}{8},\cdots,\frac{1}{2^n},\cdots$;

(4) $1,-1,1,\cdots,(-1)^{n+1},\cdots$

都是数列的例子,它们的一般项依次为$\frac{n}{n+1}$,2^n,$\frac{1}{2^n}$,$(-1)^{n+1}$.

2. 数列极限的概念

定义 1.3 如果当 n 无限增大时,数列 $\{x_n\}$ 的通项 x_n 无限接近一个确定的常数 A,则称 A 为数列 $\{x_n\}$ 当 n 趋向于无穷大时的**极限**,记作

$$\lim_{n\to\infty} x_n = A, \text{或 } x_n\to A(n\to\infty)$$

或称数列 x_n **收敛**于 A,如果数列没有极限,就说数列是**发散**的.

注意:若极限存在,极限必然是有限常数且唯一.

例如,数列 $2,\frac{3}{2},\frac{4}{3},\cdots,\frac{n+1}{n},\cdots$收敛于 1,极限表示形式为$\lim\limits_{n\to\infty}\frac{n+1}{n}=1$.

上述例子(1) ~ (4)的极限情况分别是:

(1)极限为 1$\left(\lim\limits_{n\to\infty}\frac{n}{n+1}=1\right)$;　　(2)极限不存在(数列发散);

(3)极限为 0$\left(\lim\limits_{n\to\infty}\frac{1}{2^n}=0\right)$;　　(4)极限不存在(数列发散).

1.2.2 函数的极限

对于函数 $y=f(x)$,自变量的变化有两种情况,所以分两个方面来讨论:

(1)当自变量 x 的绝对值 $|x|$ 无限增大时,记作 $x\to\infty$,相应的函数值 $f(x)$ 的变化趋势.

定义 1.4 如果当 $x\to+\infty$(或 $x\to-\infty$)时,函数 $y=f(x)$ 的值无限接近一个确定的常数 A,则称 A 为函数 $y=f(x)$ 当 $x\to+\infty$(或 $x\to-\infty$)时的极限,记作

$$\lim_{x\to+\infty} f(x)=A(\text{或}\lim_{x\to-\infty} f(x)=A)$$

定理 1.1 $\lim\limits_{x\to\infty}f(x)=A$ 的充分必要条件是 $\lim\limits_{x\to+\infty}f(x)=\lim\limits_{x\to-\infty}f(x)=A$.

例如:

①因为 $\lim\limits_{x\to+\infty}\frac{1}{x}=0$, $\lim\limits_{x\to-\infty}\frac{1}{x}=0$,所以$\lim\limits_{x\to\infty}\frac{1}{x}=0$.

②因为 $\lim\limits_{x\to+\infty}e^x=+\infty$, $\lim\limits_{x\to-\infty}e^x=0$,所以$\lim\limits_{x\to\infty}e^x$ 不存在.

(2)自变量 x 任意接近有限值 x_0,记为 $x\to x_0$,相应的函数值 $f(x)$ 的变化趋势.

定义 1.5 设函数 $f(x)$ 在点 x_0 的附近有定义(x_0 点可以除外),如果当自变量 x 无限趋近于 $x_0(x\neq x_0)$时,函数 $f(x)$ 的值无限接近一个确定的常数 A,则称 A 为函数 $f(x)$ 当 $x\to x_0$ 时的极限,记作$\lim\limits_{x\to x_0}f(x)=A$ 或 $f(x)\to A$(当 $x\to x_0$ 时).

注意:$x\to x_0$ 是指从 x_0 的两侧趋于 x_0.

由定义可知,$\lim\limits_{x\to1}(x+1)=2$,$\lim\limits_{x\to1}\frac{x^2-1}{x-1}=2$.

函数$f(x)=\frac{x^2-1}{x-1}$在$x=1$处尽管无定义,但是由于极限$\lim\limits_{x\to 1}\frac{x^2-1}{x-1}=\lim\limits_{x\to 1}\frac{(x+1)(x-1)}{x-1}=\lim\limits_{x\to 1}(x+1)=2$,所以当$x\to 1$时,函数的极限存在.

函数$f(x)=\frac{x^2-1}{x-1}$的图像如图1-16所示.

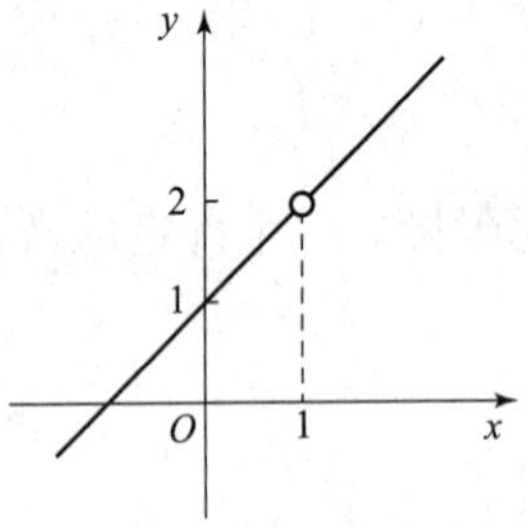

图1-16

将$x>x_0$且$x\to x_0$ 记作$x\to x_0^+$;将$x<x_0$且$x\to x_0$ 记作$x\to x_0^-$.

定义1.6(左、右极限的定义) 如果$x\to x_0^+$(或$x\to x_0^-$)时,函数$f(x)$的值无限接近一个确定的常数A,则称A为函数$f(x)$当$x\to x_0^+$(或$x\to x_0^-$)时的右极限(或左极限),记作$f(x_0+0)=\lim\limits_{x\to x_0^+}f(x)=A$(或$f(x_0-0)=\lim\limits_{x\to x_0^-}f(x)=A$).

定理1.2 $\lim\limits_{x\to x_0}f(x)=A$的充分必要条件是$\lim\limits_{x\to x_0^+}f(x)=\lim\limits_{x\to x_0^-}f(x)=A$.

由此可知,验证函数$y=f(x)$在点x_0处的左、右极限是否存在且相等,就可以判明函数$y=f(x)$在点x_0处的极限是否存在.当$x\to x_0$时,如果$f(x)$在x_0点的左、右极限至少有一个不存在,或者虽然左、右极限都存在,但不相等,则函数在x_0点处的极限不存在.

例1.13 设函数$f(x)=\begin{cases}x-1, & x<0,\\ 0, & x=0,\\ x+1, & x>0,\end{cases}$当$x\to 0$时,$f(x)$的极限不存在.

证明 先求函数$f(x)$在$x\to 0$时的左、右极限:

$$\lim_{x\to 0^+}f(x)=\lim_{x\to 0^+}(x+1)=0+1=1,\ \lim_{x\to 0^-}f(x)=\lim_{x\to 0^-}(x-1)=0-1=-1.$$

显然$f(0^+)\neq f(0^-)$,即函数$f(x)$在$x\to 0$时的左、右极限不相等,从而有当$x\to 0$时,$f(x)$的极限不存在.

例1.14 设函数$f(x)=\begin{cases}x+2, & x\geqslant 1,\\ 3x, & x<1,\end{cases}$试判断$\lim\limits_{x\to 1}f(x)$是否存在.

解 分别求函数当$x\to 1$时的左、右极限为

$$\lim_{x\to 1^-}f(x)=\lim_{x\to 1^-}(3x)=3\times 1=3,\ \lim_{x\to 1^+}f(x)=\lim_{x\to 1^+}(x+2)=1+2=3.$$

左、右极限各自存在且相等,所以$\lim\limits_{x\to 1}f(x)$存在,且$\lim\limits_{x\to 1}f(x)=3$.

由函数极限的定义知,函数的极限描述自变量在某一变化过程中,函数无限地接近某个确定的数,下面仅以$x\to x_0$为例给出函数极限的性质:

性质1.1(唯一性) 若$\lim\limits_{x\to x_0}f(x)$存在,则极限是唯一的.

性质1.2(夹逼准则) 若对同一范围内的x有函数关系$g(x)\leqslant f(x)\leqslant h(x)$,且有$\lim\limits_{x\to x_0}g(x)=A$,$\lim\limits_{x\to x_0}h(x)=A$,则$\lim\limits_{x\to x_0}f(x)=A$.

【同步训练1.4】

设函数$f(x)=\frac{|x|}{x}$,判断$\lim\limits_{x\to 0}f(x)$是否存在.

1.2.3 无穷小和无穷大

1. 无穷小

由函数极限的概念知：$\lim\limits_{x\to0}x^2=0$，$\lim\limits_{x\to2}(x-2)=0$，$\lim\limits_{x\to\infty}\frac{1}{x}=0$，这些函数有一个共同之处就是极限都为零.

定义 1.7 如果函数 $f(x)$ 当 $x\to x_0$（或 $x\to\infty$）时的极限为零，那么称函数 $f(x)$ 为当 $x\to x_0$（或 $x\to\infty$）时的无穷小.

注意：

(1)无穷小量不是一个很小的数，无穷小是变量（对自变量的某一变化过程来说）的变化状态，而不是变量的大小，一个变量无论多么小，都不能是无穷小量，**极限为零**是无穷小的衡量标准. 因此对于任意的非零常数 C，无论它的绝对值多么小，都不是无穷小量，常数 0 是唯一可以作为无穷小量的常数.

(2)某个变量是否为无穷小量，这与自变量的变化过程相关，所以认为 $f(x)$ 是无穷小量时，应同时指出相应自变量的变化过程.

无穷小的性质如下：

性质 1.3 有限个无穷小的代数和是无穷小.

性质 1.4 有限个无穷小的乘积仍为无穷小.

性质 1.5 有界函数与无穷小的乘积仍为无穷小.

推论 1.1 常数与无穷小的乘积仍为无穷小.

2. 无穷大

定义 1.8 若当 $x\to x_0$（或 $x\to\infty$）时 $f(x)\to\infty$，就称 $f(x)$ 为当 $x\to x_0$（或 $x\to\infty$）时的无穷大，记作 $\lim\limits_{x\to x_0}f(x)=\infty$（或 $\lim\limits_{x\to\infty}f(x)=\infty$）.

注意：(1)无穷大不是一个数，是量.

(2)极限为 ∞ 是函数极限不存在的一种情形，这里借用极限的记号，但并不表示函数极限存在.

由无穷大、无穷小的定义，容易看到它们有如下关系：

定理 1.3 在自变量的同一变化过程中，若 $f(x)$ 为无穷大，则 $\frac{1}{f(x)}$ 为无穷小；反之，若 $f(x)$ 为无穷小，则 $\frac{1}{f(x)}$ 为无穷大.

3. 无穷小的比较

设 α 与 β 为 x 在同一变化过程中的两个无穷小，它们虽然都无限趋于零，但是趋于零的速度会有差别，综合大量的观察结果，可以看到二者的这种速度差别与它们之间的比的极限状况有着密切关系，据此规定：

(1)若 $\lim\frac{\beta}{\alpha}=0$，就说 β 是比 α **高阶的无穷小**，记为 $\beta=o(\alpha)$，此时变量 β 无限趋于零的

速度远快于变量 α.

(2)若 $\lim\frac{\beta}{\alpha}=\infty$,就说 β 是比 α **低阶的无穷小**,此时变量 β 无限趋于零的速度远慢于变量 α.

(3)若 $\lim\frac{\beta}{\alpha}=C\neq0$,就说 β 是比 α **同阶的无穷小**,此时变量 α、β 无限趋于零的速度相当.

(4)特别的,若 $\lim\frac{\beta}{\alpha}=1$,就说 β 与 α 是**等价无穷小**,记为 $\alpha\sim\beta$. 此时变量 α,β 无限趋于零的速度相同.

例如,当 $x\to0$ 时,x^2 是 x 的高阶无穷小,即 $x^2=o(x)$;反之,x 是 x^2 的低阶无穷小;x^2 与 $1-\cos x$ 是同阶无穷小;x 与 $\sin x$ 是等价无穷小,即 $x\sim\sin x$.

下面列出几个常见的等价无穷小,当 $x\to0$ 时,有 $\sin x\sim x$,$\tan x\sim x$,$\arcsin x\sim x$,$\arctan x\sim x$,$\ln(x+1)\sim x$,$e^x-1\sim x$,$1-\cos x\sim\frac{1}{2}x^2$,$a^x-1\sim x\ln a$,$\log_a(1+x)\sim\frac{x}{\ln a}$,$[(1+x)^\alpha-1]\sim\alpha x$.

在具体的极限计算中,上述等价无穷小代换可灵活运用,关系式中的 x 可用同样的变量或关系式替换,只要这个变量或关系式整体是无穷小即可. 如当 $x\to0$ 时,$\sin2x\sim2x$,$\ln(5x+1)\sim5x$.

定理 1.4 若在同一变化过程中,$\alpha\sim\alpha'$,$\beta\sim\beta'$,$\alpha,\beta\neq0$ 且 $\lim\frac{\alpha'}{\beta'}$存在,则有

$$\lim\frac{\alpha}{\beta}=\lim\frac{\alpha'}{\beta'}$$

证明 $\lim\frac{\alpha}{\beta}=\lim\frac{\alpha}{\alpha'}\frac{\alpha'}{\beta'}\frac{\beta'}{\beta}=\lim\frac{\alpha}{\alpha'}\lim\frac{\alpha'}{\beta'}\lim\frac{\beta'}{\beta}=1\times\lim\frac{\alpha'}{\beta'}\times1=\lim\frac{\alpha'}{\beta'}$.

定理 1.4 也叫作**等价无穷小代换定理**,该定理说明在乘除的极限运算形式中,用非零的等价无穷小进行替换不会改变其极限值,可以简化极限的运算性质,但一定要注意替代时只能是对分式中的分子或分母进行整体替代.

【同步训练 1.5】

1. 当 $x\to0$ 时,写出下列无穷小量的等价无穷小.

(1)$\sin3x$;　　(2)$\tan\frac{x}{2}$;　　(3)$\sin^2\frac{x}{2}$;　　(4)$1-\cos2x$.

2. 求下列极限.

(1)$\lim\limits_{x\to\infty}\frac{\sin x}{x}$;　　(2)$\lim\limits_{x\to1}(x-1)\cos\frac{1}{x-1}$.

习题1.2

1. 判断下列数列当 $n\to\infty$ 时的变化趋势,并求出它们的极限.

(1) $\{x_n\}=\left\{\dfrac{(-1)^n}{n}\right\}$;　　(2) $\{x_n\}=\left\{\dfrac{n}{n+1}\right\}$;

(3) $\{x_n\}=\{(-1)^n n\}$;　　(4) $\{x_n\}=\left\{\sin\dfrac{n\pi}{2}\right\}$.

2. 判断下列函数的极限是否存在,若存在,求出其极限.

(1) $\lim\limits_{x\to\infty}\dfrac{3}{x^2}$;　　(2) $\lim\limits_{x\to 2}(3x+1)$;

(3) $\lim\limits_{x\to+\infty}\left(\dfrac{1}{5}\right)^x$;　　(4) $\lim\limits_{x\to-\infty}5^x$;

(5) $\lim\limits_{x\to+\infty}3^{-x}$;　　(6) $\lim\limits_{x\to+\infty}\sin x$.

3. 设函数 $f(x)=\begin{cases}x, & 0\leqslant x<1,\\ 2-x, & 1\leqslant x<2,\\ x-1, & 2\leqslant x\leqslant 3,\end{cases}$ 讨论当 $x\to1$ 与 $x\to2$ 时,函数 $f(x)$ 的极限是否存在.

4. 指出下列各题中哪些是无穷大量,哪些是无穷小量.

(1) $2x^2$,当 $x\to0$ 时;　　(2) $\dfrac{1}{x-1}$,当 $x\to1$ 时;

(3) $x\sin\dfrac{1}{x}$,当 $x\to0$ 时;　　(4) $\ln x$,当 $x\to0^+$ 时.

5. 求下列极限.

(1) $\lim\limits_{x\to\infty}\dfrac{\cos 2x}{x^2}$;　　(2) $\lim\limits_{x\to0}x^2\sin\dfrac{1}{x}$.

【同步训练1.4】答案

提示:$f(x)=\dfrac{|x|}{x}=\begin{cases}1, & x>0,\\ -1, & x<0,\end{cases}$ $\lim\limits_{x\to0}f(x)$ 不存在.

【同步训练1.5】答案

1. 当 $x\to0$ 时:

(1) $\sin 3x\sim 3x$; (2) $\tan\dfrac{x}{2}\sim\dfrac{x}{2}$; (3) $\sin^2\dfrac{x}{2}\sim\dfrac{x^2}{4}$; (4) $1-\cos 2x\sim 2x^2$.

2. (1)0; (2)0.

1.3 函数极限运算

1.3.1 极限的运算法则

用极限的定义求函数的极限是很不方便的,本节介绍极限的运算法则,并利用法则求函数的极限.

设 $\lim f(x)=A,\lim g(x)=B$,则有:

(1) $\lim[f(x)\pm g(x)]=\lim f(x)\pm\lim g(x)=A\pm B.$

可将(1)推广到有限个函数的情形.

(2) $\lim\limits_{x\to x_0}[f(x)g(x)]=\lim f(x)\cdot\lim g(x)=AB.$

推论 1.2 $\lim[cf(x)]=c\cdot\lim f(x)$($c$ 为常数).

推论 1.3 $\lim[f(x)]^n=[\lim f(x)]^n$($n$ 为正整数).

(3)若 $\lim g(x)=B\neq0$,则 $\lim\dfrac{f(x)}{g(x)}=\dfrac{A}{B}=\dfrac{\lim f(x)}{\lim g(x)}.$

(4) $\lim\sqrt[n]{f(x)}=\sqrt[n]{\lim f(x)}=\sqrt[n]{A}$($n$ 为正整数).

例 1.15 $\lim\limits_{x\to1}(x^2-5x+10)=1^2-5\times1+10=6.$

例 1.16 求 $\lim\limits_{x\to2}\dfrac{x^2}{x-2}.$

解 当 $x\to2$ 时,$x-2\to0$,又 $x^2\to4$,考虑 $\lim\limits_{x\to2}\dfrac{x-2}{x^2}=\dfrac{2-2}{4}=0$,由无穷小与无穷大的关系,得 $\lim\limits_{x\to2}\dfrac{x^2}{x-2}=\infty.$

例 1.17 求 $\lim\limits_{x\to1}\dfrac{x^2-1}{x^2+2x-3}.$

解 $x\to1$ 时,分子分母的极限都是零,属于"$\dfrac{0}{0}$"型未定式. 可将函数先行恒等变形,再约去分子、分母共同的不为零的无穷小因子 $x-1$ 后再求极限(**消去零因子法**).

$$\lim_{x\to1}\frac{x^2-1}{x^2+2x-3}=\lim_{x\to1}\frac{(x+1)(x-1)}{(x+3)(x-1)}=\lim_{x\to1}\frac{x+1}{x+3}=\frac{1+1}{1+3}=\frac{1}{2}.$$

例 1.18 求 $\lim\limits_{x\to3}\dfrac{x^2-x-6}{2x^2-3x-9}.$

解 $x\to3$ 时,分子、分母的极限都是零,属于"$\dfrac{0}{0}$"型未定式.

$$\lim_{x\to3}\frac{x^2-x-6}{2x^2-3x-9}=\lim_{x\to3}\frac{(x+2)(x-3)}{(2x+3)(x-3)}=\lim_{x\to3}\frac{x+2}{2x+3}=\frac{5}{9}.$$

例 1.19 求 $\lim\limits_{x\to2}\dfrac{\sqrt{x+2}-2}{x-2}.$

解 $x\to3$ 时,分子、分母的极限都是零,属于"$\dfrac{0}{0}$"型未定式.

由于分子中出现二次根式,可采用分子有理化的方法先行将函数恒等变形后再求极限.

$$\lim_{x\to2}\frac{\sqrt{x+2}-2}{x-2}=\lim_{x\to2}\frac{x-2}{(x-2)(\sqrt{x+2}+2)}=\lim_{x\to0}\frac{1}{\sqrt{x+2}+2}=\frac{1}{4}.$$

例 1.20 求 $\lim\limits_{x\to\infty}\dfrac{2x^3+3x^2+5}{7x^3+4x^2-1}.$

解 $x\to\infty$时,分子、分母的极限都是无穷大,属于"$\dfrac{\infty}{\infty}$"型未定式.

先用分子、分母同时除以共同的最高次幂(无穷大量)x^3,将式子中的无穷大量转化为有界

量,再求极限,得:

$$\lim_{x\to\infty}\frac{2x^3+3x^2+5}{7x^3+4x^2-1}=\lim_{x\to\infty}\frac{2+\frac{3}{x}+\frac{5}{x^3}}{7+\frac{4}{x}-\frac{1}{x^3}}=\frac{2}{7}.$$

由此可见,当 $x\to\infty$ 时若分子、分母为多项式,且最高次数相同,则极限值即最高次幂的系数之比.

例 1.21 $\lim\limits_{x\to\infty}\dfrac{5x^3-6x+2}{3x^4+2x^2+7}=\lim\limits_{x\to\infty}\dfrac{\frac{5}{x}-\frac{6}{x^3}+\frac{2}{x^4}}{3+\frac{2}{x^2}+\frac{7}{x^4}}=\dfrac{0}{3}=0.$

例 1.22 $\lim\limits_{x\to\infty}\dfrac{x^5-8x^3+3}{2x^3+4x^2+5x}=\lim\limits_{x\to\infty}\dfrac{1-\frac{8}{x^2}+\frac{3}{x^5}}{\frac{2}{x^2}+\frac{4}{x}+\frac{5}{x^4}}=\infty.$

综合例 1.20、例 1.21、例 1.22 可得如下**结论:**

设 $a_0\neq0,b_0\neq0,m,n$ 为自然数,则

$$\lim_{x\to\infty}\frac{a_0x^n+a_1x^{n-1}+\cdots+a_n}{b_0x^m+b_1x^{m-1}+\cdots+b_m}=\begin{cases}\dfrac{a_0}{b_0},\text{当 } n=m \text{ 时}\\ 0,\text{当 } n<m \text{ 时}\\ \infty,\text{当 } n>m \text{ 时}\end{cases}$$

例 1.23 求 $\lim\limits_{x\to1}\left(\dfrac{1}{x-1}-\dfrac{2}{x^2-1}\right)$.

解 $x\to1$ 时,被减式与减式都无限趋于∞,属于"$\infty-\infty$"型未定式. 由于各式中出现分母,可采用通分的方法先行将函数恒等变形,转化为"$\dfrac{0}{0}$"型或"$\dfrac{\infty}{\infty}$"型未定式后再求极限.

$$\lim_{x\to1}\left(\frac{1}{x-1}-\frac{2}{x^2-1}\right)=\lim_{x\to1}\frac{x+1-2}{x^2-1}=\lim_{x\to1}\frac{x-1}{(x-1)(x+1)}=\frac{1}{2}.$$

例 1.24 求 $\lim\limits_{x\to+\infty}(\sqrt{x^2+x}-\sqrt{x^2+1})$.

解 $x\to+\infty$ 时,被减式与减式都无限趋于∞,属于"$\infty-\infty$"型未定式. 由于式中出现二次根式,可采用分子有理化的方法先行将函数恒等变形,转化为"$\dfrac{0}{0}$"型或"$\dfrac{\infty}{\infty}$"型未定式后再求极限.

$$\lim_{x\to+\infty}(\sqrt{x^2+x}-\sqrt{x^2+1})=\lim_{x\to+\infty}\frac{x-1}{\sqrt{x^2+x}+\sqrt{x^2+1}}=\lim_{x\to+\infty}\frac{1-\frac{1}{x}}{\sqrt{1+\frac{1}{x}}+\sqrt{1+\frac{1}{x^2}}}=\frac{1}{2}.$$

例 1.25 求 $\lim\limits_{n\to\infty}\left(\dfrac{1}{n^2}+\dfrac{2}{n^2}+\cdots+\dfrac{n}{n^2}\right)$.

解 当 $n\to\infty$ 时,这是无穷多项无穷小量相加,故不能用运算法则(1),可先利用数列的有

关知识先进行恒等式变形后再求极限.

$$\text{原式}=\lim_{n\to\infty}\frac{1}{n^2}(1+2+\cdots+n)=\lim_{n\to\infty}\frac{1}{n^2}\cdot\frac{n(n+1)}{2}=\lim_{n\to\infty}\frac{n+1}{2n}=\frac{1}{2}.$$

【同步训练 1.6】

1. 求下列函数的极限.

(1) $\lim\limits_{x\to1}\dfrac{x^2-1}{x^2-4x+3}$;

(2) $\lim\limits_{x\to1}\dfrac{x^2+x-2}{2x^2+x-3}$;

(3) $\lim\limits_{n\to\infty}\left[2+\dfrac{(-1)^n}{n^2}\right]$;

(4) $\lim\limits_{x\to\infty}\dfrac{x^3-4x+5}{3x^3+2x^2-7x}$;

(5) $\lim\limits_{x\to\infty}(\sqrt{x^2+3x}-x)$;

(6) $\lim\limits_{x\to0}\dfrac{x}{2-\sqrt{4+x}}$.

2. 已知 a,b 为常数, $\lim\limits_{x\to\infty}\dfrac{ax^2+bx+6}{3x+2}=6$, 求 a,b 的值.

1.3.2 两个重要极限

1. 重要极限一: $\lim\limits_{x\to0}\dfrac{\sin x}{x}=1$

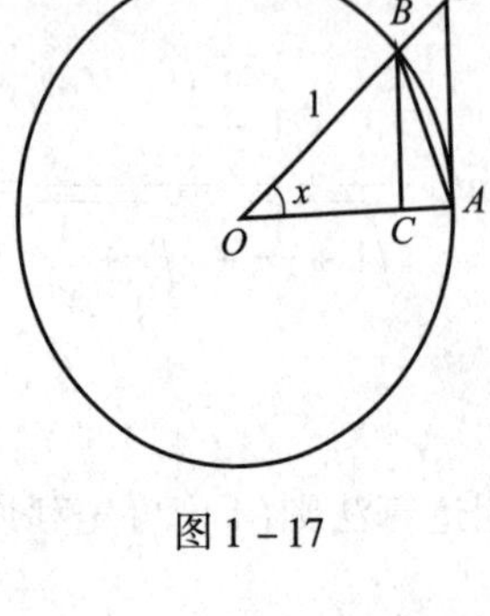

图 1－17

函数 $f(x)=\dfrac{\sin x}{x}$ 对于一切 $x\neq0$ 都有定义, 当 $x\to0$ 求极限时可限制 $|x|$ 为锐角. 在图 1－17所示的单位圆中, 设圆心角 $\angle AOB=x$ $\left(0<x<\dfrac{\pi}{2}\right)$, 过点 A 处的切线与 OB 的延长线相交于 D, 又 $BC\perp OA$, 则 $\sin x=CB$, $x=AB$, $\tan x=AD$. 因为 $\triangle AOB$ 的面积 < 圆扇形 $\triangle AOB$ 的面积

$<\triangle AOD$ 的面积,所以

$$\frac{1}{2}\sin x<\frac{1}{2}x<\frac{1}{2}\tan x$$

即 $\sin x<x<\tan x$.

将上述不等式两边都除以 $\sin x$,就有 $1<\frac{x}{\sin x}<\frac{1}{\cos x}$ 或 $\cos x<\frac{\sin x}{x}<1$,因为当 x 用 $-x$ 代替时,$\cos x$ 与 $\frac{\sin x}{x}$ 都不变,所以上面的不等式对于开区间 $\left(-\frac{\pi}{2},0\right)$ 内的一切 x 也是成立的. $\lim\limits_{x\to0}\cos x=1$,$\lim\limits_{x\to0}1=1$,由极限性质(夹逼准则)知,$\lim\limits_{x\to0}\frac{\sin x}{x}=1$.

由于"重要极限一"本身就是"$\frac{0}{0}$"型未定式的极限问题,所以其他很多"$\frac{0}{0}$"型未定式极限都可考虑设法化为"重要极限一"的形式而得以解决.

显然有

$$\lim_{x\to0}\frac{x}{\sin x}=\lim_{x\to0}\frac{1}{\frac{\sin x}{x}}=\frac{1}{1}=1,\qquad \lim_{x\to0}\frac{\tan x}{x}=\lim_{x\to0}\frac{\sin x}{x}\cdot\frac{1}{\cos x}=1.$$

一般的,形如:$\lim\frac{\sin\alpha(x)}{\alpha(x)}$ 的极限,如果当 $x\to x_0$(或 $x\to\infty$)时有 $\alpha(x)\to0$ 成立. 由"重要极限一"则有 $\lim\frac{\sin\alpha(x)}{\alpha(x)}=1$.

例 1.26 求 $\lim\limits_{x\to0}\frac{\sin2x}{x}$.

解 $\lim\limits_{x\to0}\frac{\sin2x}{x}=\lim\limits_{x\to0}\frac{2\sin2x}{2x}=2$.

注: 一定要符合重要极限形式. 因为 $x\to0$ 时 $2x\to0$,按公式有 $\lim\limits_{2x\to0}\frac{\sin2x}{2x}=1$.

也可用等价无穷小代换的方法,因为当 $x\to0$ 时,有 $\sin2x\sim2x$,从而得

$$\lim_{x\to0}\frac{\sin2x}{x}=\lim_{x\to0}\frac{2x}{x}=2.$$

此极限也可写为

$$\lim_{x\to0}\frac{\sin2x}{x}=\lim_{x\to0}\frac{2\sin x\cos x}{x}=2\lim_{x\to0}\frac{\sin x}{x}\lim_{x\to0}\cos x=2\times1\times1=2.$$

例 1.27 求 $\lim\limits_{x\to0}\frac{x}{\tan x}$.

解法一: $\lim\limits_{x\to0}\frac{x}{\tan x}=\lim\limits_{x\to0}\frac{x}{\sin x}\cdot\cos x=1$.

解法二: $\lim\limits_{x\to0}\frac{x}{\tan x}=\lim\limits_{x\to0}\frac{x}{x}=1$.

例 1.28 求 $\lim\limits_{x\to0}\frac{1-\cos x}{x^2}$.

解法一： $\lim\limits_{x\to0}\dfrac{1-\cos x}{x^2}=\lim\limits_{x\to0}\dfrac{2\sin^2\dfrac{x}{2}}{x^2}=\dfrac{1}{2}\lim\limits_{x\to0}\dfrac{\sin^2\dfrac{x}{2}}{\left(\dfrac{x}{2}\right)^2}=\dfrac{1}{2}$.

解法二： $\lim\limits_{x\to0}\dfrac{1-\cos x}{x^2}=\lim\limits_{x\to0}\dfrac{\dfrac{x^2}{2}}{x^2}=\dfrac{1}{2}$.

例 1.29 求$\lim\limits_{x\to0}\dfrac{\sin ax}{\sin bx}(b\neq0)$.

解一： $\lim\limits_{x\to0}\dfrac{\sin ax}{\sin bx}=\lim\limits_{x\to0}\dfrac{\sin\dfrac{ax}{x}}{\sin\dfrac{bx}{x}}=\lim\limits_{x\to0}\dfrac{a}{b}\dfrac{\sin\dfrac{ax}{ax}}{\sin\dfrac{bx}{bx}}=\dfrac{a}{b}$.

解二： $\lim\limits_{x\to0}\dfrac{\sin ax}{\sin bx}=\lim\limits_{x\to0}\dfrac{ax}{bx}=\dfrac{a}{b}$.

例 1.30 $\lim\limits_{x\to\infty}x\sin\dfrac{2}{x}$.

解 $\lim\limits_{x\to\infty}x\sin\dfrac{2}{x}=\lim\limits_{x\to\infty}\dfrac{2\cdot\sin\dfrac{2}{x}}{\dfrac{2}{x}}=2$.

例 1.31 求$\lim\limits_{x\to0}\dfrac{\tan x-\sin x}{\sin^3x}$.

解 $\lim\limits_{x\to0}\dfrac{\tan x-\sin x}{\sin^3x}=\lim\limits_{x\to0}\dfrac{\tan x(1-\cos x)}{\sin^3x}=\lim\limits_{x\to0}\dfrac{x\cdot\dfrac{x^2}{2}}{x^3}=\dfrac{1}{2}$.

注意：无穷小等价代换只能对相乘或相除的无穷小进行，而对相加或相减的无穷小不能分别进行等价代换，否则就会产生错误．

在例 1.31 中，若用 $\sin x\sim x$，$\tan x\sim x$ 作等价无穷小代换，则有

$$\lim_{x\to0}\frac{\tan x-\sin x}{\sin^3x}=\lim_{x\to0}\frac{0-0}{\sin^3x}=0$$

这样就错了．

【同步训练 1.7】

1. 求$\lim\limits_{x\to\pi}\dfrac{\sin x}{x-\pi}$.

2. 求下列极限．

(1) $\lim\limits_{x\to0}\dfrac{\sin2x}{4x}$； (2) $\lim\limits_{x\to0}\dfrac{\sin5x}{\sin3x}$； (3) $\lim\limits_{x\to\infty}x\sin\dfrac{1}{x}$.

2. 重要极限二：$\lim\limits_{x\to\infty}\left(1+\frac{1}{x}\right)^x=e$　(e = 2.718 28…)

先考察当$x\to\infty$时，函数$\left(1+\frac{1}{x}\right)^x$的变化趋势. 先通过列出函数$\left(1+\frac{1}{x}\right)^x$的函数值表(见表1－1和表1－2)来观察其变化趋势.

表1－1

x	10	100	1 000	10 000	100 000	…
$\left(1+\frac{1}{x}\right)^x$	2.594	2.705	2.717	2.718 1	2.718 28	…

表1－2

x	－10	－100	－1 000	－10 000	－100 000	…
$\left(1+\frac{1}{x}\right)^x$	2.88	2.732	2.720	2.718 3	2.718 28	…

从表中可以明显看出，当$x\to\infty$时函数$\left(1+\frac{1}{x}\right)^x$的变化趋势，可以证明当$x\to\infty$时，函数$\left(1+\frac{1}{x}\right)^x$趋近无理数2.718 281 828…，即自然对数的底e，即

$$\lim_{x\to\infty}\left(1+\frac{1}{x}\right)^x=e$$

由于"重要极限二"本身就是"1^∞"型未定式的极限问题，所以其他很多"1^∞"型未定式极限都可考虑设法化为"重要极限二"的形式得以解决.

一般的，形如：$\lim\left(1+\frac{1}{\alpha(x)}\right)^{\alpha(x)}$的极限，如果当$x\to x_0$(或$x\to\infty$)时，有$\alpha(x)\to\infty$成立，则由"重要极限二"有　$\lim\left(1+\frac{1}{\alpha(x)}\right)^{\alpha(x)}=e$. 应该注意的是，该式中底数第二项的分母与幂指数必须为相同的函数. 不难写出"重要极限二"的等价形式为

$$\lim_{x\to 0}(1+x)^{\frac{1}{x}}=e$$

这是因为令$x=\frac{1}{t}$，则$\frac{1}{x}=t$，且当$x\to 0$时有$t\to\infty$，故

$$\lim_{x\to 0}(1+x)^{\frac{1}{x}}=\lim_{t\to\infty}\left(1+\frac{1}{t}\right)^t=e$$

例1.32　求$\lim\limits_{x\to\infty}\left(1+\frac{2}{x}\right)^x$.

解　$\lim\limits_{x\to\infty}\left(1+\frac{2}{x}\right)^x=\lim\limits_{x\to\infty}\left[\left(1+\frac{1}{\frac{x}{2}}\right)^{\frac{x}{2}}\right]^2$.

令$\frac{x}{2}=t$,则当$x\to\infty$时,有$t\to\infty$,所以

$$\lim_{x\to\infty}\left(1+\frac{2}{x}\right)^x=\lim_{t\to\infty}\left[\left(1+\frac{1}{t}\right)^t\right]^2=e^2$$

也可写成下列形式:知道当$x\to\infty$时,有$\frac{x}{2}\to\infty$,故

$$\lim_{x\to\infty}\left(1+\frac{2}{x}\right)^x=\lim_{x\to\infty}\left[\left(1+\frac{1}{\frac{x}{2}}\right)^{\frac{x}{2}}\right]^2=e^2$$

例 1.33 求$\lim\limits_{x\to\infty}\left(1-\frac{3}{x}\right)^x$.

解 $\lim\limits_{x\to\infty}\left(1-\frac{3}{x}\right)^x=\lim\limits_{x\to\infty}\left\{\left[1+\left(\frac{1}{-\frac{x}{3}}\right)\right]^{-\frac{x}{3}}\right\}^{-3}=e^{-3}$.

例 1.34 求$\lim\limits_{x\to0}(1-3x)^{\frac{1}{x}}$.

解 $\lim\limits_{x\to0}(1-3x)^{\frac{1}{x}}=\lim\limits_{x\to0}\left((1+(-3x))^{\frac{1}{-3x}}\right)^{-3}$.

令$-3x=t$,则当$x\to0$时,有$t\to0$,所以

$\lim\limits_{x\to0}(1-3x)^{\frac{1}{x}}=\lim\limits_{x\to0}((1+t)^{\frac{1}{t}})^{-3}=e^{-3}$.

通过上面的例题可见,"重要极限二"与自变量的变化趋势无关,只要符合"$(1+0)^{\infty}$"这种结构,且其中无穷小量与无穷大量为倒数关系即可.

例 1.35 求$\lim\limits_{x\to\infty}\left(1-\frac{1}{3x}\right)^x$.

解 $\lim\limits_{x\to\infty}\left(1-\frac{1}{3x}\right)^x=\lim\limits_{x\to\infty}\left(\left(1+\left(-\frac{1}{3x}\right)\right)^{-3x}\right)^{-\frac{1}{3}}=e^{-\frac{1}{3}}$.

例 1.36 求$\lim\limits_{x\to\infty}\left(1-\frac{1}{x}\right)^{2x+3}$.

解 $\lim\limits_{x\to\infty}\left(1-\frac{1}{x}\right)^{2x+3}=\lim\limits_{x\to\infty}\left(1-\frac{1}{x}\right)^{2x}\lim\limits_{x\to\infty}\left(1-\frac{1}{x}\right)^{3}=\lim\limits_{x\to\infty}\left[\left(1+\frac{1}{-x}\right)^{-x}\right]^{-2}\times1=e^{-2}$.

【同步训练 1.8】

求$\lim\limits_{n\to\infty}\left(\frac{2n-1}{2n+1}\right)^n$.

习题 1.3

1. 求下列极限.

(1) $\lim\limits_{x\to-2}(2x^2-5x+2)$;　　(2) $\lim\limits_{x\to-3}\frac{x^2-9}{x+3}$;

(3) $\lim\limits_{x\to 1}\dfrac{x^2-1}{2x^2-x-1}$；　　(4) $\lim\limits_{x\to\infty}\dfrac{2x+3}{7x-5}$；

(5) $\lim\limits_{x\to\infty}\dfrac{5x^4-3x^2+6x}{6x^4+4x^2+100}$；　　(6) $\lim\limits_{x\to 0}\left(\dfrac{1}{x(x+2)}-\dfrac{1}{2x}\right)$；

(7) $\lim\limits_{n\to\infty}\dfrac{2^{n+1}+3^{n+1}}{2^n+3^n}$；　　(8) $\lim\limits_{x\to 0}\dfrac{x^2}{\sqrt{x^2+1}-1}$.

2. 若 $\lim\limits_{x\to 3}\dfrac{x^2-2x+k}{x-3}=4$，求 k 的值.

3. 求下列极限.

(1) $\lim\limits_{x\to 0}\dfrac{\sin 3x}{5x}$；　　(2) $\lim\limits_{x\to 0}\dfrac{\sin 2x}{\sin 3x}$；

(3) $\lim\limits_{x\to\infty}x\sin\dfrac{1}{x}$；　　(4) $\lim\limits_{x\to\infty}\left(1-\dfrac{1}{3x}\right)^{5x}$；

(5) $\lim\limits_{x\to 0}(1-2x)^{\frac{1}{x}}$；　　(6) $\lim\limits_{x\to\infty}\left(\dfrac{3+x}{2+x}\right)^{2x}$.

【同步训练 1.6】答案

1. (1) -1；　(2) $\dfrac{3}{5}$；　(3) 2；　(4) $\dfrac{1}{3}$；　(5) $\dfrac{3}{2}$；　(6) -4.

2. $a=0, b=18$

【同步训练 1.7】答案

1. $\lim\limits_{x\to\pi}\dfrac{\sin x}{x-\pi}=\lim\limits_{x\to\pi}\dfrac{\sin(\pi-x)}{x-\pi}\xlongequal{t=\pi-x}\lim\limits_{t\to 0}\dfrac{\sin t}{-t}=-1$.

2. (1) $\dfrac{1}{2}$；　(2) $\dfrac{5}{3}$；　(3) 1.

【同步训练 1.8】答案

$$\lim_{n\to\infty}\left(\frac{2n-1}{2n+1}\right)^n=\lim_{n\to\infty}\left(1-\frac{2}{2n+1}\right)^n=\lim_{x\to\infty}\left(1-\frac{1}{n+\frac{1}{2}}\right)^{n+\frac{1}{2}}\cdot\left(1-\frac{1}{n+\frac{1}{2}}\right)^{-\frac{1}{2}}=\frac{1}{\mathrm{e}}\cdot 1^{-\frac{1}{2}}=\frac{1}{\mathrm{e}}$$

1.4 函数的连续性

1.4.1 函数连续性的概念

在日常生活中，有许多变量的变化都是连续不断的，如气温、植物的增长、空气的流动等. 这些现象反映在数学上就是函数的连续性.

下面首先介绍函数改变量的概念和记号.

1. 函数的改变量(或函数的增量)

定义 1.9 设有函数 $y=f(x)$，如图 1-18 所示.

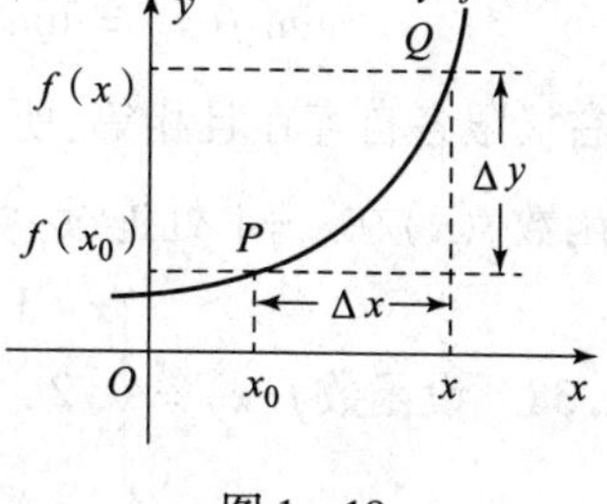

图 1-18

自变量 x 由初值 x_0 变到终值 x_1，终值与初值之差 $x_2 - x_1$ 称为 x 的改变量(或增量)，记为 Δx，即 $\Delta x = x_1 - x_0$. 相应的，函数值也由 $f(x_0)$ 变化到 $f(x_0+\Delta x)$，把 $\Delta y = f(x_0+\Delta x) - f(x_0)$ 叫作函数 $y=f(x)$ 的**改变量**(或**增量**).

注意： Δx 和 Δy 可以是正的，也可以是负的，Δy 也可为零.

2. 函数连续的定义

定义 1.10 设函数 $y=f(x)$ 在点 x_0 及其附近有定义，如果当自变量 x 在 x_0 处的改变量 Δx 趋于零时，相应函数的改变量 Δy 也趋于零，即

$$\lim_{\Delta x\to 0} \Delta y = 0$$

则称函数 $f(x)$ 在点 x_0 处**连续**.

由于 $\lim\limits_{\Delta x\to 0} \Delta y = \lim\limits_{\Delta x\to 0} [f(x_0+\Delta x) - f(x_0)] = 0$，令 $x_0 + \Delta x = x$，则当 $\Delta x \to 0$ 时有 $x \to x_0$，所以 $\lim\limits_{\Delta x\to 0} [f(x) - f(x_0)] = 0$，即 $\lim\limits_{x\to x_0} f(x) = f(x_0)$. 因此，函数 $f(x)$ 在点 x_0 处连续的定义还可以叙述为：

定义 1.11 设函数 $y=f(x)$ 在点 x_0 及其附近有定义，且有 $\lim\limits_{x\to x_0} f(x) = f(x_0)$，则称函数 $f(x)$ 在点 x_0 处连续.

定义 1.12 如果函数 $y=f(x)$ 在区间 (a,b) 内的任何一点处都连续，则称 $f(x)$ 在区间 (a,b) 内连续，并称 (a,b) 是 $f(x)$ 的连续区间.

1.4.2 函数的间断点

由定义 1.9 可知，函数 $y=f(x)$ 在点 x_0 处连续必须同时满足 3 个条件：

(1) 函数 $y=f(x)$ 在点 x_0 及其附近有定义；

(2) 极限 $\lim\limits_{x\to x_0} f(x)$ 存在；

(3) $\lim\limits_{x\to x_0} f(x) = f(x_0)$.

如果上述 3 个条件有一个不满足，则称函数 $y=f(x)$ 在点 x_0 处不连续(或间断)，x_0 称为函数 $y=f(x)$ 的间断点.

例如，函数 $y=f(x)=\dfrac{1}{x-1}$ 在 $x=1$ 处间断(不连续)，$x=1$ 是此函数的间断点.

例 1.37 设函数 $f(x)=\begin{cases} x+2, & x\geqslant 1, \\ 3x, & x<1, \end{cases}$ 讨论函数 $f(x)$ 在 $x=1$ 处是否连续.

解 分别求当 $x\to 1$ 时的左、右极限：

$$\lim_{x\to 1^-} f(x) = \lim_{x\to 1^-} (3x) = 3, \lim_{x\to 1^+} f(x) = \lim_{x\to 1^+} (x+2) = 3.$$

左、右极限各自存在且相等，所以 $\lim\limits_{x\to 1} f(x)$ 存在，且 $\lim\limits_{x\to 1} f(x) = 3$. 又因为 $f(1) = 1+2 = 3$，综上可知，函数 $f(x)$ 在 $x=1$ 处连续.

例 1.38 设函数 $f(x)=\begin{cases} x+1, & x>0, \\ 2, & x=0, \\ e^x, & x<0, \end{cases}$ 讨论函数 $f(x)$ 在 $x=0$ 处是否连续.

解 因为函数$f(x)$在$x=0$处有定义,且$f(0)=2$,分别求当$x\to 0$时的左、右极限:

$$\lim_{x\to 0^-}f(x)=\lim_{x\to 0^-}\mathrm{e}^x=\lim_{x\to 0^-}\mathrm{e}^0=1,\lim_{x\to 0^+}f(x)=\lim_{x\to 0^+}(x+1)=\lim_{x\to 0^+}(0+1)=1.$$

左、右极限相等,函数在$x=0$处极限存在,但不等于函数值,所以函数在$x=0$处不连续.

$x=0$是函数$f(x)$的间断点,函数图像如图1－19所示.

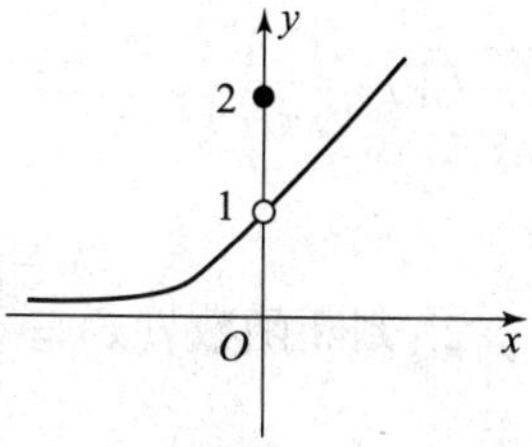

图1－19

例1.39 已知函数$f(x)=\begin{cases}2x^2+1, & x<0\\ 5x+k, & x\geqslant 0\end{cases}$,在$x=0$处连续,求$k$的值.

解 $\lim\limits_{x\to 0^-}f(x)=\lim\limits_{x\to 0^-}(2x^2+1)=1,\lim\limits_{x\to 0^+}f(x)=\lim\limits_{x\to 0^+}(5x+k)=k=f(0)$.

因为函数$f(x)$在$x=0$处连续,则必有$\lim\limits_{x\to 0^-}f(x)=\lim\limits_{x\to 0^+}f(x)=f(0)$,所以$k=1$.

【同步训练1.9】

1. 讨论函数(图1－20)

$$f(x)=\begin{cases}x-1, & x<0\\ 0, & x=0\\ x+1, & x>0\end{cases}$$

在$x=0$处是否连续,为什么?

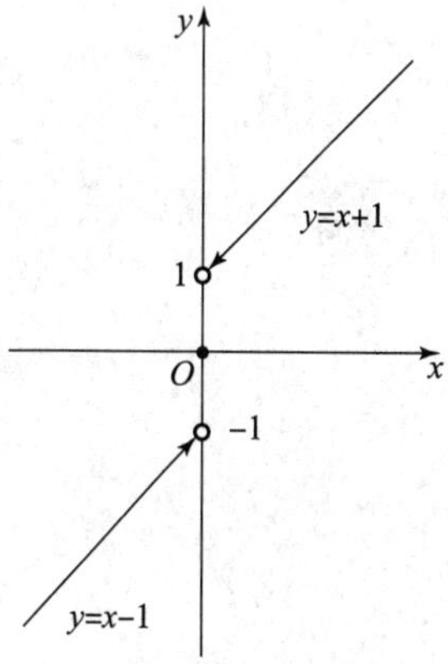

图1－20

2. 设$f(x)=\begin{cases}x\sin\dfrac{1}{x}+a, & x<0,\\ b+1, & x=0,\\ x^2-1, & x>0,\end{cases}$试求当$a,b$为何值时,函数$f(x)$在点$x=0$处连续.

习题 1.4

1. 指出下列函数的间断点.

(1) $y=\dfrac{1}{x+1}$； (2) $y=\dfrac{x^2-9}{x-3}$； (3) $y=x\sin\dfrac{1}{x}$.

2. 判断函数 $f(x)=\begin{cases}x+2, & x>2\\ x^2, & x\leqslant 2\end{cases}$,在点 $x=2$ 处是否连续.

3. 作函数 $f(x)=\begin{cases}x-1, & x\leqslant 2\\ x+3, & x>2\end{cases}$,的图像,并讨论函数在点 $x=2$ 处的连续性.

【同步训练 1.9】答案

1. $\lim\limits_{x\to 0^-}f(x)=\lim\limits_{x\to 0^-}(0-1)=-1$, $\lim\limits_{x\to 0^+}f(x)=\lim\limits_{x\to 0^+}(0+1)=1$.

左、右极限不相等,所以 $\lim\limits_{x\to 1}f(x)$ 不存在,函数在点 $x=0$ 处不连续.

2. $a=-1, b=-2$.

第2章 导数与微分

【学习目标】

☞ 理解求导公式和求导法则.

☞ 掌握利用求导公式和求导法则求函数导数的方法.

☞ 理解复合函数求导法则,并会用法则求函数导数.

☞ 理解微分的概念,会求函数微分,会利用微分解决实际应用问题.

导数与微分是微分学中的两个重要概念. 导数是从研究函数相对自变量的变化率的问题中抽象出来的数学概念;微分则与导数密切相关,反映当自变量有微小变化时,函数值的变化情况. 本章除了介绍导数与微分的基本概念之外,还建立起一套关于导数与微分的计算公式和法则.

2.1 导数的概念

2.1.1 导数概念的引入

1. 速度问题

设一质点作变速直线运动,其运动方程为 $s=\frac{1}{2}gt^2$,其中 t 是时间,s 是路程,g 为常数,试求在 t_0 时刻的瞬时速度 $v(t_0)$.

设从 t_0 变化到 $t_0+\Delta t$ 时的平均速度为 $\bar{v}$,即

$$\bar{v}=\frac{\Delta s}{\Delta t}=\frac{s(t_0+\Delta t)-s(t_0)}{\Delta t}=\frac{\frac{1}{2}g(t_0+\Delta t)^2-\frac{1}{2}gt_0^2}{\Delta t}=gt_0+\frac{1}{2}g\Delta t$$

可以认为

$$v(t_0)=\lim_{\Delta t\to 0}\bar{v}=\lim_{\Delta t\to 0}\frac{\Delta s}{\Delta t}=\lim_{\Delta t\to 0}\frac{s(t_0+\Delta t)-s(t_0)}{\Delta t}$$

$$=\lim_{\Delta t\to 0}\left(gt_0+\frac{1}{2}g\Delta t\right)=gt_0$$

2. 切线问题

求曲线 $y=f(x)$ 在点 $M(x_0,y_0)$ 处的切线方程.

过点 M 作曲线的割线 MN,交曲线于点 $N(x_0+\Delta x,y_0+\Delta y)$,如图 2-1 所示. 当点 N 沿曲

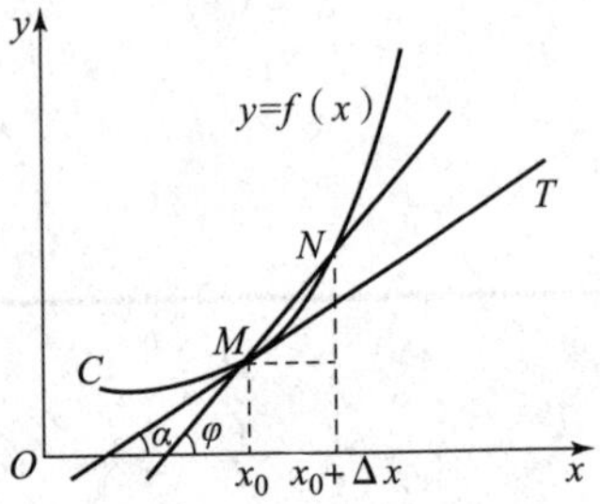

图 2－1

线接近点 M 时，割线将接近切线，特别的，当 $\Delta x\to 0$ 时，割线的极限位置就是切线，即切线的斜率是割线斜率的极限．也就是

$$k=\lim_{\Delta x\to 0}k_{MN}=\lim_{\Delta x\to 0}\frac{\Delta y}{\Delta x}=\lim_{\Delta x\to 0}\frac{f(x_0+\Delta x)-f(x_0)}{\Delta x}$$

这样就可以写出切线 MT 的方程．

以上两个问题，虽然具体意义不同，但解决的方式相似，都可归结为函数增量与自变量增量比值的极限，由此可抽象出导数的定义．

2.1.2 导数的定义

定义 2.1 设函数 $y=f(x)$ 在点 x_0 的某个邻域内有定义，当自变量 x 在点 x_0 处有增量 Δx 时，相应的函数增量为 $\Delta y=f(x_0+\Delta x)-f(x_0)$，当 $\Delta x\to 0$ 时，若 $\frac{\Delta y}{\Delta x}$ 的极限存在，则称函数 $y=f(x)$ 在点 x_0 处可导，极限值称为函数 $y=f(x)$ 在点 x_0 处的导数，记作 $f'(x_0)$，也可记为 $y'|_{x=x_0}$，即

$$f'(x_0)=\lim_{\Delta x\to 0}\frac{\Delta y}{\Delta x}=\lim_{\Delta x\to 0}\frac{f(x_0+\Delta x)-f(x_0)}{\Delta x}.$$

如果极限不存在，则称函数 $y=f(x)$ 在点 x_0 处不可导．

若函数 $y=f(x)$ 在区间 I 内的每一点都可导，则称函数 $y=f(x)$ 在区间 I 内可导，对区间 I 内的每个点 x 都有导数 $f'(x)$（或记作 y'），即

$$y'=f'(x)=\lim_{\Delta x\to 0}\frac{f(x+\Delta x)-f(x)}{\Delta x}.$$

此时 $f'(x)$ 也是 x 的函数，称为函数 $y=f(x)$ 的**导函数**，简称**导数**．

显然，函数 $y=f(x)$ 在点 x_0 处的导数值 $f'(x_0)$ 就是导函数 $f'(x)$ 在点 x_0 处的函数值，即

$$f'(x_0)=f'(x)|_{x=x_0}.$$

根据函数在点 x_0 处可导、连续的定义，不难证明函数 $y=f(x)$ 在点 x_0 处可导与连续有如下关系：

定理 2.1 函数 $y=f(x)$ 在点 x_0 处可导，则函数 $y=f(x)$ 在点 x_0 处连续．

值得注意的是，函数 $y=f(x)$ 在点 x_0 处连续，不一定在该点可导．

2.1.3 导数的几何意义

由上面的切线问题易知，函数 $y=f(x)$ 在点 $x=x_0$ 处的导数值 $f'(x_0)$ 在几何上就是 $f(x)$ 所表示的曲线在点 (x_0,y_0) 处的切线的斜率，这就是导数的几何意义．由此可得曲线 $y=f(x)$ 在点 (x_0,y_0) 处的切线方程为

$$y-y_0=f'(x_0)(x-x_0).$$

过切点且与切线垂直的直线称为该切点处的法线，显然该切点处的法线方程为

$$y-y_0=-\frac{1}{f'(x_0)}(x-x_0).$$

例 2.1 求函数 $y=kx+b$ 的导数.

解 $y'=\lim\limits_{\Delta x\to 0}\dfrac{\Delta y}{\Delta x}=\lim\limits_{\Delta x\to 0}\dfrac{k(x+\Delta x)+b-(kx+b)}{\Delta x}=\lim\limits_{\Delta x\to 0}k=k.$

例 2.2 求函数 $y=\sqrt{x}$的导数.

解 因为

$$\lim_{\Delta x\to 0}\frac{\Delta y}{\Delta x}=\lim_{\Delta x\to 0}\frac{\sqrt{x+\Delta x}-\sqrt{x}}{\Delta x}=\lim_{\Delta x\to 0}\frac{\Delta x}{\Delta x(\sqrt{x+\Delta x}+\sqrt{x})}$$

$$=\lim_{\Delta x\to 0}\frac{1}{\sqrt{x+\Delta x}+\sqrt{x}}=\frac{1}{2\sqrt{x}},$$

所以

$$f'(x)=(\sqrt{x})'=\frac{1}{2\sqrt{x}}.$$

例 2.3 求曲线 $f(x)=x^2+2x+3$ 在点(1,6)处的切线方程和法线方程.

解 $f'(x)=\lim\limits_{\Delta x\to 0}\dfrac{f(x+\Delta x)-f(x)}{\Delta x}=\lim\limits_{\Delta x\to 0}\dfrac{(x+\Delta x)^2+2(x+\Delta x)+3-(x^2+2x+3)}{\Delta x}$

$=\lim\limits_{\Delta x\to 0}(2x+2+\Delta x)=2x+2.$

由导数的几何意义知,切线的斜率为 $k=f'(1)=4$,所以:

切线方程为 $y-6=4(x-1)$,即 $y=4x+2$;

法线方程为 $y-6=-\dfrac{1}{4}(x-1)$,即 $y=-\dfrac{1}{4}x+\dfrac{25}{4}$.

【同步训练 2.1】

1. 填空.

(1) $C'=$ ______ (C 为常数); (2) $(kx+b)'=$ ______ (k,b 为常数).

2. 用导数定义求函数 $f(x)=\dfrac{1}{x}$的导数,并求 $f'(3)$的值.

3. 已知函数 $y=\sin x$ 的导数为 $y'=\cos x$,求曲线 $y=\sin x$ 在点$(\pi,0)$处的切线方程和法线方程.

习题 2.1

1. 已知函数 $f(x)=2x^2$,按导数定义求 $f'(x)$,并求函数图像在$(-1,2)$处的切线方程和法线方程.

2. 求曲线 $y=\frac{1}{x}$ 上一点，使在该点处的切线平行于直线 $y=-2x+3$.

3. 证明：函数 $y=x^4$ 的导数为 $y'=4x^3$.

【同步训练 2.1】答案

1. (1)0； (2)k.

2. $y'=f'(x)=\lim\limits_{\Delta x\to 0}\frac{f(x+\Delta x)-f(x)}{\Delta x}=\lim\limits_{\Delta x\to 0}\frac{\frac{1}{x+\Delta x}-\frac{1}{x}}{\Delta x}=\lim\limits_{\Delta x\to 0}\frac{-1}{x(x+\Delta x)}=-\frac{1}{x^2}$.

$f'(3)=-\frac{1}{9}$.

3. $y'=\cos x, f'(\pi)=\cos\pi=-1$.

切线方程为 $y=-(x-\pi)=-x+\pi$；

法线方程为 $y=x-\pi$.

2.2 函数的和、差、积、商的求导法则

以下直接给出基本初等函数的求导公式及函数的和、差、积、商的求导法则.

2.2.1 基本初等函数的求导公式

(1) $(C)'=0$；

(2) $(x^\mu)'=\mu x^{\mu-1}$（μ 为实数）；

(3) $(a^x)'=a^x\ln a\ (a>0, a\neq 1)$；

(4) $(\mathrm{e}^x)'=\mathrm{e}^x$；

(5) $(\log_a x)'=\frac{1}{x\ln a}\ (a>0, a\neq 1)$；

(6) $(\ln x)'=\frac{1}{x}$；

(7) $(\sin x)'=\cos x$；

(8) $(\cos x)'=-\sin x$；

(9) $(\tan x)'=\sec^2 x$；

(10) $(\cot x)'=-\csc^2 x$；

(11) $(\sec x)'=\sec x\tan x$；

(12) $(\csc x)'=-\csc x\cot x$；

(13) $(\arcsin x)'=\frac{1}{\sqrt{1-x^2}}$；

(14) $(\arccos x)'=-\frac{1}{\sqrt{1-x^2}}$；

(15) $(\arctan x)'=\frac{1}{1+x^2}$；

(16) $(\mathrm{arccot}\, x)'=-\frac{1}{1+x^2}$.

2.2.2 函数四则求导法则

设函数 $u(x)$、$v(x)$ 可导，则有

(1) $[u(x)\pm v(x)]'=u'(x)\pm v'(x)$.

(2) $[u(x)v(x)]'=u'(x)v(x)+u(x)v'(x)$，特别的，$[cv(x)]'=cv'(x)$，$c$ 为常数.

可推广到三个函数相乘的情形：

$$[u(x)v(x)t(x)]'=u'(x)v(x)t(x)+u(x)v'(x)t(x)+u(x)v(x)t'(x).$$

(3) $\left[\frac{u(x)}{v(x)}\right]'=\frac{u'(x)v(x)-u(x)v'(x)}{v^2(x)}\ (v\neq 0)$，特别的，$\left[\frac{1}{v(x)}\right]'=-\frac{v'(x)}{v^2(x)}$.

例 2.4 已知函数 $y=3x^2-\sin x-1$，求 y'.

解 $y'=(3x^2)'-(\sin x)'-1'=6x-\cos x$.

例 2.5 已知函数 $y=5^x\ln x+\dfrac{1}{\sqrt{x}}$，求 y'.

解 $y'=(5^x)'\ln x+5^x(\ln x)'+(x^{-\frac{1}{2}})'=5^x\ln 5\cdot\ln x+\dfrac{5^x}{x}-\dfrac{1}{2x\sqrt{x}}$.

例 2.6 已知函数 $y=\dfrac{2e^x}{\cos x-1}$，求 y'.

解 $y'=2\dfrac{e^x(\cos x-1)-e^x(-\sin x)}{(\cos x-1)^2}=2e^x\dfrac{\cos x-1+\sin x}{(\cos x-1)^2}$.

例 2.7 已知函数 $y=\tan x$，求 y'.

解 $y'=\left(\dfrac{\sin x}{\cos x}\right)'=\dfrac{\cos x\cdot\cos x-\sin x\cdot(-\sin x)}{\cos^2 x}=\dfrac{1}{\cos^2 x}=\sec^2 x$.

读者可自行验证函数 $y=\cot x, y=\sec x, y=\csc x$ 的导数公式.

例 2.8 已知函数 $y=x^2e^x\arctan x$，求 y'.

解

$$\begin{aligned}y'&=(x^2)'e^x\arctan x+x^2(e^x)'\arctan x+x^2e^x(\arctan x)'\\&=2xe^x\arctan x+x^2e^x\arctan x+x^2e^x\frac{1}{1+x^2}\\&=(2x+x^2)e^x\arctan x+\frac{x^2e^x}{1+x^2}.\end{aligned}$$

例 2.9 求曲线 $f(x)=3\sin x+e^x$ 在点 $(0,1)$ 处的切线方程和法线方程.

解 $f'(x)=3\cos x+e^x$，当 $x=0$ 时，$k=f'(0)=4$.

切线方程为

$$y-1=4(x-0)\text{，即 } y=4x+1；$$

法线方程为

$$y-1=-\frac{1}{4}(x-0)\text{，即 } y=-\frac{1}{4}x+1.$$

【同步训练 2.2】

1. 填空.

(1) $(\sqrt[3]{x^2})'=$______； (2) $(3^x)'=$______；

(3) $\left(\sin\dfrac{\pi}{3}\right)'=$______； (4) $(\lg x)'=$______.

2. 求下列函数的导数.

(1) $y=6x^3-7e^x+15$； (2) $y=2\sin x\cos x$；

(3) $y=\dfrac{1+\ln x}{1-\ln x}$；

(4) $y=(x+1)(x+2)(x+3)$.

习题 2.2

1. 求下列函数的导数.

(1) $y=6x^3+3x^2-\dfrac{2}{x^2}$；

(2) $y=\sqrt{x}-\dfrac{1}{\sqrt{x}}+\sqrt{2}$；

(3) $y=3\sqrt[3]{x}-\dfrac{1}{2x\sqrt{x}}+4$；

(4) $y=3\sin x+2\ln x+\cos\dfrac{\pi}{3}$；

(5) $y=\sec x(\tan x+1)$；

(6) $y=x^5+5^x$；

(7) $y=\dfrac{\cos x}{1+\sin x}$；

(8) $y=x^2\sin x$；

(9) $y=x\arccos x\ln x$；

(10) $y=x^3\ln x$；

(11) $y=\dfrac{2x}{1-x^2}$；

(12) $y=x\sec x+\tan x$；

(13) $y=e^x(\sin x-\cos x)$；

(14) $y=\dfrac{\ln x}{x}$；

(15) $y=\dfrac{\tan x+1}{\tan x}$；

(16) $y=\dfrac{\sin x}{1+\cos x}$；

(17) $y=\dfrac{1}{x^2}(\ln x+\sqrt{x})-\cos 6x$；

(18) $y=\dfrac{1+\sin x}{1+\cos x}$；

(19) $y=x(x+3)(\cos x+1)$；

(20) $y=2e^x\cos x$.

2. 求下列函数在相应点处的导数值.

(1) 已知函数 $f(x)=2x^3+3x^2+6x$，求 $f'(0)$，$f'(1)$；

(2) 已知函数 $f(x)=e^x\sin x$，求 $f'(\pi)$；

(3) 已知函数 $f(x)=x^3\ln x$，求 $f'(2)$；

(4) 已知函数 $f(x)=\dfrac{1-\sqrt{x}}{1+\sqrt{x}}$，求 $f'(1)$；

(5) 已知函数 $f(x)=\sqrt{x}-\dfrac{1}{x}$，求 $f'(4)$；

(6) 已知函数 $f(x)=x(x+1)(x+2)\cdots(x+n)$，求 $f'(0)$；

(7) 已知函数 $f(x)=2x\tan x+3\ln x$，求 $f'\left(\dfrac{\pi}{4}\right)$，$f'(\pi)$；

(8) 已知函数 $f(x)=\dfrac{\sin x+2}{x}$，求 $f'\left(-\dfrac{\pi}{2}\right)$，$f'\left(\dfrac{\pi}{2}\right)$；

(9) 已知函数 $f(x)=x^2(\ln x+1)$，求 $f'(1)$，$f'(2)$.

3. 试问曲线 $y=(x^2-1)(x+1)$ 上哪些点处的切线平行于 x 轴？

4. 试问曲线 $y=\log_2 x$ 上哪一点处的切线斜率是 $\frac{2}{\ln 2}$？

5. 过点 $A(0,1)$ 引抛物线 $y=1-x^2$ 的切线，求此切线方程．

6. 求曲线 $y=1-\frac{2}{\sqrt[3]{x}}$ 在与 x 轴交点处的切线方程和法线方程．

【同步训练 2.2】答案

1. (1) $\frac{2}{3}x^{-\frac{1}{3}}$； (2) $3^x\ln 3$； (3) 0； (4) $\frac{1}{x\ln 10}$.

2. (1) $y'=18x^2-7e^x$； (2) $y'=2\cos 2x$；

(3) $y'=\frac{2}{x(1-\ln x)^2}$； (4) $y'=3x^2+12x+11$.

2.3 复合函数的导数

如何求函数 $y=\sin 2x$ 的导数？是否可以简单地将导数公式 $(\sin x)'=\cos x$ 中的 x 替换成 $2x$，从而得到 $(\sin 2x)'=\cos 2x$ 呢？通过下面的分析，可以看到这样的做法是错误的．

下面先来直观地观察一下它的求解过程，并进而得到复合函数求导数的一般方法．

不妨将函数 y 关于 x 的导数记为 y'_x.

一方面有

$$y'_x=(\sin 2x)'=(2\sin x\cos x)'=2(\sin x)'\cos x+2\sin x(\cos x)'$$
$$=2\cos^2 x-2\sin^2 x=2\cos 2x;$$

另一方面，将 $y=\sin 2x$ 看成由 $y=\sin u$ 及 $u=2x$ 复合而成，即

$$y'_u=(\sin u)'=\cos u=\cos 2x,\quad u'_x=(2x)'=2.$$

比对上面的结果，可以看到

$$y'_x=y'_u\cdot u'_x.$$

一般的，不加证明地给出复合函数求导数的定理：

定理 2.2 设函数 $y=f(u)$，$u=\varphi(x)$，即 y 是 x 的一个复合函数 $y=f[\varphi(x)]$，则

$$y'_x=y'_u\cdot u'_x.$$

上述结论可以推广到有限次函数复合的情形．

例如，对于复合函数 $y=f\{\varphi[\psi(x)]\}$，它可看成由函数 $y=f(u)$，$u=\varphi(v)$，$v=\psi(x)$ 复合而成，则有

$$y'_x=y'_u\cdot u'_v\cdot u'_x.$$

注意：在导数的结果中尚需将各中间变量还原到用 x 表示．

例 2.10 已知函数 $y=(1+3x)^{20}$，求 y'.

解 设 $y=u^{20}$，$u=1+3x$，则

$$y'=(u^{20})'_u\cdot(1+3x)'_x=20u^{19}\cdot 3=60(1+3x)^{19}.$$

例 2.11 已知函数 $y=\ln\cot(x^3)$，求 y'.

解 设 $y=\ln u$，$u=\cot v$，$v=x^3$，则

$$y' = (\ln u)'_u \cdot (\cot v)'_v \cdot (x^3)'_x$$

$$= \frac{1}{u} \cdot (-\csc^2 v) \cdot 3x^2 = -\frac{1}{\cot(x^3)} \cdot \csc^2(x^3) \cdot 3x^2 = -\frac{6x^2}{\sin 2(x^3)}.$$

熟练以后,不必写出中间变量 u,v.

例 2.12 已知函数 $y = \arcsin\sqrt{x}$,求 y'.

解 $y' = (\arcsin\sqrt{x})' = \frac{1}{\sqrt{1-(\sqrt{x})^2}}(\sqrt{x})' = \frac{1}{\sqrt{1-x}}\frac{1}{2\sqrt{x}} = \frac{1}{2\sqrt{x-x^2}}.$

例 2.13 已知函数 $y = e^{\cos^2 x}$,求 y'.

解 $y' = e^{\cos^2 x} \cdot 2\cos x \cdot (-\sin x) = -e^{\cos^2 x}\sin 2x.$

当函数解析式存在多种运算,即加、减、乘、除复合之若干种时,需注意使用相应的导数运算法则.

例 2.14 已知 $y = \ln(x + \sqrt{x^2+5})$,求 y'.

解

$$y' = \frac{1}{x+\sqrt{x^2+5}}\left(1 + \frac{1}{2}(x^2+5)^{-\frac{1}{2}} \cdot 2x\right) = \frac{1}{x+\sqrt{x^2+5}}\left(1 + \frac{x}{\sqrt{x^2+5}}\right)$$

$$= \frac{1}{x+\sqrt{x^2+5}}\left(\frac{\sqrt{x^2+5}+x}{\sqrt{x^2+5}}\right) = \frac{1}{\sqrt{x^2+5}}.$$

例 2.15 已知 $y = e^{\tan x}\sin\frac{2}{x}$,求 y'.

解 $y' = \left(e^{\tan x}\sin\frac{2}{x}\right)' = e^{\tan x} \cdot \sec^2 x\sin\frac{2}{x} + e^{\tan x}\cos\frac{2}{x}\left(-\frac{2}{x^2}\right)$

$$= e^{\tan x}\left(\sec^2 x\sin\frac{2}{x} - \frac{2}{x^2}\cos\frac{2}{x}\right).$$

【同步训练 2.3】

1. 填空.

(1) $(e^{-x})' =$ ______; (2) $(\sin 4x)' =$ ______;

(3) $(\sqrt{7-x^2})' =$ ______; (4) $(\ln(\ln x))' =$ ______.

2. 求下列函数的导数.

(1) $y = (3x^5-1)^8$; (2) $y = \ln(4+x^2)$;

(3) $y = \sqrt{2+3x}$; (4) $y = \sin^2 3x$.

3. 求下列函数的导数.

(1) $y=\ln(\sin x+\cos x)$; (2) $y=3e^{2x}+2\cos 3x$;

(3) $y=\ln(2x+4)\sin(3x-5)$; (4) $y=\ln\sqrt{\dfrac{x^2+1}{x^2-1}}$.

习题 2.3

1. 求下列函数的导数.

(1) $y=(3x+5)^6$; (2) $y=\cos(6-2x)$;

(3) $y=e^{-3x^2}$; (4) $y=\ln[\ln(\ln x)]$;

(5) $y=\ln(\sqrt{x^2+1}+1)$; (6) $y=\arctan(x^2+1)$;

(7) $y=5^{\arcsin x^2}$; (8) $y=\cos^2(\sin 4x)$;

(9) $y=\sqrt{\log_3^3 x+1}$; (10) $y=\tan^2(1+2x^2)$.

2. 求下列函数的导数.

(1) $y=\dfrac{e^x+e^{-x}}{e^x-e^{-x}}$; (2) $y=\tan^2 x\cdot\sin\dfrac{3}{x^2}$;

(3) $y=x\arcsin 3x-\sqrt{4-x^2}$; (4) $y=\dfrac{\ln\sqrt[3]{2x+4x^3}}{\sec 4x}$.

【同步训练 2.3】答案

1. (1) $-e^{-x}$; (2) $4\cos 4x$; (3) $-\dfrac{x}{\sqrt{7-x^2}}$; (4) $\dfrac{1}{x\ln x}$.

2. (1) $y'=120x^4(3x^5-1)^7$; (2) $y'=\dfrac{2x}{4+x^2}$; (3) $y'=\dfrac{3}{2\sqrt{2+3x}}$; (4) $y'=3\sin 6x$.

3. (1) $y'=\dfrac{\cos x-\sin x}{\sin x+\cos x}$; (2) $y'=6e^{2x}-6\sin 3x$;

(3) $y'=\dfrac{\sin(3x-5)}{x+2}+3\ln(2x+4)\cos(3x-5)$; (4) $y'=\dfrac{-2x}{x^4-1}$.

2.4 特殊函数求导法则

2.4.1 隐函数求导

前面所遇到的问题中的函数都是 $y=f(x)$ 的形式，即因变量 y 是由含有自变量 x 的数学表达式明确表示的函数，这类函数称为显函数．但是有些函数表达式并不如此，比如，给定方程 $3x-y^3+2=0$，$3xy+e^y-5=0$ 等中，y 与 x 之间的函数关系并不明显，只是由方程 $F(x,y)=0$ 所确定，这样的函数称为由方程 $F(x,y)=0$ 所确定的隐函数．

将一个隐函数化成显函数的过程叫作隐函数的显化．比如，由方程 $3x-y^3+2=0$ 解出 $y=\sqrt[3]{3x+2^x}$，就是将隐函数化成了显函数，然而有很多隐函数是不容易或者不可能化成显函数的，比如 $3xy+e^y-5=0$ 所确定的隐函数就不容易化成显函数．由此可知，用显函数的求导方法对隐函数求导是行不通的．

对于由方程 $F(x,y)=0$ 确定的隐函数求导，可以采取对复合函数求导的方法来进行，首先将方程 $F(x,y)=0$ 中的 y 看作 x 的函数 $y=f(x)$，然后对方程 $F(x,y)=0$ 两边同时对 x 求导，得到一个含有 y' 的方程式，从中解出 y'，即得到隐函数 y 的导数．

例 2.16 求由方程 $3xy+e^y-5=0$ 所确定的隐函数 y 的导数．

解 将方程 $3xy+e^y-5=0$ 两端同时对 x 求导，得

$$3y+3xy'+e^y\cdot y'=0,$$
$$(3x+e^y)\cdot y'=-3y,$$

所以 $y'=-\dfrac{3y}{3x+e^y}$．

注意： 由于 y 是关于 x 的函数，该例中 e^y 是以 y 为中间变量的复合函数，所以 e^y 关于 x 的求导应利用复合函数的求导法则，求导结果中不能丢掉 y'．另外，注意到函数的求导结果中既可以含有 x，也可含有 y，因此在求 $y'(x_0)$ 时，应先将 x_0 代入方程 $F(x,y)=0$ 中求得 y_0，再将 x_0,y_0 同时代入 y'，从而求得 $y'(x_0)$．

例 2.17 求由方程 $xy=\ln(x+y)-1$ 所确定的隐函数的导数 y'，并求 $y'|_{x=0}$．

解 将方程 $xy=\ln(x+y)-1$ 两端同时对 x 求导，得

$$y+xy'=\frac{1}{x+y}(1+y'),$$
$$\left(x-\frac{1}{x+y}\right)\cdot y'=\frac{1}{x+y}-y,$$

所以 $y'=\dfrac{1-xy-y^2}{x^2+xy-1}$．

将 $x=0$ 代入原方程，得 $y=e$，所以 $y'|_{x=0}=\left.\dfrac{1-xy-y^2}{x^2+xy-1}\right|_{\substack{x=0\\y=e}}=e^2-1$．

例 2.18 求由方程 $x^2+xy+y^2=4$ 确定的曲线上点 $(2,-2)$ 处的切线方程和法线方程．

解 将方程两边同时对 x 求导，得

$$2x+y+xy'+2yy'=0,$$

解得 $\frac{dy}{dx}=-\frac{2x+y}{x+2y}$.

因此,曲线在点(2, -2)处切线的斜率为 $k=\left.\frac{dy}{dx}\right|_{\substack{x=2\\y=-2}}=1$,所以得到:

切线方程为 $y-(-2)=1(x-2)$,即 $y=x-4$;

法线方程为 $y-(-2)=-1(x-2)$,即 $y=-x$.

2.4.2 对数求导法

一般的,将形如 $y=u(x)^{v(x)}(u(x)>0)$ 的复合函数称为幂指函数,对此类函数求导一般采用对数求导法. 具体方法是,先对方程两边同取对数,将幂指函数化为一般的隐函数,再用隐函数的求导方法求导,从而求得该函数的导数.

例 2.19 求函数 $y=x^{\sin x}(x>0)$ 的导数.

解 将 $y=x^{\sin x}$ 两端同取对数,得

$$\ln y=\sin x\ln x.$$

将上式两边同对 x 求导,得

$$\frac{1}{y}\cdot y'=\cos x\ln x+\frac{\sin x}{x},$$

$$y'=y\left(\cos x\ln x+\frac{\sin x}{x}\right)=x^{\sin x}\left(\cos x\ln x+\frac{\sin x}{x}\right).$$

此例也可用其他方法,先将函数写成 $y=x^{\sin x}=e^{\sin x\ln x}$,再利用复合函数求导:

$$y'=(e^{\sin x\ln x})'=e^{\sin x\ln x}(\sin x\ln x)'=e^{\sin x\ln x}\left(\cos x\ln x+\frac{\sin x}{x}\right)$$

$$=x^{\sin x}\left(\cos x\ln x+\frac{\sin x}{x}\right).$$

除了幂指函数,对于多个函数连续相乘、相除得到的函数,也可采用对数求导法.

例 2.20 求函数 $y=\sqrt{\frac{(x-1)(x-2)}{(x-3)(x-4)}}$ 的导数.

解 将函数两边同取对数,得

$$\ln y=\frac{1}{2}[\ln(x-1)+\ln(x-2)-\ln(x-3)-\ln(x-4)],$$

上式两边同对 x 求导,得

$$\frac{1}{y}\cdot y'=\frac{1}{2}\left(\frac{1}{x-1}+\frac{1}{x-2}-\frac{1}{x-3}-\frac{1}{x-4}\right),$$

于是

$$y'=\frac{y}{2}\left(\frac{1}{x-1}+\frac{1}{x-2}-\frac{1}{x-3}-\frac{1}{x-4}\right)$$

$$=\frac{1}{2}\left(\frac{1}{x-1}+\frac{1}{x-2}-\frac{1}{x-3}-\frac{1}{x-4}\right)\sqrt{\frac{(x-1)(x-2)}{(x-3)(x-4)}}.$$

习题 2.4

1. 求由下列方程所确定的隐函数的导数 y'.

(1) $2x^2y-xy^2+y^3=0$；　　(2) $xy=e^{x+y}$；

(3) $y=1-xe^{xy}$；　　(4) $y\sin x=\cos(x+y)$.

2. 求由方程 $x^2+2xy-y^2=2x$ 所确定的隐函数的导数在点(2,0)处的值.

3. 求曲线 $y^3=1+xe^y$ 与 y 轴交点处的切线方程和法线方程.

4. 用对数求导法求下列函数的导数.

(1) $y=x^{\sqrt{x}}$；　　(2) $y=(1+x)^x$；

(3) $y=\dfrac{\sqrt{x+1}}{\sqrt[3]{2x-1}(x+3)^2}$；　　(4) $y=\dfrac{(x+1)^2(x-2)^3}{x(x-1)^4(x+3)}$.

2.5 高阶导数

定义 2.2 如果函数 $y=f(x)$ 的导函数 $y=f'(x)$ 在点 x 处可导，则称 $f'(x)$ 在点 x 处的导数为函数 $y=f(x)$ 在点 x 处的二阶导数，记作 $f''(x)$，y''，$\dfrac{d^2y}{dx^2}$或$\dfrac{d^2f(x)}{dx^2}$，即

$$f''(x)=[f'(x)]'=\lim_{\Delta x\to 0}\frac{f'(x+\Delta x)-f'(x)}{\Delta x}.$$

此时也称函数 $y=f(x)$ 在点 x 处二阶可导.

若 $y=f(x)$ 在区间 I 上的每一点处都二阶可导，则称 $y=f(x)$ 在区间 I 上二阶可导，并称 $f''(x)(x\in I)$ 为 $f(x)$ 在区间 I 上的二阶导函数，简称二阶导数.

类似的，函数 $y=f(x)$ 的二阶导数的导数称为函数 $y=f(x)$ 的三阶导数，记作 y'''或$\dfrac{d^3y}{dx^3}$，…，依此类推. 一般的，函数 $y=f(x)$ 的 $n-1$ 阶导数的导数为函数 $y=f(x)$ 的 n 阶导数，记作 $y^{(n)}$ 或 $f^{(n)}(x)$ 或$\dfrac{d^ny}{dx^n}$.

二阶及二阶以上的导数统称为**高阶导数**. 求函数的高阶导数，只要利用函数的求导法则、求导公式对函数接连多次求一阶导数，直至求到所要求的阶数即可. 求函数的 n 阶导数，习惯上需满足 $n\geqslant 2$.

例 2.21 设函数 $f(x)=(3x+2)^6$，求 $f''(-1)$.

解 $f'(x)=6(3x+2)^5\cdot 3=18(3x+2)^5$，$f''(x)=90(3x+2)^4\cdot 3=270(3x+2)^4$，所以 $f''(-1)=270[3\cdot(-1)+2]^4=270$.

例 2.22 求函数 $y=e^x\cos x$ 的三阶导数.

解 $y'=e^x\cos x+e^x(-\sin x)=e^x(\cos x-\sin x)$；

$y''=e^x(\cos x-\sin x)+e^x(-\sin x-\cos x)=-2e^x\sin x$；

$y'''=-2(e^x\sin x+e^x\cos x)=-2e^x(\sin x+\cos x)$.

例 2.23 求函数 $y=e^{ax}$的 n 阶导数.

解 $y'=ae^{ax}$，$y''=a^2e^{ax}$，$y'''=a^3e^{ax}$，依此类推，可得 $y^{(n)}=a^ne^{ax}$.

例 2.24 求函数 $y=\sin x$ 的 n 阶导数．

解 $y'=\cos x=\sin\left(x+\frac{\pi}{2}\right)$;

$y''=-\sin x=\cos\left(x+\frac{\pi}{2}\right)=\sin\left(x+2\cdot\frac{\pi}{2}\right)$;

$y'''=-\cos x=\cos\left(x+2\cdot\frac{\pi}{2}\right)=\sin\left(x+3\cdot\frac{\pi}{2}\right)$;

$y^{(4)}=\sin x=\cos\left(x+3\cdot\frac{\pi}{2}\right)=\sin\left(x+4\cdot\frac{\pi}{2}\right)$.

依此类推，可得 $y^{(n)}=\sin\left(x+n\cdot\frac{\pi}{2}\right)$.

【同步训练 2.4】

1. 求下列函数的二阶导数．

(1) $y=x\cos x$;　　(2) $y=e^{x^2-1}$;

(3) $y=\tan x$;　　(4) $y=\sqrt{4-2x}$.

2. 求下列函数的 n 阶导数．

(1) $y=e^{5x+1}$;　　(2) $y=\ln(x+1)$;

(3) $y=\cos x$;　　(4) $y=\frac{1}{2-x}$.

习题 2.5

1. 求下列函数的二阶导数.

(1) $y=x\sin x$;　　(2) $y=e^{-x}\cos x$;

(3) $y=\ln(x^2+3)$;　　(4) $y=e^{5x-3}$;

(5) $y=2x^3-\ln x$;　　(6) $y=\sqrt{1+x^2}$.

2. 求下列函数的 n 阶导数.

(1) $y=e^{-2x}$;　(2) $y=xe^x$;　(3) $y=x\ln x$;　(4) $y=\cos^2 x$.

【同步训练 2.4】答案

1. (1) $y''=-2\sin x-x\cos x$;　　(2) $y''=2e^{x^2-1}(1+2x^2)$;

(3) $y''=2\sec^2 x\tan x$;　　(4) $y''=-\dfrac{1}{\sqrt{(4-2x)^3}}$.

2. (1) $y^{(n)}=5^n e^{5x+1}$;　　(2) $y^{(n)}=(-1)^{n-1}\dfrac{(n-1)!}{(1+x)^n}$;

(3) $y^{(n)}=\cos\left(x+n\cdot\dfrac{\pi}{2}\right)$;　　(4) $y^{(n)}=(-1)^{n-1}\dfrac{n!}{(x-2)^{n+1}}$.

2.6 微分及其应用

2.6.1 微分的概念

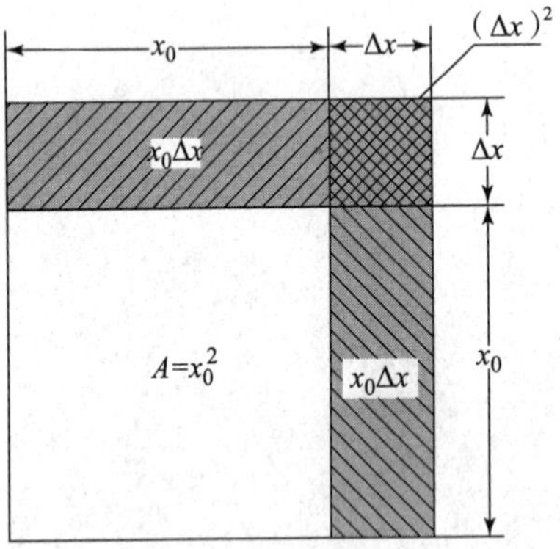

图 2-2

定义 2.3　设函数 $y=f(x)$ 在点 x_0 处可导，自变量从 x_0 变化到 $x_0+\Delta x$ 时，函数值的增量 $\Delta y=f(x_0+\Delta x)-f(x_0)$，如图 2-2 所示. 当 Δx 的绝对值很小时，有 $\Delta y\approx f'(x_0)\cdot\Delta x$，则称 $y=f(x)$ 在点 x_0 处可微，并称 $f'(x_0)\cdot\Delta x$ 为函数 $f(x)$ 在点 x_0 处的微分，记作 dy，即

$$dy=f'(x_0)\Delta x.$$

若函数 $y=f(x)$ 在区间 I 上每点都可微，则称 $f(x)$ 在区间 I 上可微，函数 $y=f(x)$ 在区间 I 上的微分记作

$$dy=f'(x)\Delta x.$$

显然，对于函数 $y=x$，有 $dy=dx$，而由微分定义又有 $dy=x'\Delta x=\Delta x$，即可得到 $\Delta x=dx$，于是，函数 $y=f(x)$ 的微分可以写成

$$dy=f'(x)dx$$

可以证明函数 $y=f(x)$ 在点 x_0 处的可导与可微有如下关系：

定理 2.3　函数 $y=f(x)$ 在点 x_0 处可微的充分必要条件是函数 $y=f(x)$ 在点 x_0 处可导.

2.6.2 微分运算法则

由微分和导数的关系,可得到如下微分公式与法则.

1. 基本初等函数的微分公式

(1) $d(x^{\mu})=\mu x^{\mu-1}dx$;

(2) $d(a^{x})=a^{x}\ln a dx(a>0,a\neq 1)$;

(3) $d(e^{x})=e^{x}dx$;

(4) $d(\log_{a}x)=\frac{1}{x\ln a}dx(a>0,a\neq 1)$;

(5) $d(\ln x)=\frac{1}{x}dx$;

(6) $d(\sin x)=\cos x dx$;

(7) $d(\cos x)=-\sin x dx$;

(8) $d(\tan x)=\sec^{2}x dx$;

(9) $d(\cot x)=-\csc^{2}x dx$;

(10) $d(\sec x)=\sec x\tan x dx$;

(11) $d(\csc x)=-\csc x\cot x dx$;

(12) $d(\arcsin x)=\frac{1}{\sqrt{1-x^{2}}}dx$;

(13) $d(\arccos x)=-\frac{1}{\sqrt{1-x^{2}}}dx$;

(14) $d(\arctan x)=\frac{1}{1+x^{2}}dx$;

(15) $d(\text{arccot} x)=-\frac{1}{1+x^{2}}dx$.

2. 函数的和、差、积、商的微分法则

设 $u(x)$、$v(x)$ 为可微函数,有:

(1) $d[u(x)\pm v(x)]=du(x)\pm dv(x)$;

(2) $d[u(x)\cdot v(x)]=v(x)du(x)+u(x)dv(x)$;

(3) $d[cu(x)]=c du(x)$, c 为常数;

(4) $d\left[\frac{u(x)}{v(x)}\right]=\frac{v(x)du(x)-u(x)dv(x)}{v^{2}(x)}(v\neq 0)$;

(5) $d\left[\frac{1}{v(x)}\right]=-\frac{dv(x)}{v^{2}(x)}$.

3. 复合函数的微分法则

设函数 $y=f(u)$,由微分的定义可知,当 u 是自变量时,函数 $y=f(u)$ 的微分为

$$dy=f'(u)du.$$

当 u 不是自变量,而是 x 的可微函数 $u=\varphi(x)$ 时,有函数 $y=f(u)=f[\varphi(x)]$. 由复合函数求导法则可得 $y'=f'(u)\varphi'(x)$,于是函数 y 的微分为 $dy=f'(u)\varphi'(x)dx$.

又由于 $u=\varphi(x)$ 可微,有 $\varphi'(x)dx=du$,从而得到 $dy=f'(u)du$.

由此可见,不论 u 是自变量还是中间变量,函数 $y=f(u)$ 的微分总保持同一形式:

$$dy=f'(u)du.$$

这一性质称为**一阶微分形式的不变性**.

例 2.25 已知函数 $y=\sin(3x-1)$,求 dy.

解 方法一:由复合函数求导法则,$y'=\cos(3x-1)\cdot 3=3\cos(3x-1)$,所以

$$dy=3\cos(3x-1)dx.$$

方法二:由一阶微分形式的不变性,可得

$$\begin{aligned} dy &= d(\sin u) = \cos u du = \cos(3x-1)d(3x-1) \\ &= \cos(3x-1)\cdot 3dx = 3\cos(3x-1)dx. \end{aligned}$$

例 2.26 已知函数 $y=\ln\sqrt{1+e^{x^2}}$,求 dy.

解 方法一:由复合函数求导法则,$y'=\frac{1}{2(1+e^{x^2})}\cdot e^{x^2}\cdot 2x=\frac{xe^{x^2}}{1+e^{x^2}}$,所以

$$dy=\frac{xe^{x^2}}{1+e^{x^2}}dx.$$

方法二:由一阶微分形式的不变性,可得

$$\begin{aligned} dy &= d(\ln\sqrt{1+e^{x^2}}) = \frac{1}{2(1+e^{x^2})}d(1+e^{x^2}) = \frac{1}{2(1+e^{x^2})}d(e^{x^2}) \\ &= \frac{e^{x^2}}{2(1+e^{x^2})}d(x^2) = \frac{e^{x^2}\cdot 2x}{2(1+e^{x^2})}dx = \frac{xe^{x^2}}{1+e^{x^2}}dx. \end{aligned}$$

2.6.3 微分在近似计算中的应用

在工程问题中,经常会碰到一些复杂的算式,如果直接利用公式进行精确计算,过程可能非常复杂,如果一些方法在不影响精度的情况下能够简化运算,就可以减少工作量. 利用微分往往可以把一些复杂的计算用简单的近似公式来代替.

1. 函数增量的近似计算

若函数 $y=f(x)$ 在点 x_0 处可导且 $f'(x_0)\neq 0$,则当 $|\Delta x|$ 很小时,

$$\Delta y\approx dy=f'(x_0)\Delta x.$$

2. 函数值的近似计算

由于

$$f(x_0+\Delta x)-f(x_0)\approx f'(x_0)\Delta x,$$

所以

$$f(x_0+\Delta x)\approx f(x_0)+f'(x_0)\Delta x.$$

例 2.27 将半径为 10cm 的球加热,由于受热膨胀,半径伸长了 0.05cm,问体积大约增大了多少?

解 半径为 r 的球的体积为

$$V=f(r)=\frac{4}{3}\pi r^3.$$

将球体积的增量记作 ΔV,则

$$\Delta V\approx dV=f'(r)\Delta r=4\pi r^2\Delta r.$$

当 $r=10,\Delta r=0.05$ 时,有

$$\Delta V\approx 4\pi\cdot 10^2\cdot 0.05\approx 62.8.$$

所以,球的体积增大了大约 $62.8cm^3$.

例 2.28 求的 $\sqrt[3]{1.02}$近似值.

解 将该问题看作求函数 $f(x)=\sqrt[3]{x}$在点 $x=1.02$ 处的函数值的近似值问题.

设 $f(x)=\sqrt[3]{x}$,则 $f'(x)=\dfrac{1}{3\cdot\sqrt[3]{x^2}}$,所以

$$\sqrt[3]{x_0+\Delta x}\approx\sqrt[3]{x_0}+\frac{1}{3\cdot\sqrt[3]{x_0^2}}\Delta x.$$

取 $x_0=1,\Delta x=0.02$,代入上式得

$$\sqrt[3]{1.02}\approx\sqrt[3]{1}+\frac{1}{3\cdot\sqrt[3]{1^2}}\times0.02\approx1.0067.$$

【同步训练 2.5】

1. 填空.

(1) $d(7e^x-11)=$ ______ dx; (2) $d(\ln\sin x)=$ ______ $d(\sin x)=$ ______ dx;

(3) $\dfrac{e^x dx}{1+(e^x)^2}=$ ______ $d(e^x)=d(\arctan$ ______ $)$;

(4) $d(2\ln^2x+\tan x)=$ ______ dx.

2. 求下列函数的微分.

(1) $y=x\sin x+\cos x$; (2) $y=\ln\sqrt{1-x^3}$;

(3) $y=\dfrac{x^4}{1-2x^2}$; (4) $y=5\cot x-\dfrac{2}{2^x}$.

3. 一个圆环的内径为 r,外径与内径的差为 h,试利用微分计算这个圆环面积的近似值.

4. 利用微分求 $\sin29°$的近似值.

习题 2.6

1. 求下列函数的微分.

(1) $y=6x^2+4x$;　　(2) $y=(7e^x-3)^5$;

(3) $y=e^{-x}\cos(1-5x)$;　　(4) $y=\dfrac{2\sin x}{1+\cos 2x}$;

(5) $y=2\ln^2 x+3\sqrt{10-x}$;　　(6) $y=\ln(\sec x+\tan x)$;

(7) $y=x^3 4^x\cos x$;　　(8) $y=\operatorname{arccot}(e^{5x})$.

2. 试问半径为 15cm 的球半径伸长了 0.2cm,球的体积约扩大了多少?

3. 利用微分求近似值.

(1) $\sqrt[6]{1.02}$; (2) $\sin 30°30'$; (3) $\ln 1.02$.

【同步训练 2.5】答案

1. (1) $7e^x$; (2) $\dfrac{1}{\sin x}\cot x$; (3) $\dfrac{1}{1+(e^x)^2}e^x$; (4) $\dfrac{4\ln x}{x}+\sec^2 x$.

2. (1) $dy=x\cos x dx$;　　(2) $dy=-\dfrac{3x^2}{2(1-x^3)}dx$;

(3) $dy=\dfrac{4x^3(1-x^2)}{(1-2x^2)^2}dx$;　　(4) $dy=(-5\csc^2 x+2^{1-x}\ln 2)dx$.

3. $\Delta s\approx ds=s'dr=2\pi rh$(当 h 很小时).

4. 0.485.

第3章 导数的应用

【学习目标】

☞ 会用洛必达法则求未定式极限.

☞ 掌握利用导数判断函数的单调性和凹凸性的方法.

☞ 理解并掌握函数极值的概念与求法,掌握函数的最大值和最小值的求法,会用最值理论解决实际应用问题.

☞ 理解边界函数的概念和弹性的概念,会用最值理论解决经济应用问题.

3.1 洛必达法则

如果当 $x\to a$(或 $x\to\infty$)时,函数 $f(x)$ 与 $g(x)$ 都趋于零或都趋于无穷大,此时极限 $\lim\limits_{\substack{x\to a\\(x\to\infty)}}\dfrac{f(x)}{g(x)}$可能存在,也可能不存在,通常把这种形式的极限称为"$\dfrac{0}{0}$"型或"$\dfrac{\infty}{\infty}$"型未定式(或不定式). 例如,$\lim\limits_{x\to0}\dfrac{\tan x}{x}$属于"$\dfrac{0}{0}$"型未定式,$\lim\limits_{x\to0}\dfrac{\ln\sin ax}{\ln\sin bx}$属于"$\dfrac{\infty}{\infty}$"型未定式. 对于未定式的极限,不能直接用极限运算法则求得,除可用第 1 章介绍的方法外,还可考虑用求导的方法解决. 下面介绍的洛必达法则是求未定式极限的简便而有效的方法.

3.1.1 "$\dfrac{0}{0}$"型和"$\dfrac{\infty}{\infty}$"型未定式

下面给出洛必达法则,以 $x\to x_0$ 为例,$x\to\infty$的类型雷同.

1. "$\dfrac{0}{0}$"型未定式极限的计算

法则 3.1 如果函数 $f(x)$,$g(x)$满足下列条件:

(1) $\lim\limits_{x\to x_0}f(x)=0$,$\lim\limits_{x\to x_0}g(x)=0$;

(2)在 x_0 的某一邻域内(x_0 点可以除外),$f'(x)$,$g'(x)$存在,且 $g'(x)\neq0$;

(3) $\lim\limits_{x\to x_0}\dfrac{f'(x)}{g'(x)}=A$(或$\infty$),

则有$\lim\limits_{x\to x_0}\dfrac{f(x)}{g(x)}=\lim\limits_{x\to x_0}\dfrac{f'(x)}{g'(x)}=A$(或$\infty$).

例 3.1 求$\lim\limits_{x\to0}\dfrac{\sin2x}{x}$.

解 $\lim\limits_{x\to0}\dfrac{\sin2x}{x}=\lim\limits_{x\to0}\dfrac{(\sin2x)'}{x'}=\lim\limits_{x\to0}\dfrac{2\cos2x}{1}=2.$

例 3.2 求$\lim\limits_{x\to 0}\frac{e^x-e^{-x}}{\sin x}$.

解 $\lim\limits_{x\to 0}\frac{e^x-e^{-x}}{\sin x}=\lim\limits_{x\to 0}\frac{(e^x-e^{-x})'}{(\sin x)'}=\lim\limits_{x\to 0}\frac{e^x+e^{-x}}{\cos x}=2.$

例 3.3 求$\lim\limits_{x\to 1}\frac{x^3-3x+2}{x^3-x^2-x+1}$.

解 $\lim\limits_{x\to 1}\frac{x^3-3x+2}{x^3-x^2-x+1}=\lim\limits_{x\to 1}\frac{3x^2-3}{3x^2-2x-1}==\lim\limits_{x\to 1}\frac{6x}{6x-2}=\frac{3}{2}.$

例 3.4 求$\lim\limits_{x\to 0}\frac{x-\sin x}{x^3}$.

解 $\lim\limits_{x\to 0}\frac{x-\sin x}{x^3}=\lim\limits_{x\to 0}\frac{1-\cos x}{3x^2}=\lim\limits_{x\to 0}\frac{\sin x}{6x}=\frac{1}{6}.$

【同步训练 3.1】

1. 求$\lim\limits_{x\to 0}\frac{\sin 2x}{\sin 5x}$.

2. 求$\lim\limits_{x\to 0}\frac{e^x+e^{-x}-2}{x^2}$.

3. 求$\lim\limits_{x\to 1}\frac{\ln x}{(x-1)^2}$.

4. 求$\lim\limits_{x\to 0}\frac{\ln(1+\sin x)}{\sin 2x}$.

2. "$\frac{\infty}{\infty}$"型未定式极限的计算

法则 3.2 如果函数$f(x)$,$g(x)$满足下列条件:

(1)$\lim\limits_{x\to x_0}f(x)=\infty$,$\lim\limits_{x\to x_0}g(x)=\infty$;

(2)在x_0的某一邻域内(x_0点可以除外),$f'(x)$,$g'(x)$存在,且$g'(x)\neq 0$;

(3)$\lim\limits_{x\to x_0}\frac{f'(x)}{g'(x)}=A$(或$\infty$),

则有$\lim\limits_{x\to x_0}\frac{f(x)}{g(x)}=\lim\limits_{x\to x_0}\frac{f'(x)}{g'(x)}=A$(或$\infty$).

以上法则说明对于"$\frac{0}{0}$"型和"$\frac{\infty}{\infty}$"型未定式极限,在符合法则的条件下,可以通过对分子、分母分别求导数,然后再用求极限的方法来确定,这种方法称为**洛必达法则**.

例3.5 求$\lim\limits_{x\to+\infty}\dfrac{\ln x}{x^3}$.

解 $\lim\limits_{x\to+\infty}\dfrac{\ln x}{x^3}=\lim\limits_{x\to+\infty}\dfrac{\frac{1}{x}}{3x^2}=\lim\limits_{x\to+\infty}\dfrac{1}{3x^3}=0.$

例3.6 求$\lim\limits_{x\to0^+}\dfrac{\ln\sin3x}{\ln\sin2x}$.

解

$$\lim_{x\to0^+}\frac{\ln\sin3x}{\ln\sin2x}=\lim_{x\to0^+}\frac{\frac{3\cos3x}{\sin3x}}{\frac{2\cos2x}{\sin2x}}=\lim_{x\to0^+}\frac{3\cos3x\sin2x}{2\cos2x\sin3x}$$

$$=\lim_{x\to0^+}\frac{3\sin2x}{2\sin3x}=\frac{3}{2}\lim_{x\to0^+}\frac{\sin2x}{\sin3x}=1.$$

例3.7 求$\lim\limits_{x\to\frac{\pi}{2}}\dfrac{\tan x}{\tan3x}$.

解

$$\lim_{x\to\frac{\pi}{2}}\frac{\tan x}{\tan3x}=\lim_{x\to\frac{\pi}{2}}\frac{\sec^2x}{3\sec^2 3x}=\frac{1}{3}\lim_{x\to\frac{\pi}{2}}\frac{\cos^2 3x}{\cos^2 x}$$

$$=\frac{1}{3}\lim_{x\to\frac{\pi}{2}}\frac{-6\cos3x\sin3x}{-2\cos x\sin x}$$

$$=\lim_{x\to\frac{\pi}{2}}\frac{\sin6x}{\sin2x}=\lim_{x\to\frac{\pi}{2}}\frac{6\cos6x}{2\cos2x}=3.$$

使用洛必达法则需要注意以下几个方面：

(1)首先要检查是否满足“$\frac{0}{0}$”型或“$\frac{\infty}{\infty}$”型未定式.

(2)若条件符合，洛必达法则可连续多次使用，直到求出极限为止，但每次求导后要注意判断极限是否存在，是否仍满足条件，这点很容易被忽略.

(3)如果仅用洛必达法则，有时计算会十分烦琐，因此要注意与其他方法相结合，比如等价无穷小的代换等.

(4)有些其他形式的未定型可先转化为“$\frac{0}{0}$”型或“$\frac{\infty}{\infty}$”型，再用洛必达法则求极限.

3.1.2 其他形式的未定型($0\cdot\infty,\infty-\infty,0^0,1^\infty,\infty^0$)

除了“$\frac{0}{0}$”型和“$\frac{\infty}{\infty}$”型未定式外，还有一些其他类型的未定式，如“$0\cdot\infty$”“$\infty-\infty$”“0^0”“1^∞”“∞^0”等，对它们不能直接使用洛必达法则，但是可通过适当的处理方法(比如取对数等)，将其转换为“$\frac{0}{0}$”型和“$\frac{\infty}{\infty}$”型未定式，从而间接使用洛必达法则求其极限.

例 3.8 求 $\lim\limits_{x \to +\infty} x^{-2}e^x(0 \cdot \infty)$.

解 $\lim\limits_{x \to +\infty} x^{-2}e^x = \lim\limits_{x \to +\infty} \dfrac{e^x}{x^2} = \lim\limits_{x \to +\infty} \dfrac{e^x}{2x} = \lim\limits_{x \to +\infty} \dfrac{e^x}{2} = +\infty$,此极限不存在.

例 3.9 求$\lim\limits_{x \to 0} \left(\dfrac{1}{x(x+2)} - \dfrac{1}{2x}\right)(\infty - \infty)$.

解 $\lim\limits_{x \to 0} \left(\dfrac{1}{x(x+2)} - \dfrac{1}{2x}\right) = \lim\limits_{x \to 0} \dfrac{-x}{2x(x+2)} = \lim\limits_{x \to 0} \dfrac{-1}{2(x+2)} = -\dfrac{1}{4}$.

例 3.10 求 $\lim\limits_{x \to 0^+} x^x(0^0)$.

解 $\lim\limits_{x \to 0^+} x^x = \lim\limits_{x \to 0^+} e^{x\ln x} = e^{\lim\limits_{x \to 0^+} x\ln x} = e^{\lim\limits_{x \to 0^+} \frac{\ln x}{\frac{1}{x}}} = e^{\lim\limits_{x \to 0^+} \frac{\frac{1}{x}}{-\frac{1}{x^2}}} = e^0 = 1$.

例 3.11 求$\lim\limits_{x \to 1} x^{\frac{1}{x-1}}(1^\infty)$.

解 $\lim\limits_{x \to 1} x^{\frac{1}{x-1}} = \lim\limits_{x \to 1} e^{\frac{1}{x-1}\ln x} = e^{\lim\limits_{x \to 1} \frac{\ln x}{x-1}} = e^{\lim\limits_{x \to 1} \frac{\frac{1}{x}}{1}} = e$.

此题为“1^∞”型不定式,除了用上述取对数的方法,还可用第二个重要极限计算:

$$\lim_{x \to 1} x^{\frac{1}{x-1}} = \lim_{x \to 1} [1 + (x-1)]^{\frac{1}{x-1}} = e.$$

【同步训练 3.2】

求$\lim\limits_{x \to 1} \left(\dfrac{1}{\ln x} - \dfrac{1}{x-1}\right)$.

习题 3.1

1. 求下列函数的极限.

(1) $\lim\limits_{x \to 0} \dfrac{e^x - 1}{x}$;　(2) $\lim\limits_{x \to 0} \dfrac{\tan x}{x}$;　(3) $\lim\limits_{x \to +\infty} \dfrac{\frac{\pi}{2} - \arctan x}{\frac{1}{x}}$;

(4) $\lim\limits_{x \to 0} \dfrac{e^x - 1}{xe^x + e^x - 1}$;　(5) $\lim\limits_{x \to 0} \dfrac{x - \sin x}{x^2}$;　(6) $\lim\limits_{x \to 1} \dfrac{x^2 - 3x + 2}{x^3 - 1}$;

(7) $\lim\limits_{x \to \frac{\pi}{2}} \dfrac{\cos x}{x - \frac{\pi}{2}}$;　(8) $\lim\limits_{x \to 0} \dfrac{\ln\sin ax}{\ln\sin bx}(b \neq 0)$;　(9) $\lim\limits_{x \to +\infty} \dfrac{e^x + e^{-x}}{e^x - e^{-x}}$;

(10) $\lim\limits_{x \to \frac{\pi}{2}} \dfrac{\tan x - 1}{\sec x + 2}$;　(11) $\lim\limits_{x \to 0} \dfrac{\tan x - x}{x - \sin x}$;　(12) $\lim\limits_{x \to 0} \dfrac{1 - \cos x}{x\sin x}$.

2. 验证$\lim\limits_{x \to \infty} \dfrac{x + \cos x}{x} = 1$,但不满足洛必达法则的条件.

3. 求下列极限.

(1)$\lim\limits_{x \to 0} \dfrac{\tan x - x}{x^2 \tan x}$;　　(2)$\lim\limits_{x \to 0} \left(\dfrac{1}{x} - \dfrac{1}{e^x - 1}\right)$;　　(3)$\lim\limits_{x \to 0} (1 + \sin x)^{\frac{1}{x}}$.

【同步训练 3.1】答案

1. $\dfrac{2}{5}$； 2. 1； 3. ∞(极限不存在)； 4. $\dfrac{1}{2}$.

【同步训练 3.2】答案

$\dfrac{1}{2}$.

3.2 函数的单调性与极值

3.2.1 函数单调性的判别法

在第1章中已给出函数的单调性的定义,但根据定义来判断函数的单调性是比较困难的,讨论发现,单调性与函数的导数有关(图3-1和图3-2),应用导数来判断函数的单调性更为方便.

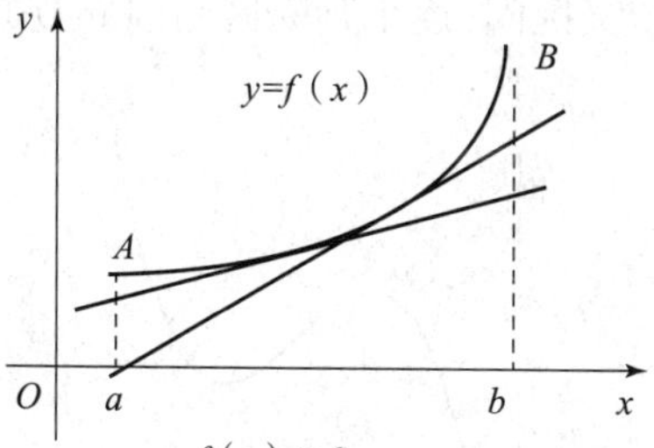

$f(x) \geq 0$

图3-1

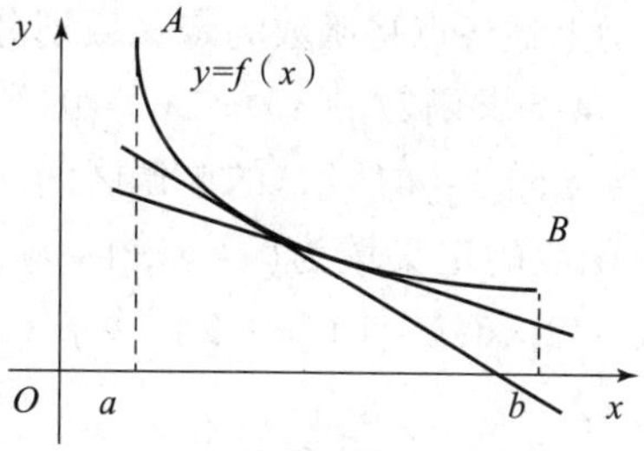

$f(x) \leq 0$

图3-2

1. 单调性判定定理

定理 3.1 设$f(x)$在$[a,b]$上连续,在(a,b)内可导(图3-1和图3-2),则有:

(1)如果$f'(x) > 0$,则函数$f(x)$在$[a,b]$上单调增加;

(2)如果$f'(x) < 0$,则函数$f(x)$在$[a,b]$上单调减少.

证明略.

例 3.12 讨论$f(x) = 3x - x^3$的单调性.

解 函数的定义域为$(-\infty, +\infty)$,求函数导数有$f'(x) = (3x - x^3)' = 3(1 - x)(1 + x)$.

(1)当$-\infty < x < -1$时,$f'(x) < 0$,所以$f(x)$在$(-\infty, -1)$上单调递减;

(2)当$-1 < x < 1$时,$f'(x) > 0$,所以$f(x)$在$[-1,1]$上单调递增;

(3)当$1 < x < +\infty$时,$f'(x) < 0$,所以$f(x)$在$[1, +\infty)$上单调递减.

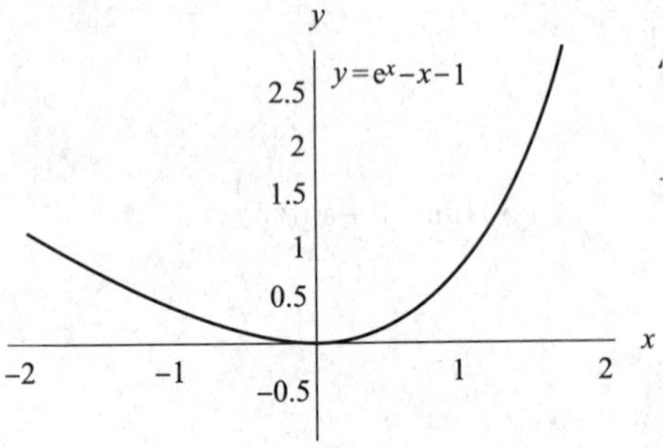

图 3－3

例 3.13 讨论函数 $y=e^x-x-1$(图 3－3)的单调性.

解 函数的定义域为$(-\infty,+\infty)$,由 $y'=e^x-1$ 可知:

在$(-\infty,0)$内,$y'<0$,所以函数单调减少;

在$(0,+\infty)$内,$y'>0$,所以函数单调增加.

注意:函数的单调性是一个区间上的整体性质,要用导数在这一区间上的符号来判定,而不能仅用个别点处导数的符号来判别一个区间上的单调性.

2. 单调区间及其求法

在上述例题中看到虽然函数在其定义域上并不是单调的,但在子区间上却可以是单调的.

若函数在其定义域的某个区间内是单调的,则称该区间为函数的单调区间.

观察两个函数 $y=x^2$ 及 $y=|x|$的图形,不难看到,使$f'(x)=0$ 的点或$f'(x)$不存在的点,均可能是$f(x)$的单调区间的分界点.

确定函数 $y=f(x)$的单调性及单调区间的步骤如下:

(1)确定函数的定义域;

(2)求出$f'(x)$,确定使$f'(x)=0$ 及$f'(x)$不存在的点;

(3)用上述各点将函数的定义域划分为若干个小定义区间,逐个判断区间内导数的符号.

例 3.14 求函数 $f(x)=2x^3-9x^2+12x-3$(函数图像如图 3－4 所示)的单调区间.

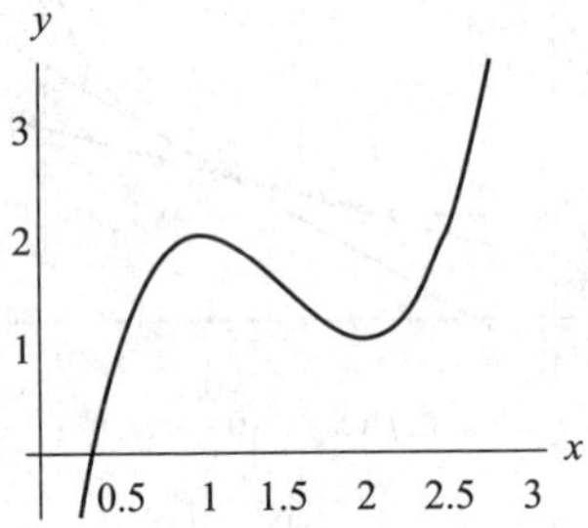

图 3－4

解 函数的定义域为$(-\infty,+\infty)$,$f'(x)=6x^2-18x+12=6(x-1)(x-2)$,令 $f'(x)=0$,得 $x_1=1$,$x_2=2$.

当$-\infty<x<1$ 时,$f'(x)>0$,函数在$(-\infty,1]$上单调增加;

当$1<x<2$ 时,$f'(x)<0$,函数在$[1,2]$上单调减少;

当$2<x<+\infty$时,$f'(x)>0$,函数在$[2,+\infty)$上单调增加.

所以,函数$f(x)$单调增加区间为$(-\infty,1]$和$[2,+\infty)$,单调减少区间为$[1,2]$.

此类题目列表表示更为直观简便,例 3.14 的结果也可写为表 3－1 的形式.

表 3－1

x	$(-\infty,1)$	1	$(1,2)$	2	$(2,+\infty)$
$f'(x)$	+	0	−	0	+
$f(x)$	↗		↘		↗

例 3.15 讨论函数 $f(x)=2x^3-6x^2+1$ 的单调性.

解 函数的定义域为 $(-\infty,+\infty)$.

$f'(x)=6x^2-12x=6x(x-2)$,令 $f'(x)=0$,得 $x_1=0,x_2=2$.

点 $x_1=0,x_2=2$ 把定义域分成 3 个小区间,函数的单调性见表 3-2.

表 3-2

x	$(-\infty,0)$	0	$(0,2)$	2	$(2,+\infty)$
$f'(x)$	+	0	−	0	+
$f(x)$	↗		↘		↗

注意:区间内个别点导数为零,不影响区间的单调性.

例如,$y=x^3$,$y'|_{x=0}=0$,但它在 $(-\infty,+\infty)$ 上单调增加.

【同步训练 3.3】

判定函数 $f(x)=x^3+3x^2-24x-20$ 的单调性.

3.2.2 函数的极值

如果一个函数 $y=f(x)$ 在某区间 (a,b) 上连续变化,且不单调,那么由图 3-5 可以看出,在函数单调增加到单调减少的分界点上,就必然会出现"峰",且在分界点上的函数值比它们邻近的函数值都要大,比如点 x_2、x_5 等;在函数单调减少到单调增加的分界点上,就必然会出现"谷",且在分界点上的函数值比它们邻近的函数值均要小,比如点 x_1、x_4 等. 这种局部范围下的最大值与最小值分别称为函数的极大值和极小值,它们在研究函数的性质和解决一些实际问题时有重要的应用. 下面给出极值的定义.

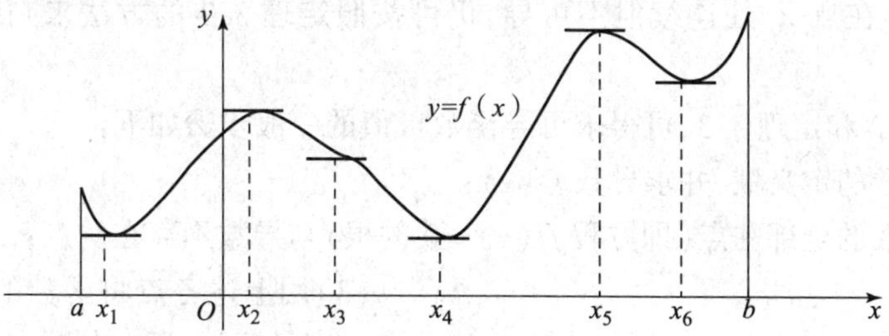

图 3-5

定义 3.1 设函数 $y=f(x)$ 在区间 (a,b) 内有意义,x_0 是 (a,b) 内的一个点,若点 x_0 附近的函数值都小于(或都大于) $f(x_0)$,则称 $f(x_0)$ 为函数 $f(x)$ 的一个**极大值**(或**极小值**),点 x_0 叫作函数的**极大值点**(或**极小值点**). 函数的极大值和极小值统称为**极值**,极大值点和极小值点统称为**极值点**(图 3-6 和图 3-7).

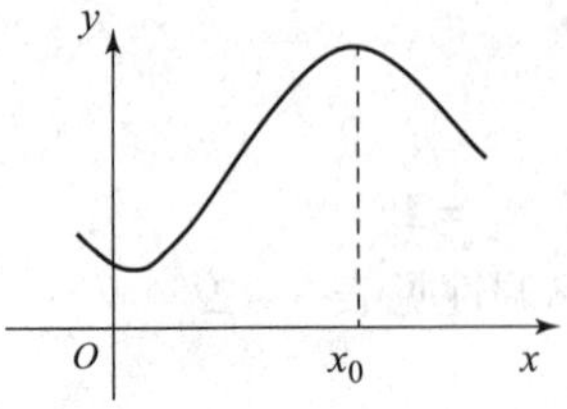

图 3－6

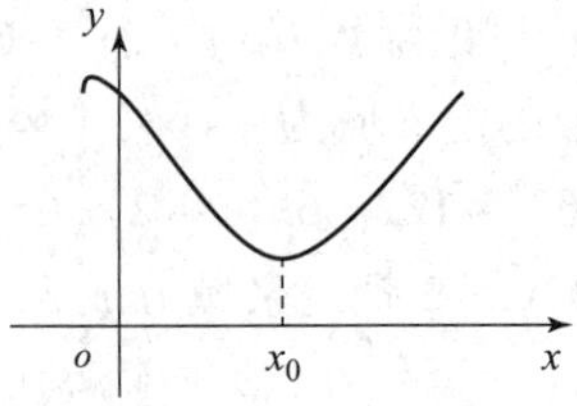

图 3－7

在图 3－5 中，x_1，x_4，x_6 是极小值点，x_2，x_5 是极大值点．

定理 3.2（极值存在的必要条件），若函数 $f(x)$ 在 x_0 点可导，且取得极值，则 $f'(x_0)=0$.

一般的，若函数 $f(x)$ 在 $x=x_0$ 处有 $f'(x_0)=0$，就称 x_0 为函数 $f(x)$ 的**驻点**．值得注意的是：

（1）函数 $f(x)$ 所取得的极值不一定是唯一的．

（2）当函数 $f(x)$ 在 x_0 点可导时，极值点必定是它的驻点，但驻点未必是极值点．

例如，函数 $f(x)=x^3$，有 $f'(x)=3x^2|_{x=0}=0$，因此 $x=0$ 是函数 $f(x)=x^3$ 的驻点，但却不是极值点．

（3）定理 3.2 是对函数在 x_0 点处可导而言的，有些连续函数的不可导点处也可能存在极值情形．

例如，函数 $f(x)=|x|$ 在 $x=0$ 点处连续，但其左、右导数不等，故 $x=0$ 是函数 $f(x)=|x|$ 的不可导点，但在其处可取得极小值．

因此，驻点及导数不存在的点（不可导点）均为函数的可能极值点，但是在这些点上函数是否确实能取得极值，还需要进一步判断有以下的判别方法：

定理 3.3（极值的第一充分条件） 设函数 $f(x)$ 在点 x_0 处连续及其附近可导（$f'(x_0)$ 可以不存在），且 $f'(x_0)=0$，当 x 从左向右经过 x_0 时：

（1）如果 $f'(x)$ 的符号由正变负，则函数 $f(x)$ 在点 x_0 处取得极大值，x_0 是极大值点；

（2）如果 $f'(x)$ 的符号由负变正，则函数 $f(x)$ 在点 x_0 处取得极小值，x_0 是极小值点；

（3）如果 $f'(x)$ 的符号不改变，则函数 $f(x)$ 在点 x_0 处没有极值．

若函数 $f(x)$ 在点 x_0 处连续但不可导，仍可按照定理 3.3 的方法来判断 x_0 是否为函数 $f(x)$ 的极值点．

综合定理 3.2 和定理 3.3，可得求可导函数极值的一般步骤如下：

（1）求出函数的定义域，并求导数 $f'(x)$；

（2）求出函数的全部驻点（即方程 $f'(x)=0$ 的根）与导数不存在的点；

（3）用上述各点将函数的定义域划分为若干个小定义区间，逐个判断 $f'(x)$ 在各区间内的符号，确定函数 $f(x)$ 的极值点；

（4）将极值点代入函数 $f(x)$ 中，求出函数的极大值和极小值．

例 3.16 求函数 $f(x)=x^3-3x^2-9x+5$（图 3－8）的极值．

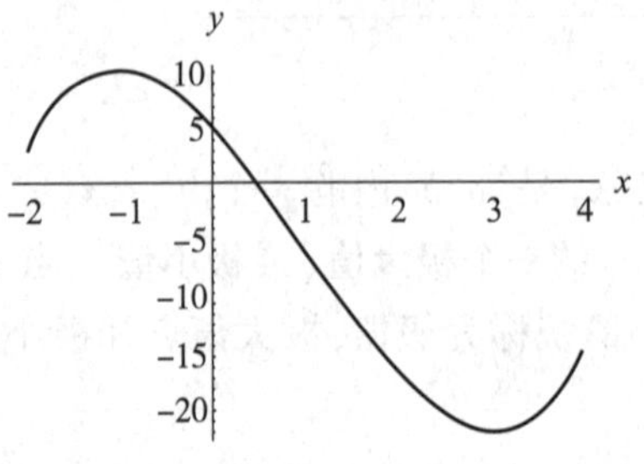

图 3－8

解 函数的定义域为$(-\infty,+\infty)$.

$f'(x)=3x^2-6x-9=3(x+1)(x-3)$,令$f'(x)=0$,得驻点$x_1=-1$,$x_2=3$. 无不可导点,列表3-3讨论如下.

表3-3

x	$(-\infty,-1)$	-1	$(-1,3)$	3	$(3,+\infty)$
$f'(x)$	+	0	−	0	+
$f(x)$	↗	极大值	↘	极小值	↗

极大值$f(-1)=10$,极小值$f(3)=-22$.

定理3.4(极值的第二充分条件) 设函数$f(x)$在点x_0处有二阶导数,若$f'(x)=0$,$f''(x)\neq 0$,则

(1)如果$f''(x)<0$,那么函数在点x_0处取得极大值;

(2)如果$f''(x)>0$,那么函数在点x_0处取得极小值.

证明从略.

值得注意的是:如果$f''(x_0)=0$,则定理3.4失效,不能判断函数$f(x)$在驻点x_0处是否有极值. 同样,定理3.4也无法判断函数$f(x)$的不可导点是否为函数的极值点,此时仍用定理3.3来判定.

例3.17 求函数$f(x)=x^3+3x^2-24x-20$(图3-9)的极值.

解 函数的定义域为$(-\infty,+\infty)$.

$f'(x)=3x^2+6x-24=3(x+4)(x-2)$,$f''(x)=6x+6$,令$f'(x)=0$,得驻点$x_1=-4$,$x_2=2$.

$f''(-4)=-18<0$,故函数在$x=-4$处取得极大值,极大值为$f(-4)=60$;

$f''(2)=18>0$,故函数在$x=2$处取得极小值,极小值为$f(2)=-48$.

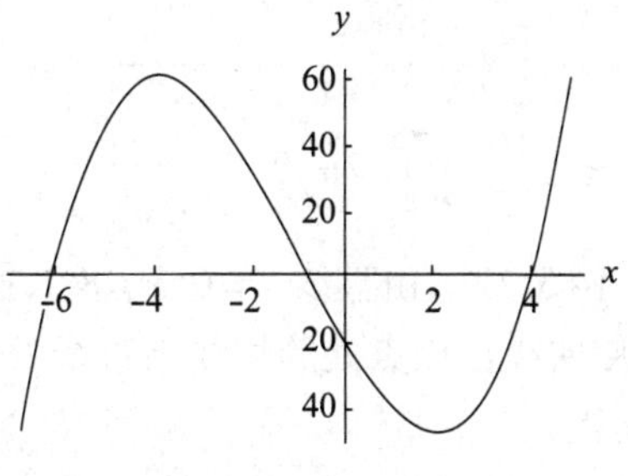

图3-9

【同步训练3.4】

求函数$f(x)=\frac{1}{3}x^3-4x+4$的极值.

3.2.3 函数的最大值与最小值

在科学实验和生产实践中，常常会遇到如何求面积最大、用料最省、成本最低、利润最大等问题，这些都属于函数的最大值和最小值问题．函数的最值是一个全局性的概念，它可能在区间内部的点上取得，也可能在区间端点处取得．如果函数的最大值（或最小值）在区间内部的点上取得，那么这个最大值（或最小值）一定是函数的某个极大值（或极小值）．由连续函数的性质可知，若函数$f(x)$在$[a,b]$上连续，则$f(x)$在$[a,b]$上存在最大值和最小值．

由此，可以得到求闭区间$[a,b]$上连续函数$f(x)$的最值的步骤：

(1) 求出$f(x)$在区间(a,b)内的所有驻点和不可导点，并求出相应的函数值；

(2) 求出$f(x)$在端点处的函数值$f(a)$和$f(b)$；

(3) 比较所求的函数值的大小，即可找出函数的最大值和最小值．

注意：如果在区间(a,b)内只有一个极值，则这个极值就是函数在$[a,b]$上的最值．

例 3.18 求函数$f(x)=2x^3+3x^2-12x+14$（图 3－10）在区间$[-3,4]$上的最大值与最小值．

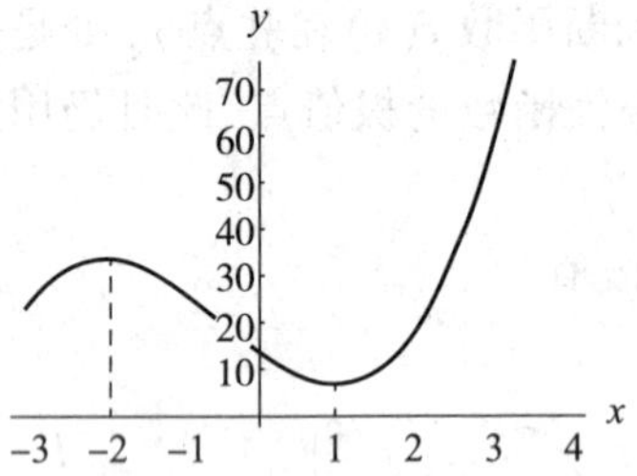

图 3－10

解 $f'(x)=6x^2+6x-12=6(x+2)(x-1)$．

令$f'(x)=0$，求得驻点$x_1=-2$，$x_2=1$．

$f(-3)=23$，$f(-2)=34$，$f(1)=7$，$f(4)=142$．

比较得，最大值为$f(4)=142$，最小值为$f(1)=7$．

对实际问题求极值时，首先要建立目标函数，若目标函数在区间内只有唯一驻点，且可判断出实际问题本身在区间内一定有最值，则该驻点的函数值即所求的最值（最大值或最小值）．

例 3.19 由直线$y=0$，$x=8$及抛物线$y=x^2$围成一个曲边三角形，在曲边$y=x^2$上求一点，使曲线在该点处的切线与直线$y=0$，$x=8$所围成的三角形的面积最大，并求出三角形的最大面积．

解 设所求切点为$P(x_0,y_0)$，如图 3－11 所示，则切线PT的方程为$y-y_0=2x_0(x-x_0)$．

因为$y_0=x_0^2$，从而有$A\left(\frac{1}{2}x_0,0\right)$，$C(8,0)$，$B(8,16x_0-x_0^2)$，所以$S_{\triangle ABC}=\frac{1}{2}\left(8-\frac{1}{2}x_0\right)(16x_0-x_0^2)\ (0\leqslant x_0\leqslant 8)$．

令$S'=\frac{1}{4}(3x_0^2-64x_0+16\times 16)=0$，$x_0=\frac{16}{3}$，$x_0=16$（舍去）．因为$S''\left(\frac{16}{3}\right)=-8<0$，所以$S\left(\frac{16}{3}\right)=\frac{4\ 096}{217}$为极大值，故$S\left(\frac{16}{3}\right)=\frac{4\ 096}{217}$为所围三角形中面积最大者．

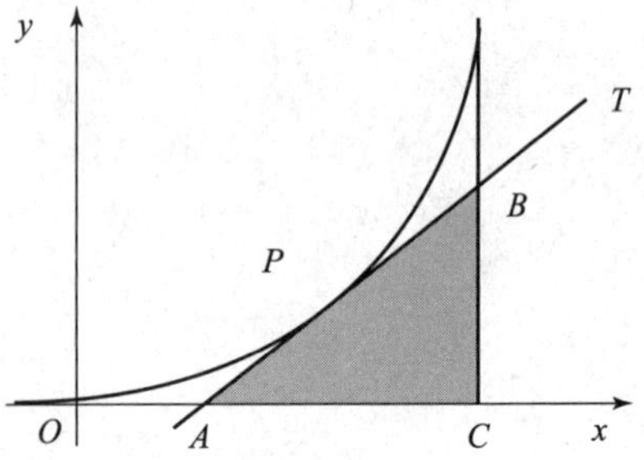

图 3－11

例 3.20 某房地产公司有50套公寓要出租,当租金定为每月180元时,公寓会全部租出去.当租金每月增加10元时,就有一套公寓租不出去,而租出去的房子每月需花费20元的整修维护费.试问房租定为多少可获得最大收入,并求最大收入.

解 设房租为每月 x 元,租出去的房子有 $\left(50-\frac{x-180}{10}\right)$ 套,则每月总收入为 $R(x)=(x-20)\left(50-\frac{x-180}{10}\right)=(x-20)\left(68-\frac{x}{10}\right)$.

$R'(x)=\left(68-\frac{x}{10}\right)+(x-20)\left(-\frac{1}{10}\right)=70-\frac{x}{5}$,令 $R'(x)=0$,得 $x=350$(唯一驻点),故每月每套租金为350元时收入最高,最大收入为 $R(350)=10\ 890$(元).

习题 3.2

1. 求下列函数的单调区间.

(1) $f(x)=12-12x+2x^2$;　(2) $f(x)=(x^2-4)^2$;

(3) $f(x)=2x^2-\ln x$;　(4) $f(x)=(x^2-2x)e^x$.

2. 求下列函数的极值.

(1) $f(x)=2x^3-3x^2$;　(2) $f(x)=2x^3-6x^2-18x+7$;

(3) $f(x)=4x^3-3x^2-6x+2$;　(4) $f(x)=\frac{x^3}{3}-\frac{x^2}{2}-2x+\frac{1}{3}$;

(5) $f(x)=2x-\ln(4x)^2$;　(6) $f(x)=x^2e^{-x}$.

3. 求下列函数在给定区间上的最大值和最小值.

(1) $f(x)=x^3-3x+1,[-2,0]$;

(2) $f(x)=x^5-5x^4+5x^3+1,[-1,2]$;

(3) $f(x)=x^4-2x^2+5,[-2,2]$;

(4) $f(x)=\frac{x^2}{1+x},\left[\frac{1}{2},1\right]$;

(5) $f(x)=2x^2-\ln x,\left[\frac{1}{3},3\right]$.

4. 有一块边长为 a 的正方形薄片,从四角各截取一个小正方形,然后折成一个无盖的方盒子,问截取的小正方形的边长为多少时,方盒子的容量最大?

5. 做一个容积为 V 的带盖圆柱形容器,问底面半径和高的比值为多少时用料最省?

【同步训练 3.3】答案

函数单调性的判定见表 3-4.

表 3-4

x	$(-\infty,-4)$	-4	$(-4,2)$	2	$(2,+\infty)$
$f'(x)$	+	0	−	0	+
$f(x)$	↗		↘		↗

【同步训练 3.4】答案

极大值$f(-2)=\frac{28}{3}$,极小值$f(2)=-\frac{4}{3}$.

3.3 导数在经济学上的应用

3.3.1 边际分析

"边际"是经济学中的一个重要概念,通常指经济变量的变化率,利用导数研究经济变量的边际变化方法,即边际分析方法,是经济理论中的一个重要分析方法. 在经济学中,函数$y=f(x)$在点x处的导数$f'(x)$称为边际函数. 下面介绍几种常用的边际函数.

1. 边际成本

设总成本函数$C=C(Q)$,其中C表示总成本,Q表示产量,则称总成本函数$C=C(Q)$的导数$C'=C'(Q)\left(\text{或者}\frac{\mathrm{d}C}{\mathrm{d}Q}\right)$为**边际成本函数**.

在经济学中,边际成本函数的经济意义为:当产量达到Q时,如果再增加1个单位产品,将增加的成本为$C'(Q)$个单位. 换言之,边际成本指的是每一单位新增产品带来的总成本的增量. 这个概念表明每一单位产品的成本与总产品产量有关. 比如,仅生产1辆汽车的成本是极其巨大的,而生产第100辆汽车的成本就低得多. 但是随着生产量的增加,边际成本会发生变化.

例 3.21 已知某商品的成本函数为$C=C(Q)=100+\frac{Q^2}{4}$,求当$Q=10$时的总成本、平均成本及边际成本.

解 由$C=C(Q)=100+\frac{Q^2}{4}$,有

$$\overline{C}(Q)=\frac{C(Q)}{Q}=\frac{100}{Q}+\frac{Q}{4},C'=\frac{Q}{2}.$$

则当$Q=10$时,总成本$C(10)=125$,平均成本$\overline{C}(10)=12.5$,边际成本$C'(10)=5$.

边际成本$C'(10)=5$表示当生产第11件产品时所花费的成本为5.

考虑:当生产量为多少时平均成本最小?

2. 边际收益

设总收益函数为$R=R(Q)$,其中,R表示总收益,Q表示销售量,称总收益函数$R(Q)$的导数$R'(Q)$为**边际收益函数**.

总收益函数可表示为

$$R=R(Q)=QP(Q)\text{(其中 }P\text{ 为价格)},$$

则边际收益函数为

$$R'(Q)=P(Q)+QP'(Q).$$

在经济学中,边际收益函数的经济意义为:在销售量为Q时,再多销售1个单位产品所增

加(或减少)的收益,也可理解为最后1单位产品的售出所取得的收益,它可以是正值,也可以是负值.

例3.22 设某产品的需求函数为$P=20-\frac{Q}{5}$,其中,P为价格,Q为销售量,求销售量为15个单位时的总收益、平均收益和边际收益.

解 总收益函数为

$$R(Q)=QP(Q)=Q\left(20-\frac{Q}{5}\right)=20Q-\frac{Q^2}{5},$$

于是,平均收益$\overline{R}(Q)=\frac{R(Q)}{Q}=20-\frac{Q}{5}$,边际收益$R'(Q)=20-\frac{2}{5}Q$.

当销售量为15个单位时,有:

总收益为

$$R(15)=20\times 15-\frac{15^2}{5}=255,$$

平均收益为

$$\overline{R}(15)=\frac{R(15)}{15}=\frac{255}{15}=17,$$

边际收益为

$$R'(15)=20-\frac{2}{5}\times 15=14.$$

3. 边际利润

设总利润函数为$L=L(Q)$,其中,L表示利润,Q表示销售量,称利润函数$L(Q)$的导数$L'(Q)$为**边际利润函数**.

在经济学中,边际利润函数的经济意义为:增加单位产量所增加的利润,即厂商每增加1个单位的产量(或销量)所带来的纯利润的增加.

由第1章知,$L(Q)=R(Q)-C(Q)$,则

$$L'(Q)=R'(Q)-C'(Q),$$

即边际利润为边际收益与边际成本之差.因此,边际利润的多少取决于边际收入和边际成本.

由上可知,利润最大化的一个必要条件是边际收益与边际成本相等,即$R'(Q)=C'(Q)$.

例3.23 设某产品的需求函数为$P=10-\frac{Q}{5}$,成本函数为$C=50+2Q$,求产量为多少时利润最大,并求最大利润.

解 由题意可得

$$R(Q)=QP(Q)=Q\left(10-\frac{Q}{5}\right)=10Q-\frac{Q^2}{5},$$

$$L(Q)=R(Q)-C(Q)=8Q-\frac{Q^2}{5}-50,$$

$$R'(Q)=10-\frac{2}{5}Q,C'(Q)=2.$$

为使利润最大,则需 $R'(Q)=C'(Q)$,即 $10-\frac{2}{5}Q=2$,求得 $Q=20$. 所以,当 $Q=20$ 时,总利润最大,且最大利润为 $L(20)=8\times 20-\frac{20^2}{5}-50=30$.

3.3.2 弹性分析

"弹性"是经济学中的另一个重要概念,它用来定量地描述一个经济量对另一个经济量的变化程度. 在经济学中,弹性是对供求相对于价格变动的反应程度进行定量分析的一种方法.

1. 函数的弹性

前面所谈的边际问题是讨论函数改变量与函数变化率,它们是绝对改变量和绝对变化率,但在经济学中要更多地研究函数的相对改变量和相对变化率,为此引进弹性的概念,它可以比较客观地反映一个经济量对另一个经济量改变的程度.

设函数 $y=f(x)$ 在点 x 处可导,函数的相对改变量 $\frac{\Delta y}{y}=\frac{f(x+\Delta x)-f(x)}{f(x)}$ 与自变量的相对改变量 $\frac{\Delta x}{x}$ 之比 $\frac{\frac{\Delta y}{y}}{\frac{\Delta x}{x}}$,称为函数在 x 到 $x+\Delta x$ 两点之间的弹性,这是一个平均概念,当 $\Delta x\to 0$ 时,有如下定义:

定义 3.2 设函数 $y=f(x)$ 在点 x 处可导,且 $f(x)\neq 0$,当 $\Delta x\to 0$ 时,函数的相对改变量与自变量的相对改变量之比 $\frac{\frac{\Delta y}{y}}{\frac{\Delta x}{x}}$ 的极限称为函数 $y=f(x)$ 在点 x 处的**弹性函数**(简称**弹性**),记为 $\frac{Ey}{Ex}$,即

$$\frac{Ey}{Ex}=\lim_{\Delta x\to 0}\frac{\frac{\Delta y}{y}}{\frac{\Delta x}{x}}=\lim_{\Delta x\to 0}\frac{\Delta y}{\Delta x}\cdot\frac{x}{y}=f'(x)\cdot\frac{x}{f(x)}.$$

在点 $x=x_0$ 处,$\left.\frac{Ey}{Ex}\right|_{x=x_0}=f'(x_0)\cdot\frac{x_0}{f(x_0)}$,称为 $y=f(x)$ 在 $x=x_0$ 处的弹性值. 其经济意义为:当自变量 x 改变 1% 时,函数 $f(x)$ 会近似地改变 $\left|\left.\frac{Ey}{Ex}\right|_{x=x_0}\right|\%$.

例 3.24 求函数 $y=3+2x$ 在 $x=3$ 处的弹性函数.

解 $y'=2$,$\frac{Ey}{Ex}=y'\frac{x}{y}=\frac{2x}{3+2x}$,$\left.\frac{Ey}{Ex}\right|_{x=3}=\frac{2\times 3}{3+2\times 3}=\frac{2}{3}$.

例 3.25 求幂函数 $y=x^{\alpha}$(α 为常数)的弹性函数.

解 $y'=\alpha x^{\alpha-1}$,$\frac{Ey}{Ex}=\alpha x^{\alpha-1}\frac{x}{x^{\alpha}}=\alpha$.

例 3.26 求函数 $y=20\mathrm{e}^{-3x}$ 的弹性函数 $\frac{Ey}{Ex}$，并求 $\left.\frac{Ey}{Ex}\right|_{x=5}$.

解 由于 $y'=-60\mathrm{e}^{-3x}$，所以

$$\frac{Ey}{Ex}=f'(x)\frac{x}{f(x)}=-60\mathrm{e}^{-3x}\frac{x}{20\mathrm{e}^{-3x}}=-3x,$$

$$\left.\frac{Ey}{Ex}\right|_{x=5}=-3x\big|_{x=5}=-15.$$

2. 需求价格弹性

需求价格弹性，在经济学中一般用来衡量需求的数量随商品的价格的变动而变动的情况. 需求价格弹性是需求变动率与引起其变动的价格变动率的比率，反映商品价格与市场消费容量的关系，表明价格升降时需求量的增减程度，即当价格 P 改变 1% 时，需求函数 $Q(P)$ 近似地改变 $\left|\left.\frac{EQ}{EP}\right|_{P=P_0}\right|\%$.

它通常用需求量变动的百分数与价格变动的百分数的比率来表示.

定义 3.3 设商品的需求函数 $Q=Q(P)$ 在 P 处可导，称 $\frac{EQ}{EP}=Q'(P)\cdot\frac{P}{Q(P)}$ 为商品在价格为 P 时的**需求价格弹性**(简称**需求弹性**).

根据需求价格弹性的大小，可以把商品需求划分为五类：完全无弹性、缺乏弹性、单位弹性、富有弹性和无限弹性.

例 3.27 设某商品的需求函数 $Q(P)=\mathrm{e}^{-\frac{P}{5}}$，求：

(1)需求弹性函数；

(2)当 $P=3,P=5,P=6$ 时的需求弹性.

解 (1)因为 $Q'(P)=-\frac{1}{5}\mathrm{e}^{-\frac{P}{5}}$，所以

$$\frac{EQ}{EP}=-\frac{1}{5}\mathrm{e}^{-\frac{P}{5}}\cdot\frac{P}{\mathrm{e}^{-\frac{P}{5}}}=-\frac{P}{5}.$$

(2)当 $P=3$ 时，$\left.\frac{EQ}{EP}\right|_{P=3}=-0.6$；

当 $P=5$ 时，$\left.\frac{EQ}{EP}\right|_{P=5}=-1$；

当 $P=6$ 时，$\left.\frac{EQ}{EP}\right|_{P=6}=-1.2$.

这表明：

①当 $P=3$ 时，价格上涨 1%，需求下降 0.6%，但下降的幅度不大；

②当 $P=5$ 时，价格上涨 1%，需求下降 1%，价格与需求的变动相同；

③当 $P=6$ 时，价格上涨 1%，需求下降 1.2%，下降的幅度比较大.

影响需求价格弹性的因素有以下几方面：

(1)商品对消费者生活的重要程度. 一般来说，生活必需品的需求价格弹性较小，非必需品的需求价格弹性较大. 例如，馒头的需求价格弹性是较小的，电影票的需求价格弹性是

较大的.

(2)奢侈品大多富有弹性. 另外,可替代的物品越多,性质越接近,弹性越大,反之则越小. 如毛织品可被棉织品、丝织品、化纤品等替代. 总之,奢侈品和有替代品的物品,这类消费者有较长的时间调整其行为的物品,需求价格弹性比较大.

(3)购买商品的支出在人们的收入中所占的比重大,弹性就大;比重小,弹性就小. 比如买一包口香糖,人们一般不大会注意价格的变动.

(4)消费者调整需求量的时间. 一般而言,消费者调整需求量的时间越短,需求价格弹性越小,相反调整时间越长,需求价格弹性越大,如汽油价格上升,短期内不会影响其需求量,但长期而言人们可能寻找替代品,从而对需求量产生重大影响.

3. 供给价格弹性

供给价格弹性表示价格变动1%引起供给量变动的程度. 供给价格弹性同需求价格弹性一样,也是由供给量变动的百分比与价格变动的百分比的比率确定.

定义 3.4 设商品的供给函数 $Q=S(P)$ 在 P 处可导,称$\frac{EQ}{EP}=S'(P)\frac{P}{Q}$为商品在价格为 P 时的**供给价格弹性**(简称**供给弹性**).

3.3.3 极值的经济应用

函数的极值在实际应用中广泛存在,在工农业生产、经济管理和经济预算中,常常要解决在一定条件下怎么使投入最小、产出最多和效益最高等问题. 在经济活动中也经常会遇到用料最省、利润最大化等问题. 这些问题通常都可以转化为数学中的函数问题来探讨,进而转化为求函数中的最大(小)值的问题.

1. 最小平均成本

设成本函数 $C(Q)$,平均成本 $\overline{C}(Q)=\frac{C(Q)}{Q}$,

$$\overline{C}'(Q)=\frac{C'(Q)Q-C(Q)}{Q^2}$$

若使平均成本在 Q_0 处取得极小值,应有 $\overline{C}'(Q)=0$,即 $C'(Q)Q-C(Q)=0$,从而有 $C'(Q)=\frac{C(Q)}{Q}=\overline{C}(Q)$. 即最小平均成本为 $\overline{C}(Q)=C'(Q)$.

可以得出这样一个结论:使平均成本最小的生产量(生产水平),正是使边际成本等于平均成本的生产量(生产水平).

例 3.28 设某产品的成本函数为 $C(Q)=\frac{1}{4}Q^2+3Q+400$(万元),问产量为多少时,该产品的平均成本最小? 求最小平均成本.

解 平均成本函数 $\overline{C}(Q)=\frac{C(Q)}{Q}=\frac{1}{4}Q+3+\frac{400}{Q}, Q\in(0,+\infty)$,

$$\overline{C}'(Q)=\frac{1}{4}-\frac{400}{Q^2}.$$

令 $\overline{C}'(Q)=0$,得驻点 $Q=40$,由 $\overline{C}''(Q)=\frac{800}{Q^3}>0$,可知 $\overline{C}(Q)$ 在 $Q=40$ 处有极小值,且为 $(0,+\infty)$ 内的唯一极小值,即最小值.

$$\overline{C}(40)=\frac{1}{4}\times 40+3+\frac{400}{40}=23(\text{万元}).$$

因此,当产量为40单位时,该产品的平均成本最小,最小平均成本为23万元/单位.

2. 最大利润

设收益函数 $R(Q)$,成本函数 $C(Q)$,利润函数 $L(Q)=R(Q)-C(Q)$,

$$L'(Q)=R'(Q)-C'(Q).$$

为使利润达到最大,$L'(Q)=0$,有 $R'(Q)=C'(Q)$.

由此可知,要使利润达到最大化,则需边际收益与边际成本相等.

例3.29 某厂每批生产 Q 台商品的成本为 $C(Q)=5Q+200$(万元),得到的收益为 $R(Q)=10Q-0.01Q^2$(万元),问每批生产多少台才能使利润最大?

解 $L(Q)=R(Q)-C(Q)=5Q-0.01Q^2-200,Q\in(0,+\infty)$,

$$L'(Q)=5-0.02Q.$$

令 $L'(Q)=0$,得驻点 $Q=250$(台).

由 $L''(Q)=-0.02<0$ 知函数有最大值,且在唯一驻点 $Q=250$ 时取得,所以,该厂每批生产商品250台时,获利最大,最大利润为 $L(250)=425$(万元).

例3.30 某产品的需求函数为 $P=240-0.2Q$,成本函数 $C(Q)=80Q+2\,000$(元),问产量和价格分别是多少时,该产品的利润最大,并求出最大利润.

解 收益函数为 $R(Q)=P(Q)Q=(240-0.2Q)Q=240Q-0.2Q^2,Q\in(0,+\infty)$.

利润函数为 $L(Q)=R(Q)-C(Q)=160Q-0.2Q^2-2\,000,Q\in(0,+\infty)$,

$$L'(Q)=160-0.4Q.$$

令 $L'(Q)=0$,得驻点 $Q=400$(台).

由 $L''(Q)=-0.4<0$ 知函数有最大值,且在唯一驻点 $Q=400$ 时取得,此时,$P=240-0.2\times 400=160$(元),$L(400)=30\,000$(元),所以,当产量 $Q=400$ 台,价格定为 $P=160$ 元/台时,该产品的利润最大,最大利润为30 000元.

【同步训练3.5】

某工厂生产一批产品,当产量为 x 台时其总成本是 $C(x)=500+100x$(元),其收益是 $R(x)=500x-2x^2$(元).

求:(1)该产品的边际成本函数和边际收益函数;

(2)问产量为多少时该厂总利润最大,并求出最大利润.

习题 3.3

1. 设某产品的成本函数为 $C(Q)=1\ 100+\dfrac{Q^2}{1\ 200}$，求生产 900 个单位产品时的总成本、平均成本和边际成本.

2. 生产 Q 单位某产品的收益函数为 $R(Q)=200Q-0.01Q^2$，求生产 50 个单位该产品的边际收益.

3. 设某产品的总成本函数为 $C(Q)=100+6Q-0.4Q^2+0.02Q^3$（万元），问当生产水平为 10 万件时，平均成本和边际成本各是多少？从降低单位成本的角度来讲，继续提高产量是否得当？

4. 设某产品需求量关于价格的函数为 $Q=f(P)=e^{-\frac{P}{4}}$，求当 $P=3,P=4,P=5$ 时，需求对价格的弹性，并说明其经济意义.

5. 设某产品的成本函数为 $C(Q)=0.5Q^2+20Q+3\ 200$（元），问产量为多少时，该产品的平均成本最小，并求最小平均成本.

6. 设某产品的成本函数为 $C(Q)=1\ 600+65Q-2Q^2$（元），收益函数为 $R(Q)=305Q-5Q^2$（元），问产量为多少时，该产品的利润最大？

7. 某商品的价格 P 与需求量 Q 的关系为 $P=10-\dfrac{Q}{5}$，求：

(1)需求量为 20 及 30 时的总收益 R、平均收益 $\overline{R}$ 及边际收益 R'；

(2)当 Q 为多少时，总收益最大？

8. 某产品的需求函数是 $P=10-0.01Q$，生产该产品的固定成本为 200 元，每生产 1 个单位的产品成本增加 5 元，问产量为多少时，该产品的利润最大，并求最大利润.

9. 某厂生产某种产品 Q 件时的总成本函数为 $C(Q)=20+4Q+0.01Q^2$（元），单位销售价格 $P=14-0.01Q$（元/件），求收入函数 $R(Q)$，并问产量（销售量）为多少时可使利润达到最大？最大利润是多少？

10. 某商店按批发价 3 元买进一批商品零售，若零售价定为每件 5 元，估计可售出 100 件，若每件售价降低 0.2 元，则可多售出 20 件，问该商店批发该商品多少件，每件商品售价定为多少元时可获得最大利润？最大利润是多少？

【同步训练 3.5】答案

(1)边际成本函数为 $C'(x)=100$，边际收益函数为 $R'(x)=500-4x$.

(2)利润函数为 $L(x)=R(x)-C(x)=400x-2x^2-500$.

由 $L'(x)=400-4x=0$，得唯一驻点 $x=100$（台）；

由 $L''(100)=-4<0$，可知 $x=100$ 时取得最大利润，为 $L(100)=19\ 500$（元）.

第 4 章 不定积分

【学习目标】

☞ 理解原函数、不定积分的概念.

☞ 掌握不定积分的性质及基本积分公式.

☞ 掌握第一类换元积分法的内容、技巧和方法.

☞ 掌握第二类换元积分法的内容,会用第二类换元积分法计算不定积分.

☞ 掌握利用分部积分法计算不定积分的方法.

前面讨论了求已知函数的导数或微分问题,但在许多实际问题中往往还需要研究相反的问题,由此产生了积分学. 积分学包括不定积分和定积分两部分. 本章介绍不定积分的概念、性质及基本积分方法,第 5 章介绍定积分.

4.1 不定积分的概念及性质

4.1.1 原函数的概念

我们已经学过,作直线运动的物体的路程函数 $s=s(t)$ 对时间 t 的导数,就是这一物体的速度函数 $v=v(t)$,即

$$s'(t)=v(t).$$

在实际问题中,还需要解决相反的问题:已知物体的速度函数 $v(t)$,求路程函数 $s=s(t)$. 譬如,对于自由落体运动来说,如果已知速度 $v=gt$,如何从等式 $s'(t)=gt$ 求经历的路程 $s(t)$ 呢?

不难想到函数 $s(t)=\frac{1}{2}gt^2$ 就是所要求的路程函数,因为

$$\left(\frac{1}{2}gt^2\right)'=gt.$$

以上问题如果去掉物理意义而单纯从数学角度来讨论,就是已知某函数的导数,求原来这个函数的问题,这就形成了"原函数"的概念.

定义 4.1 设函数 $y=f(x)$ 在某区间上有定义,若存在 $F(x)$,使得在该区间任一点处,均有

$$F'(x)=f(x) \text{ 或 } \mathrm{d}F(x)=f(x)\mathrm{d}x.$$

则称函数 $F(x)$ 为 $f(x)$ 在该区间上的一个**原函数**.

例如,函数 x^3 是函数 $3x^2$ 的一个原函数,这是因为 $(x^3)'=3x^2$ 或 $\mathrm{d}(x^3)=3x^2\mathrm{d}x$,但又知 $(x^3+1)'=3x^2$,$(x^3-2)'=3x^2$ 等,一般的,$(x^3+C)'=3x^2$(C 为任意常数),可见 $3x^2$ 的原函数

不是唯一的,而有无限多个,并且任意两个原函数之间只相差一个常数. 那么此现象对任何函数是否都成立呢?

定理 4.1(原函数存在定理) 如果函数 $f(x)$ 在某区间上连续,则函数 $f(x)$ 在该区间上的原函数必定存在.

定理 4.2(原函数族定理) 若 $F(x)$ 是 $f(x)$ 的一个原函数,则 $F(x)+C$ 是 $f(x)$ 的全部原函数,其中 C 为任意常数.

4.1.2 不定积分的概念

定义 4.2 设 $F(x)$ 是 $f(x)$ 在区间 I 上的一个原函数,则称 $f(x)$ 的全部原函数 $F(x)+C$ (C 为任意常数)为 $f(x)$ 在区间 I 上的**不定积分**,记为 $\int f(x)\mathrm{d}x$,即

$$\int f(x)\mathrm{d}x = F(x)+C,$$

其中符号"$\int$"称为积分号,$f(x)$ 称为被积函数,$f(x)\mathrm{d}x$ 称为被积表达式,x 称为积分变量,C 称为积分常数.

值得注意的是:

(1)积分号"$\int$"是一种运算符号,它表示要对已知函数 $f(x)$ 求其全部原函数,因此,在不定积分的结果中必须加上任意常数 C;

(2)求 $\int f(x)\mathrm{d}x$ 其实就是求哪些函数的导数为 $f(x)$,而绝不是去求 $f(x)$ 的导函数,初学者常会混淆.

例 4.1 求下列函数的不定积分:

(1) $\int x\mathrm{d}x$; (2) $\int \cos x\mathrm{d}x$; (3) $\int \mathrm{e}^x\mathrm{d}x$; (4) $\int \dfrac{\mathrm{d}x}{1+x^2}$.

解 (1)因为 $\left(\dfrac{x^2}{2}\right)' = x$,所以 $\int x\mathrm{d}x = \dfrac{x^2}{2}+C$;

(2)因为 $(\sin x)' = \cos x$,所以 $\int \cos x\mathrm{d}x = \sin x + C$;

(3) 因为 $(\mathrm{e}^x)' = \mathrm{e}^x$,所以 $\int \mathrm{e}^x\mathrm{d}x = \mathrm{e}^x + C$;

(4) 因为 $(\arctan x)' = \dfrac{1}{1+x^2}$,所以 $\int \dfrac{\mathrm{d}x}{1+x^2} = \arctan x + C$.

例 4.2 求不定积分 $\int \dfrac{1}{x}\mathrm{d}x\ (x\neq 0)$.

解 当 $x>0$ 时,因为 $(\ln x)' = \dfrac{1}{x}$,所以 $\int \dfrac{1}{x}\mathrm{d}x = \ln x + C$;

当 $x<0$ 时,因为 $[\ln(-x)]' = \dfrac{1}{-x}\cdot(-x)' = \dfrac{1}{x}$,所以 $\int \dfrac{1}{x}\mathrm{d}x = \ln(-x)+C$.

合并上面两式,得到 $\int \dfrac{1}{x}\mathrm{d}x = \ln|x| + C\ (x\neq 0)$.

由不定积分的定义可知,当不计一常数之差时积分运算与微分(导数)互为逆运算,它们有如下关系:

(1) $[\int f(x)\mathrm{d}x]' = f(x)$ 或 $\mathrm{d}[\int f(x)\mathrm{d}x] = f(x)\mathrm{d}x$;

(2) $\int f'(x)\mathrm{d}x = f(x) + C$ 或 $\int \mathrm{d}[f(x)] = f(x) + C$.

这就是说:对函数 $f(x)$ 而言,若先积分再求导数(或微分),两者的作用相互抵消;若先求导数(或微分)后求积分,则应在抵消后再加上任意常数 C.

注意:由于不定积分 $\int f(x)\mathrm{d}x = F(x) + C$ 的结果中含有任意常数 C,所以不定积分表示的不是一个原函数,而是无限多个(全部)原函数,通常称为原函数族,反映在几何上则是一族曲线,它是曲线 $y = F(x)$ 沿 y 轴上下平移得到的(如图 4-1 所示). 这族曲线称为 $f(x)$ 的积分曲线族,这就是不定积分的几何意义.

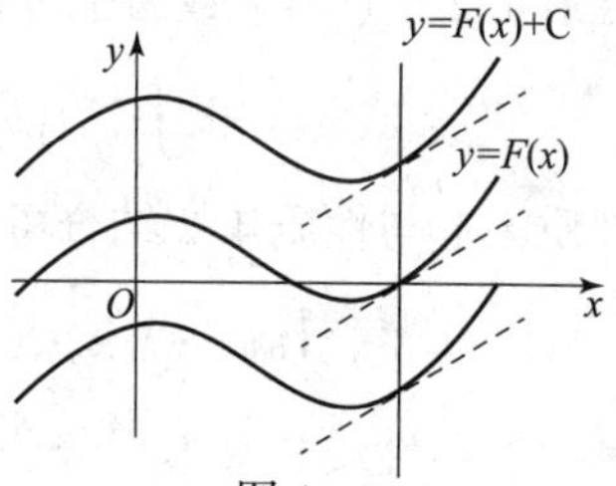

图 4-1

例 4.3 求过点(1,0),斜率为 $2x$ 的曲线方程.

解 设所求的曲线方程为 $y = f(x)$,由题意得

$$k = y' = 2x,$$

则

$$y = \int 2x\mathrm{d}x = x^2 + C,$$

又因为曲线过点(1,0),代入上式有 $0 = 1 + C$,得 $C = -1$,于是所求曲线方程为 $y = x^2 - 1$.

4.1.3 基本积分公式

由于求不定积分是求导数(微分)的逆运算,因此由导数公式就可以相应地得到不定积分的基本公式,现列表如下:

(1) $\int k\mathrm{d}x = kx + C$($k$ 为常数);

(2) $\int x^{\mu}\mathrm{d}x = \frac{1}{\mu + 1}x^{\mu+1} + C(u \neq -1)$;

(3) $\int \frac{1}{x}\mathrm{d}x = \ln|x| + C$;

(4) $\int \mathrm{e}^x\mathrm{d}x = \mathrm{e}^x + C$;

(5) $\int a^x\mathrm{d}x = \frac{a^x}{\ln a} + C$;

(6) $\int \cos x\mathrm{d}x = \sin x + C$;

(7) $\int \sin x\mathrm{d}x = -\cos x + C$;

(8) $\int \sec^2 x\mathrm{d}x = \tan x + C$;

(9) $\int \csc^2 x\mathrm{d}x = -\cot x + C$;

(10) $\int \sec x\tan x\mathrm{d}x = \sec x + C$;

(11) $\int \csc x\cot x\mathrm{d}x = -\csc x + C$;

(12) $\int \frac{1}{\sqrt{1 - x^2}}\mathrm{d}x = \arcsin x + C$;

(13) $\int \frac{1}{1 + x^2}\mathrm{d}x = \arctan x + C$.

以上 13 个公式是求不定积分的基础,读者必须熟记.

4.1.4 不定积分的性质

性质 4.1 两函数代数和的不定积分等于各函数不定积分的代数和,即

$$\int[f(x) \pm g(x)]\mathrm{d}x = \int f(x)\mathrm{d}x \pm \int g(x)\mathrm{d}x.$$

可推广到有限个函数代数和的情况,即

$$\int[f_1(x) \pm f_2(x) \pm \cdots \pm f_n(x)]\mathrm{d}x = \int f_1(x)\mathrm{d}x \pm \int f_2(x)\mathrm{d}x \pm \cdots \pm \int f_n(x)\mathrm{d}x.$$

性质 4.2 非零常数因子可提到积分号外,即

$$\int k \cdot f(x)\mathrm{d}x = k\int f(x)\mathrm{d}x(k\text{ 是常数 }k \neq 0).$$

性质 4.1 与性质 4.2 结合可以得到:

$$\int[k_1 \cdot f(x) \pm k_2 \cdot g(x)]\mathrm{d}x = k_1\int f(x)\mathrm{d}x \pm k_2\int g(x)\mathrm{d}x.$$

利用上述性质和基本积分公式可以直接求出一些简单的不定积分(直接积分法).

4.1.5 直接积分法

例 4.4 求 $\int\left(2\sin x - \dfrac{3}{x} + \mathrm{e}^x - 5\right)\mathrm{d}x.$

解 $\int\left(2\sin x - \dfrac{3}{x} + \mathrm{e}^x - 5\right)\mathrm{d}x = 2\int\sin x\mathrm{d}x - 3\int\dfrac{1}{x}\mathrm{d}x + \int\mathrm{e}^x\mathrm{d}x - \int 5\mathrm{d}x$

$= -2(\cos x + C_1) - 3(\ln|x| + C_2) + (\mathrm{e}^x + C_3) - 5(x + C_4)$

$= -2\cos x - 3\ln|x| + \mathrm{e}^x - 5x - 2C_1 - 3C_2 + C_3 - 5C_4$

$= -2\cos x - 3\ln|x| + \mathrm{e}^x - 5x + C.$

其中 $C = -2C_1 - 3C_2 + C_3 - 5C_4$,仍为任意常数.

今后求不定积分时,只需分别对每个被积函数求出一个原函数后再统一加上一个积分常数 C 即可:

$$\begin{aligned}\int\left(2\sin x - \frac{3}{x} + \mathrm{e}^x - 5\right)\mathrm{d}x &= 2\int\sin x\mathrm{d}x - 3\int\frac{1}{x}\mathrm{d}x + \int\mathrm{e}^x\mathrm{d}x - \int 5\mathrm{d}x \\ &= -2\cos x - 3\ln|x| + \mathrm{e}^x - 5x + C.\end{aligned}$$

在进行不定积分计算时,有时需要把被积函数作适当的变形,再利用不定积分的性质及基本积分公式进行积分.

例 4.5 求 $\int(1 - \sqrt{x})(2x^2 + 3)\mathrm{d}x$.

解
$$\begin{aligned}\int(1 - \sqrt{x})(2x^2 + 3)\mathrm{d}x &= \int\left(3 - 3x^{\frac{1}{2}} + 2x^2 - 2x^{\frac{5}{2}}\right)\mathrm{d}x \\ &= 3x - 3\cdot\frac{x^{\frac{1}{2}+1}}{\frac{1}{2}+1} + 2\cdot\frac{x^{2+1}}{2+1} - 2\cdot\frac{x^{\frac{5}{2}+1}}{\frac{5}{2}+1} + C \\ &= 3x - 2x^{\frac{3}{2}} + \frac{2}{3}x^3 - \frac{4}{7}x^{\frac{7}{2}} + C.\end{aligned}$$

例 4.6 求 $\int \frac{(x-1)^2}{x}\mathrm{d}x$.

解 $\int \frac{(x-1)^2}{x}\mathrm{d}x = \int \frac{x^2-2x+1}{x}\mathrm{d}x = \int\left(x-2+\frac{1}{x}\right)\mathrm{d}x = \frac{1}{2}x^2-2x+\ln|x|+C.$

例 4.7 求 $\int \frac{1+x+x^2}{x(1+x^2)}\mathrm{d}x$.

解 $$\int \frac{1+x+x^2}{x(1+x^2)}\mathrm{d}x = \int \frac{x+(1+x^2)}{x(1+x^2)}\mathrm{d}x = \int\left(\frac{1}{1+x^2}+\frac{1}{x}\right)\mathrm{d}x$$
$$= \int \frac{1}{1+x^2}\mathrm{d}x + \int \frac{1}{x}\mathrm{d}x = \arctan x + \ln|x| + C.$$

例 4.8 求 $\int \frac{x^2}{1+x^2}\mathrm{d}x$.

解 $\int \frac{x^2}{1+x^2}\mathrm{d}x = \int \frac{(x^2+1)-1}{1+x^2}\mathrm{d}x = \int\left(1-\frac{1}{1+x^2}\right)\mathrm{d}x = x-\arctan x+C.$

思考题:如何求 $\int \frac{x^4}{1+x^2}\mathrm{d}x$?

例 4.9 求 $\int (3^x+2^x)^2\mathrm{d}x$.

解 $$\int (3^x+2^x)^2\mathrm{d}x = \int[(3^x)^2+2\cdot 3^x\cdot 2^x+(2^x)^2]\mathrm{d}x$$
$$= \int 9^x\mathrm{d}x + 2\int 6^x\mathrm{d}x + \int 4^x\mathrm{d}x$$
$$= \frac{9^x}{\ln 9} + 2\frac{6^x}{\ln 6} + \frac{4^x}{\ln 4} + C$$
$$= \frac{(3^x)^2}{2\ln 3} + 2\frac{3^x\cdot 2^x}{\ln 3+\ln 2} + \frac{(2^x)^2}{2\ln 2} + C.$$

当被积函数含三角函数时,可先进行三角函数变换,再积分.

例 4.10 求 $\int \tan^2 x\mathrm{d}x$.

解 $\int \tan^2 x\mathrm{d}x = \int(\sec^2 x-1)\mathrm{d}x = \int \sec^2 x\mathrm{d}x - \int 1\mathrm{d}x = \tan x - x + C.$

例 4.11 求 $\int \sin^2\frac{x}{2}\mathrm{d}x$.

解 $\int \sin^2\frac{x}{2}\mathrm{d}x = \int \frac{1}{2}(1-\cos x)\mathrm{d}x = \int \frac{1}{2}\mathrm{d}x - \frac{1}{2}\int \cos x\mathrm{d}x = \frac{1}{2}(x-\sin x)+C.$

例 4.12 求 $\int \frac{\mathrm{d}x}{\sin^2 x\cdot\cos^2 x}$.

解 $$\int \frac{\mathrm{d}x}{\sin^2 x\cdot\cos^2 x} = \int \frac{\sin^2 x+\cos^2 x}{\sin^2 x\cdot\cos^2 x}\mathrm{d}x = \int \frac{1}{\cos^2 x}\mathrm{d}x + \int \frac{1}{\sin^2 x}\mathrm{d}x$$
$$= \int \sec^2 x\mathrm{d}x + \int \csc^2 x\mathrm{d}x = \tan x - \cot x + C.$$

【同步训练 4.1】

1. 已知 $y = \cos x$ 是函数 $y = f(x)$ 的一个原函数，则 $\int f(x)\mathrm{d}x =$ ________.

2. 求下列不定积分.

(1) $\int\left(e^3 + x^3\sqrt{x} - \frac{2}{x}\right)\mathrm{d}x$;

(2) $\int\frac{x^2+\sqrt{x^3}-3}{x}\mathrm{d}x$;

(3) $\int\frac{x^4}{1+x^2}\mathrm{d}x$;

(4) $\int\frac{1}{x^2(1+x^2)}\mathrm{d}x$.

习题 4.1

1. 判断下列各式是否成立.

(1) $\int\sin x\mathrm{d}x = -\cos x + C$;

(2) $\int x^2\mathrm{d}x = x^3\mathrm{d}x$;

(3) $\int(-4)x^{-3}\mathrm{d}x = x^{-4} + C$;

(4) $\int 3^x\mathrm{d}x = 3^x + C$.

2. 求经过点(2,1)，且切线斜率为 $3x$ 的曲线方程.

3. 一物体由静止开始作变速直线运动，在 ts 末的速度是 $2t+30$(m/s)，问：

(1)经过 5s 后，物体离开出发点的距离是多少？

(2)物体走完 1 000m 需要多少时间？

4. 求下列不定积分.

(1) $\int\sqrt{x}(x^2-5)\mathrm{d}x$;

(2) $\int(e^x - 3\cos x)\mathrm{d}x$;

(3) $\int\frac{(x-1)^3}{x^2}\mathrm{d}x$;

(4) $\int 2^x + \frac{3}{\sqrt{1-x^2}}\mathrm{d}x$;

(5) $\int 10^t\cdot 3^{2t}\mathrm{d}t$;

(6) $\int\left(1-\frac{2}{x}\right)^2\mathrm{d}x$;

(7) $\int \frac{x^4 + x^2 - 1}{x^2 + 1}dx$;　　(8) $\int \sec x(\sec x - \tan x)dx$;

(9) $\int \frac{\cos 2x}{\sin x + \cos x}dx$;　　(10) $\int \cot^2 x dx$;

(11) $\int \frac{3 - \sin^2 x}{\cos^2 x}dx$;　　(12) $\int \frac{1 + \cos^2 x}{1 + \cos 2x}dx$.

【同步训练4.1】答案

1. $\cos x + C$.

2. (1) $e^3 x + \frac{2}{9}x^{\frac{9}{2}} - 2\ln|x| + C$;　　(2) $\frac{x^2}{2} + \frac{2}{3}x^{\frac{3}{2}} - 3\ln|x| + C$;

(3) $\frac{x^3}{3} - x + \arctan x + C$;　　(4) $-\frac{1}{x} - \arctan x + C$.

4.2 换元积分法

用直接积分法所能计算的不定积分是非常有限的,因此必须进一步研究不定积分的计算方法. 把复合函数的求导法则反过来用于求不定积分,利用中间变量的代换,可以得到不定积分的换元积分法(简称换元法). 换元法分为第一类换元积分法和第二类换元积分法两类.

4.2.1 第一类换元积分法

先看一个例子:求 $\int \cos 5x dx$. 显然,由于被积函数 $\cos 5x$ 是复合函数,所以不能利用基本积分公式 $\int \cos x dx = \sin x + C$ 求其积分,因为该基本积分公式的特点是被积表达式中函数符号"cos"下的变量 x 与微分符号"d"下的变量 x 是相同的. 由此想到可将 dx 改写为以 $d(5x)$ 表示的形式: $dx = \frac{1}{5}d(5x)$,从而积分 $\int \cos 5x dx$ 恒等变形为 $\frac{1}{5}\int \cos 5x d(5x)$,若将变量 $5x$ 用新变量 u 表示: $u = 5x$,则有

$$\begin{aligned}\int \cos 5x dx &= \frac{1}{5}\int \cos 5x d(5x)\\ &= \frac{1}{5}\int \cos u du = \frac{1}{5}\sin u + C = \frac{1}{5}\sin 5x + C.\end{aligned}$$

再看一个例子:求 $\int (2x+1)^{10}dx$. 若对被积函数 $(2x+1)^{10}$ 展开后用直接积分法求积分,虽可行,但势必很麻烦. 看到 $(2x+1)^{10}$ 是一个复合函数,同样可将 dx 改写成以 $d(2x+1)$ 表示的形式: $dx = \frac{1}{2}d(2x+1)$,可引入新变量 $u = 2x + 1$,则有

$$\begin{aligned}\int (2x+1)^{10}dx &= \frac{1}{2}\int (2x+1)^{10}d(2x+1)\\ &= \frac{1}{2}\int u^{10}du = \frac{u^{11}}{22} + C = \frac{1}{22}(2x+1)^{11} + C.\end{aligned}$$

综上可见,上述解法的特点是引入新变量 $u=\varphi(x)$,从而把原积分化为关于新的积分变量 u 的一个简单的积分,再利用基本积分公式求解即可.

以上做法可以归结为下面的定理.

定理 4.3(第一类换元积分法) 若 $\int f(u)\mathrm{d}u = F(u)+C$,且 $u=\varphi(x)$ 可导,则

$$\int f[\varphi(x)]\varphi'(x)\mathrm{d}x = F[\varphi(x)]+C.$$

第一类换元积分法也叫**凑微分法**,其解题步骤为:

(1)凑微分,即 $\int f[\varphi(x)]\varphi'(x)\mathrm{d}x \xlongequal{\text{凑微分}} \int f[\varphi(x)]\mathrm{d}(\varphi(x))$;

(2)换元、积分,即 $\int f[\varphi(x)]\mathrm{d}(\varphi(x)) \xlongequal[\text{令}\varphi(x)=u]{\text{换元}} \int f(u)\mathrm{d}u \xlongequal{\text{积分}} F(u)+C$;

(3)回代,即 $\int f(u)\mathrm{d}u = F(u)+C = F[\varphi(x)]+C$.

以下介绍用第一类换元积分法求两种类型的不定积分的方法.

1. $\int f(ax+b)\mathrm{d}x$ 型

由于 $\mathrm{d}x=\dfrac{1}{a}\mathrm{d}(ax+b)$,所以有

$$\begin{aligned}\int f(ax+b)\mathrm{d}x &= \frac{1}{a}\int f(ax+b)\mathrm{d}(ax+b)\\ &= \frac{1}{a}\int f(u)\mathrm{d}u = \frac{1}{a}F(u)+C(\text{令 } ax+b=u)\\ &= \frac{1}{a}F(ax+b)+C.\end{aligned}$$

例 4.13 求 $\int \sin(3x+5)\mathrm{d}x$.

解 $$\begin{aligned}\int \sin(3x+5)\mathrm{d}x &= \frac{1}{3}\int \sin(3x+5)\mathrm{d}(3x+5) \xlongequal{\text{令 }3x+5=u} \frac{1}{3}\int \sin u\mathrm{d}u\\ &= -\frac{1}{3}\cos u+C = -\frac{1}{3}\cos(3x+5)+C.\end{aligned}$$

例 4.14 求 $\int \dfrac{1}{x+1}\mathrm{d}x$.

解 $$\int \frac{1}{x+1}\mathrm{d}x = \int \frac{1}{x+1}\mathrm{d}(x+1) \xlongequal{\text{令 }x+1=u} \int \frac{1}{u}\mathrm{d}u = \ln|u|+C = \ln|x+1|+C.$$

思考题:如何求 $\int \dfrac{x}{x+1}\mathrm{d}x, \int \dfrac{x^2}{x+1}\mathrm{d}x$?

例 4.15 求 $\int (2x-1)^3\mathrm{d}x$.

解 $$\begin{aligned}\int (2x-1)^3\mathrm{d}x &= \frac{1}{2}\int (2x-1)^3\mathrm{d}(2x-1) \xlongequal{\text{令 }2x-1=u} \frac{1}{2}\int u^3\mathrm{d}u = \frac{1}{8}u^4+C\\ &= \frac{1}{8}(2x-1)^4+C.\end{aligned}$$

2. $\int f[\varphi(x)]g(x)\mathrm{d}x$ 型(其中 $g(x)$ 与 $\varphi(x)$ 间正好存在一定的导数关系)

一般的,有凑微分式:

$$g(x)\mathrm{d}x = \mathrm{d}[\varphi(x)] = \frac{1}{a}\mathrm{d}[a\varphi(x)+b]\ (a\text{ 为某确定常数}).$$

例 4.16 求 $\int 2x\mathrm{e}^{x^2}\mathrm{d}x$.

解 $\int 2x\cdot \mathrm{e}^{x^2}\mathrm{d}x = \int \mathrm{e}^{x^2}\mathrm{d}(x^2) \xlongequal{\text{令 } x^2=u} \int \mathrm{e}^u \mathrm{d}u = \mathrm{e}^u + C = \mathrm{e}^{x^2} + C.$

例 4.17 求 $\int \frac{\sin\sqrt{x}}{\sqrt{x}}\mathrm{d}x$.

解
$$\int \frac{\sin\sqrt{x}}{\sqrt{x}}\mathrm{d}x = 2\int \sin\sqrt{x}\mathrm{d}(\sqrt{x}) \xlongequal{\text{令}\sqrt{x}=u} 2\int \sin u\mathrm{d}u = -2\cos u + C$$
$$= -2\cos\sqrt{x} + C.$$

例 4.18 求 $\int \frac{\ln^3 x}{x}\mathrm{d}x$.

解 $\int \frac{\ln^3 x}{x}\mathrm{d}x = \int \ln^3 x\mathrm{d}(\ln x) \xlongequal{\text{令 }\ln x=u} \int u^3\mathrm{d}u = \frac{u^4}{4} + C = \frac{\ln^4 x}{4} + C.$

例 4.19 求 $\int \frac{1}{x(2+3\ln x)}\mathrm{d}x.$

解
$$\int \frac{1}{x(2+3\ln x)}\mathrm{d}x = \int \frac{1}{2+3\ln x}\mathrm{d}(\ln x) = \frac{1}{3}\int \frac{1}{2+3\ln x}\mathrm{d}(2+3\ln x)$$
$$\xlongequal{\text{令 } 2+3\ln x=u} \frac{1}{3}\int \frac{1}{u}\mathrm{d}u = \frac{1}{3}\ln|u| + C = \frac{1}{3}\ln|2+3\ln x| + C.$$

当可较熟练地使用此方法后,可略去中间的换元步骤,直接用凑微分法凑成基本积分公式的形式,即可求得不定积分.

例 4.20 求 $\int \cos^2 x\sin x\mathrm{d}x$.

解 $\int \cos^2 x\sin x\mathrm{d}x = -\int \cos^2 x\mathrm{d}(\cos x) = -\frac{1}{3}\cos^3 x + C.$

例 4.21 求 $\int \frac{\mathrm{e}^x}{3+5\mathrm{e}^x}\mathrm{d}x$.

解 $\int \frac{\mathrm{e}^x}{3+5\mathrm{e}^x}\mathrm{d}x = \int \frac{1}{3+5\mathrm{e}^x}\mathrm{d}(\mathrm{e}^x) = \frac{1}{5}\int \frac{1}{3+5\mathrm{e}^x}\mathrm{d}(3+5\mathrm{e}^x) = \frac{1}{5}\ln(3+5\mathrm{e}^x) + C.$

凑微分法运用的难点在于原题并未指明哪一部分是 $f(\varphi(x))$,哪一部分凑成微分式 $\mathrm{d}(\varphi(x))$,这需要有一定的解题经验,如果熟记一些凑微分的表达式,对凑微分法的使用和掌握有很大帮助,解题也会较方便:

$x\mathrm{d}x = \frac{1}{2}\mathrm{d}(x^2)$, $\quad \frac{1}{\sqrt{x}}\mathrm{d}x = 2\mathrm{d}(\sqrt{x})$, $\quad \mathrm{e}^x\mathrm{d}x = \mathrm{d}(\mathrm{e}^x)$,

$\mathrm{e}^{ax}\mathrm{d}x = \frac{1}{a}\mathrm{d}(\mathrm{e}^{ax})$, $\quad \frac{1}{x}\mathrm{d}x = \mathrm{d}(\ln x)$, $\quad \sin x\mathrm{d}x = -\mathrm{d}(\cos x)$,

$\cos x\mathrm{d}x=\mathrm{d}(\sin x)$，　$\sec^2x\mathrm{d}x=\mathrm{d}(\tan x)$，　$\csc^2x\mathrm{d}x=-\mathrm{d}(\cot x)$，

$\frac{1}{\sqrt{1-x^2}}\mathrm{d}x=\mathrm{d}(\arcsin x)$，　$\frac{1}{1+x^2}\mathrm{d}x=\mathrm{d}(\arctan x)$.

【同步训练 4.2】

计算下列不定积分.

(1) $\int\frac{x}{x+1}\mathrm{d}x$；　(2) $\int\frac{x^2}{x+1}\mathrm{d}x$；

(3) $\int e^{5x+1}\mathrm{d}x$；　(4) $\int\frac{x}{3x^2+5}\mathrm{d}x$.

例 4.22 求下列不定积分(可作为公式使用)：

(1) $\int\frac{\mathrm{d}x}{\sqrt{a^2-x^2}}(a>0)$；　(2) $\int\frac{\mathrm{d}x}{a^2+x^2}$；　(3) $\int\tan x\mathrm{d}x$；

(4) $\int\cot x\mathrm{d}x$；　(5) $\int\sec x\mathrm{d}x$；　(6) $\int\csc x\mathrm{d}x$.

解 (1) $\int\frac{1}{\sqrt{a^2-x^2}}\mathrm{d}x=\frac{1}{a}\int\frac{1}{\sqrt{1-\left(\frac{x}{a}\right)^2}}\mathrm{d}x=\int\frac{1}{\sqrt{1-\left(\frac{x}{a}\right)^2}}\mathrm{d}\left(\frac{x}{a}\right)=\arcsin\frac{x}{a}+C$；

(2) $\int\frac{1}{a^2+x^2}\mathrm{d}x=\frac{1}{a^2}\int\frac{1}{1+\left(\frac{x}{a}\right)^2}\mathrm{d}x=\frac{1}{a}\int\frac{1}{1+\left(\frac{x}{a}\right)^2}\mathrm{d}\left(\frac{x}{a}\right)=\frac{1}{a}\arctan\frac{x}{a}+C$；

(3) $\int\tan x\mathrm{d}x=\int\frac{\sin x}{\cos x}\mathrm{d}x=-\int\frac{1}{\cos x}\mathrm{d}(\cos x)=-\ln|\cos x|+C$；

(4) $\int\cot x\mathrm{d}x=\int\frac{\cos x}{\sin x}\mathrm{d}x=\int\frac{1}{\sin x}\mathrm{d}(\sin x)=\ln|\sin x|+C$；

(5) $\int\sec x\mathrm{d}x=\int\frac{\sec x(\sec x+\tan x)}{\sec x+\tan x}\mathrm{d}x=\int\frac{\mathrm{d}(\sec x+\tan x)}{\sec x+\tan x}=\ln|\sec x+\tan x|+C$；

(6) $\int\csc x\mathrm{d}x=\int\frac{\csc x(\csc x-\cot x)}{\csc x-\cot x}\mathrm{d}x=\int\frac{\mathrm{d}(\csc x-\cot x)}{\csc x-\cot x}=\ln|\csc x-\cot x|+C$.

例 4.23 求 $\int\frac{1}{x^2-a^2}\mathrm{d}x$.

解 $\int \frac{1}{x^2 - a^2}dx = \frac{1}{2a}\int\left(\frac{1}{x-a} - \frac{1}{x+a}\right)dx = \frac{1}{2a}\left[\int \frac{1}{x-a}d(x-a) - \int \frac{1}{x+a}d(x+a)\right]$

$= \frac{1}{2a}[\ln|x-a| - \ln|x+a|] + C = \frac{1}{2a}\ln\left|\frac{x-a}{x+a}\right| + C.$

例 4.24 求 $\int \cos^2 x dx$.

解 $\int \cos^2 x dx = \int \frac{1+\cos 2x}{2}dx = \frac{1}{2}(\int 1 dx + \int \cos 2x dx)$

$= \frac{1}{2}\int 1 dx + \frac{1}{4}\int \cos 2x d(2x) = \frac{1}{2}x + \frac{1}{4}\sin 2x + C.$

例 4.25 求 $\int \sin^3 x dx$.

解 $\int \sin^3 x dx = \int \sin^2 x \cdot \sin x dx = -\int (1-\cos^2 x)d(\cos x)$

$= -\int 1 d(\cos x) + \int \cos^2 x d(\cos x) = -\cos x + \frac{1}{3}\cos^3 x + C.$

例 4.26 求 $\int \sin 3x \cos 2x dx$.

解 $\int \sin 3x \cos 2x dx = \frac{1}{2}\int (\sin x + \sin 5x)dx = -\frac{1}{2}\cos x - \frac{1}{10}\cos 5x + C.$

例 4.27 求 $\int \frac{1}{1+\cos x}dx$.

解法一： $\int \frac{1}{1+\cos x}dx = \int \frac{1}{2\cos^2 \frac{x}{2}}dx = \int \frac{1}{\cos^2 \frac{x}{2}}d\left(\frac{x}{2}\right) = \tan\frac{x}{2} + C.$

解法二： $\int \frac{1}{1+\cos x}dx = \int \frac{1-\cos x}{(1+\cos x)(1-\cos x)}dx = \int \frac{1-\cos x}{\sin^2 x}dx$

$= \int \frac{1}{\sin^2 x}dx - \int \frac{1}{\sin^2 x}d(\sin x) = -\cot x + \frac{1}{\sin x} + C$

$= -\cot x + \csc x + C.$

例 4.27 表明,选用不同的积分方法,可能得出不同形式的积分结果. 事实上,要检查积分结果是否正确,只要对所得结果求导检验即可.

4.2.2 第二类换元积分法

不定积分的第一类换元积分法(凑微分法)是先把所求积分中的被积表达式设法凑成 $f[\varphi(x)]d(\varphi(x))$ 的形式,再引进新的积分变量 $u=\varphi(x)$,将其转变为 $\int f(u)du$ 去计算,但是常常还会遇到另外一些不定积分,如 $\int \frac{1}{1-\sqrt{x}}dx$,$\int \frac{1}{\sqrt{x^2-3}}dx$ 等,使用凑微分法并不能奏效. 此时常需考虑另一种换元方式,即令 $x=\varphi(t)$,得到 $dx=\varphi'(t)dt$,这样积分 $\int f(x)dx$ 可改写成关于新变量 t 的形式 $\int f[\varphi(t)]\varphi'(t)dt$,此时以 t 为积分变量的新积分往往容易积出结果.

定理 4.4(第二类换元积分法)

设函数 $x=\varphi(t)$ 是单调、有连续导数的函数,且 $\varphi'(t)\neq 0$,又若 $\int f[\varphi(t)]\varphi'(t)\mathrm{d}t = F(t)+C$,则

$$\int f(x)\mathrm{d}x = \int f[\varphi(t)]\varphi'(t)\mathrm{d}t = F(t)+C = F[\varphi^{-1}(x)]+C,$$

其中,$t=\varphi^{-1}(x)$ 为 $x=\varphi(t)$ 的反函数.

运用第二类换元积分法的关键是选择合适的变换函数 $x=\varphi(t)$. 以下介绍两种常见的变量代换法.

1. 简单根式代换

被积函数中含有根式 $\sqrt[n]{ax+b}$ 时,可令 $\sqrt[n]{ax+b}=t$,即 $x=\dfrac{t^n-b}{a}$,就可以消去根号,从而求得积分.

例 4.28 求 $\int \dfrac{1}{1+\sqrt{x}}\mathrm{d}x$.

解 令 $\sqrt{x}=t$,则 $x=t^2$,$\mathrm{d}x=2t\mathrm{d}t$,于是

$$\int \frac{1}{1+\sqrt{x}}\mathrm{d}x = \int \frac{1}{1+t}2t\mathrm{d}t = 2\int \frac{(t+1)-1}{1+t}\mathrm{d}t = 2\int\left(1-\frac{1}{1+t}\right)\mathrm{d}t$$
$$= 2(t-\ln|1+t|)+C = 2[\sqrt{x}-\ln(1+\sqrt{x})]+C.$$

例 4.29 求 $\int \dfrac{1}{x\sqrt{x-1}}\mathrm{d}x$.

解 令 $\sqrt{x-1}=t$,则 $x=t^2+1$,$\mathrm{d}x=2t\mathrm{d}t$,于是

$$\int \frac{1}{x\sqrt{x-1}}\mathrm{d}x = \int \frac{1}{(t^2+1)t}2t\mathrm{d}t = 2\int \frac{\mathrm{d}t}{1+t^2} = 2\arctan t + C = 2\arctan\sqrt{x-1}+C.$$

例 4.30 求 $\int \dfrac{\mathrm{d}x}{\sqrt{x}+\sqrt[3]{x}}$.

解 被积函数中含 $\sqrt{x}$,$\sqrt[3]{x}$,为了去掉根号,令 $\sqrt[6]{x}=t$,则 $x=t^6$,$\mathrm{d}x=6t^5\mathrm{d}t$,于是

$$\int \frac{\mathrm{d}x}{\sqrt{x}+\sqrt[3]{x}} = \int \frac{6t^5}{t^3+t^2}\mathrm{d}t = 6\int \frac{t^3+1-1}{t+1}\mathrm{d}t = 6\int(t^2-t+1)\mathrm{d}t - 6\int\frac{1}{t+1}\mathrm{d}t$$
$$= 2t^3-3t^2+6t-6\ln|1+t|+C = 2\sqrt{x}-3\sqrt[3]{x}+6\sqrt[6]{x}-6\ln\left|1+\sqrt[6]{x}\right|+C.$$

例 4.31 求 $\int \dfrac{x^2}{\sqrt{2-x}}\mathrm{d}x$.

解 令 $\sqrt{2-x}=t$,则 $x=2-t^2$,$\mathrm{d}x=-2t\mathrm{d}t$,于是

$$\int \frac{x^2}{\sqrt{2-x}}\mathrm{d}x = \int \frac{(2-t^2)^2}{t}(-2t)\mathrm{d}t = -2\int(4-4t^2+t^4)\mathrm{d}t$$
$$= -8t+\frac{8}{3}t^3-\frac{2}{5}t^5+C = -8\sqrt{2-x}+\frac{8}{3}(2-x)^{\frac{3}{2}}-\frac{2}{5}(2-x)^{\frac{5}{2}}+C.$$

2. 三角代换

当被积函数中含有形如$\sqrt{a^2+x^2}$、$\sqrt{a^2-x^2}$、$\sqrt{x^2-a^2}$的二次根式时，常用三角代换法来消去根号.

例 4.32 求$\int\sqrt{a^2-x^2}\mathrm{d}x(a>0)$.

解 由三角公式$\sin^2 t+\cos^2 t=1$，令$x=a\sin t\left(-\frac{\pi}{2}<t<\frac{\pi}{2}\right)$，则$\sqrt{a^2-x^2}=\sqrt{a^2-a^2\sin^2 t}=a\cos t$，$\mathrm{d}x=a\cos t\mathrm{d}t$，于是

$$\int\sqrt{a^2-x^2}\mathrm{d}x=\int a\cos t\cdot a\cos t\mathrm{d}t=a^2\int\cos^2 t\mathrm{d}t=\frac{a^2}{2}\int(1+\cos 2t)\mathrm{d}t$$
$$=\frac{a^2}{2}\left(t+\frac{1}{2}\sin 2t\right)+C=\frac{a^2}{2}(t+\sin t\cos t)+C.$$

因为$x=a\sin t$，所以$\sin t=\frac{x}{a}$，则$t=\arcsin\frac{x}{a}$，为了方便回代，可作一辅助三角形（图4－2），得$\cos t=\frac{\sqrt{a^2-x^2}}{a}$，于是

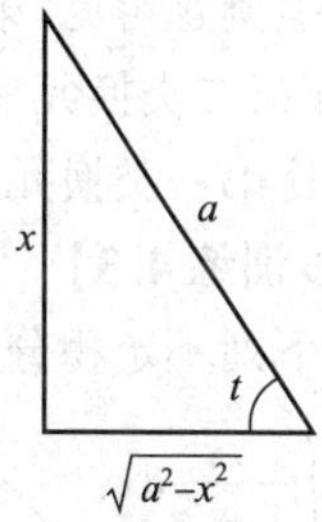

图4－2

$$\int\sqrt{a^2-x^2}\mathrm{d}x=\frac{a^2}{2}\arcsin\frac{x}{a}+\frac{1}{2}x\cdot\sqrt{a^2-x^2}+C.$$

例 4.33 求$\int\frac{\mathrm{d}x}{\sqrt{x^2+a^2}}(a>0)$.

解 由三角公式$1+\tan^2 t=\sec^2 t$，令$x=a\tan t\left(-\frac{\pi}{2}<t<\frac{\pi}{2}\right)$，则$\sqrt{x^2+a^2}=\sqrt{a^2+a^2\tan^2 t}=a\sqrt{1+\tan^2 t}=a\sec t$，$\mathrm{d}x=a\sec^2 t\mathrm{d}t$，于是

$$\int\frac{\mathrm{d}x}{\sqrt{x^2+a^2}}=\int\frac{a\sec^2 t\mathrm{d}t}{a\sec t}=\int\sec t\mathrm{d}t=\ln|\sec t+\tan t|+C_1.$$

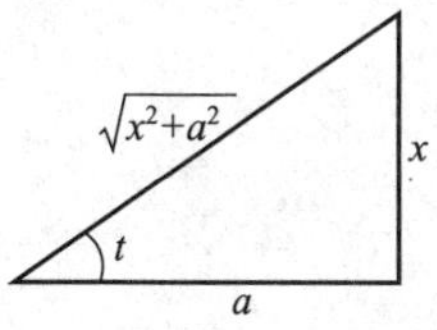

图4－3

因为$x=a\tan t$，所以$\tan t=\frac{x}{a}$，为了方便回代，可作一辅助三角形（图4－3），得$\sec t=\frac{\sqrt{x^2+a^2}}{a}$，于是

$$\int\frac{\mathrm{d}x}{\sqrt{x^2+a^2}}=\ln|\sec t+\tan t|+C_1=\ln\left|\frac{x}{a}+\frac{\sqrt{x^2+a^2}}{a}\right|+C_1$$
$$=\ln\left|x+\sqrt{x^2+a^2}\right|-\ln a+C_1$$
$$=\ln\left|x+\sqrt{x^2+a^2}\right|+C(\text{其中 }C=C_1-\ln a).$$

例 4.34 求$\int\frac{\mathrm{d}x}{\sqrt{x^2-a^2}}(a>0)$.

解 由三角公式$\sec^2 t-1=\tan^2 t$，令$x=a\sec t\left(0<t<\frac{\pi}{2}\right)$，

$$\sqrt{x^2-a^2}=\sqrt{a^2\sec^2 t-a^2}=a\sqrt{\sec^2 t-1}=a\tan t,\ \mathrm{d}x=a\sec t\tan t\mathrm{d}t,$$

于是

$$\int\frac{dx}{\sqrt{x^2-a^2}}=\int\frac{a\sec t\tan t dt}{a\tan t}=\int\sec t dt=\ln|\sec t+\tan t|+C_1.$$

因为 $x=a\sec t$，所以 $\sec t=\dfrac{x}{a}$，为了方便回代，可作一辅助三角形(图 4-4)，得 $\tan t=\dfrac{\sqrt{x^2-a^2}}{a}$，于是

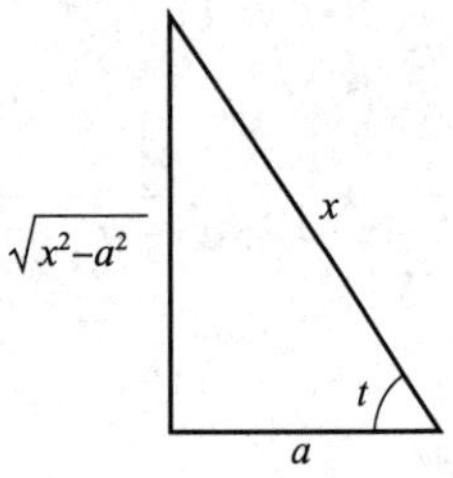

图 4-4

$$\begin{aligned}\int\frac{dx}{\sqrt{x^2-a^2}}&=\ln|\sec t+\tan t|+C_1=\ln\left|\frac{x}{a}+\frac{\sqrt{x^2-a^2}}{a}\right|+C_1\\&=\ln\left|x+\sqrt{x^2-a^2}\right|-\ln a+C_1\\&=\ln\left|x+\sqrt{x^2-a^2}\right|+C(\text{其中 }C=C_1-\ln a).\end{aligned}$$

由以上例题可见，第一类换元积分法应先凑微分，然后再积分，在熟练的情况下可省略换元过程，而第二类换元积分法必须先换元，进行变量代换后再积分，不可省略换元及回代过程，运算起来比第一类换元积分法更为复杂．

【同步训练 4.3】

计算下列不定积分．

(1) $\displaystyle\int\frac{\sqrt{x}}{1+x}dx$；　　(2) $\displaystyle\int x\sqrt{x+1}dx$.

习题 4.2

1. 填写下列括号中的内容．

(1) $dx=(\quad)d(3x)$；　　(2) $dx=(\quad)d(3-2x)$；

(3) $xdx=(\quad)d(3x^2+1)$；　　(4) $\dfrac{1}{x^2}dx=d(\quad)$；

(5) $e^{-x}dx=(\quad)d(e^{-x})$；　　(6) $\cos xdx=d(\quad)$.

2. 求下列不定积分．

(1) $\displaystyle\int\sin 6xdx$；　　(2) $\displaystyle\int e^{-x}dx$；

(3) $\displaystyle\int\frac{1}{3x-2}dx$；　　(4) $\displaystyle\int\sqrt{1-2x}dx$；

(5) $\int \frac{1}{(1+2x)^3}dx$;　　(6) $\int \frac{x}{\sqrt{x^2+3}}dx$;

(7) $\int \frac{e^{\frac{1}{x}}}{x^2}dx$;　　(8) $\int \frac{1}{1+e^x}dx$;

(9) $\int \frac{1}{x(2+3\ln x)}dx$;　　(10) $\int \frac{\cos x}{\sqrt{\sin x}}dx$;

(11) $\int e^x\cos(2e^x+1)dx$;　　(12) $\int e^{\cos x}\sin x dx$;

(13) $\int \cos^4 x dx$;　　(14) $\int \sin^3 x\cos^2 x dx$;

(15) $\int \cos 3x\cos 2x dx$;　　(16) $\int \frac{3x^2-2}{x^3-2x+1}dx$;

(17) $\int \frac{1}{\sqrt{4-9x^2}}dx$;　　(18) $\int \frac{1}{4+25x^2}dx$.

3. 求下列不定积分.

(1) $\int \frac{dx}{1+\sqrt{2x}}$;　　(2) $\int \frac{1}{1+\sqrt[3]{x}}dx$;

(3) $\int \frac{\sqrt{1+x}}{1+\sqrt{1+x}}dx$;　　(4) $\int \frac{1}{\sqrt{x}(1+\sqrt[3]{x})}dx$;

(5) $\int \frac{x^2}{\sqrt{1-x^2}}dx$;　　(6) $\int \frac{1}{x\sqrt{x^2+4}}dx$;

(7) $\int \frac{1}{x^2\sqrt{x^2-1}}dx$;　　(8) $\int \frac{1}{x\sqrt{1-x^2}}dx$;

(9) $\int \frac{\sqrt{x^2-2}}{x}dx$;　　(10) $\int \frac{dx}{(x^2+a^2)^2}$.

【同步训练 4.2】答案

(1) $x-\ln|x+1|+C$;　　(2) $\frac{x^2}{2}-x+\ln|x+1|+C$;

(3) $\frac{1}{5}e^{5x+1}+C$;　　(4) $\frac{1}{6}\ln(3x^2+5)+C$.

【同步训练 4.3】答案

(1) $2(\sqrt{x}-\arctan\sqrt{x})+C$;　　(2) $\frac{2}{5}(\sqrt{x+1})^5-\frac{2}{3}(\sqrt{x+1})^3+C$.

4.3　分部积分法

换元积分法是一个很重要的积分方法,但这种方法对被积函数是两种不同类型函数乘积时,如 $\int x\cos x dx$,$\int x\ln x dx$,$\int e^x\sin x dx$ 等,却又无能为力,本节将利用两个函数乘积的求导公式,推导出解决这类积分的行之有效的基本方法——分部积分法.

设函数 $u=u(x)$，$v=v(x)$ 具有连续导数，由微分公式得

$$d(uv)=u\,dv+v\,du,$$

移项得

$$u\,dv=d(uv)-v\,du,$$

两边积分得

$$\int u\,dv=\int d(uv)-\int v\,du,$$

即

$$\int u\,dv=uv-\int v\,du.$$

上式称为**分部积分公式**，利用上式求不定积分的方法称为**分部积分法**．它的作用在于把比较难求的 $\int u\,dv$ 化为比较容易求的 $\int v\,du$ 来计算，可以化难为易．

例 4.35 求 $\int x\cos x\,dx$．

解 令 $u=x$，$dv=\cos x\,dx=d(\sin x)$，则

$$du=dx,\ v=\sin x,$$

由分部积分公式得

$$\int x\cos x\,dx=\int x\,d(\sin x)=x\sin x-\int \sin x\,dx=x\sin x+\cos x+C.$$

注意：本例中如果令 $u=\cos x$，$dv=x\,dx=d\left(\frac{1}{2}x^2\right)$，则 $du=-\sin x\,dx$，$v=\frac{1}{2}x^2$，那么 $\int x\cos x\,dx=\frac{1}{2}x^2\cos x+\frac{1}{2}\int x^2\sin x\,dx.$

由于 $\int x^2\sin x\,dx$ 比 $\int x\cos x\,dx$ 更难求，说明这样选取 u，dv 是不恰当的．

由此可见，使用分部积分法的关键在于恰当选取 u 和 dv，使等式右边的积分容易积出．若选取不当，反而使运算更加复杂．一般情况下，选择 u 和 dv 应注意两点：

(1) 函数 v 容易求出；

(2) 积分 $\int v\,du$ 要比 $\int u\,dv$ 容易计算．

例 4.36 求 $\int xe^x dx$．

解 令 $u=x$，$dv=e^x dx=d(e^x)$，则

$$du=dx,\ v=e^x,$$

由分部积分公式得

$$\int xe^x dx=\int x\,d(e^x)=xe^x-\int e^x dx=xe^x-e^x+C.$$

例 4.37 求 $\int x^2e^x dx$．

解 令 $u=x^2$，$dv=e^x dx=d(e^x)$，则

$$du=2x\,dx,\ v=e^x,$$

由分部积分公式得

$$\int x^2e^x dx = x^2e^x - \int e^x d(x^2) = x^2e^x - 2\int xe^x dx.$$

对于上式右边的积分 $\int xe^x dx$,可发现其与例4.36雷同,故可再用一次分部积分公式得

$$\int x^2e^x dx = x^2e^x - 2\int xe^x = x^2e^x - 2\int x d(e^x)$$

$$= x^2e^x - 2(xe^x - \int e^x dx) = x^2e^x - 2(xe^x - e^x) + C.$$

思考题:如何求 $\int xe^{2x} dx, \int x\sin x dx$?

例4.38 求 $\int x\ln x dx$.

解 令 $u = \ln x, dv = x dx = d\left(\frac{1}{2}x^2\right)$,则

$$du = \frac{1}{x}dx, v = \frac{1}{2}x^2,$$

故

$$\int x\ln x dx = \int \ln x d\left(\frac{1}{2}x^2\right) = \frac{1}{2}x^2\ln x - \int \frac{1}{2}x^2 d(\ln x) = \frac{1}{2}x^2\ln x - \int \frac{1}{2}x^2 \cdot \frac{1}{x}dx$$

$$= \frac{1}{2}x^2\ln x - \frac{1}{2}\int x dx = \frac{1}{2}x^2\ln x - \frac{1}{4}x^2 + C.$$

对分部积分法熟练后,计算时 u 和 dv 可默记在心里不必写出.

例4.39 求 $\int \ln x dx$.

解 $\int \ln x dx = x\ln x - \int x d(\ln x) = x\ln x - \int x \cdot \frac{1}{x}dx = x\ln x - x + C.$

例4.40 求 $\int x\arctan x dx$.

解 $\int x\arctan x dx = \int \arctan x d\left(\frac{x^2}{2}\right) = \frac{x^2}{2}\arctan x - \int \frac{x^2}{2} d(\arctan x)$

$$= \frac{x^2}{2}\arctan x - \int \frac{x^2}{2} \cdot \frac{1}{1+x^2}dx = \frac{x^2}{2}\arctan x - \frac{1}{2}\int \left(1 - \frac{1}{1+x^2}\right)dx$$

$$= \frac{x^2}{2}\arctan x - \frac{1}{2}x + \frac{1}{2}\arctan x + C = \frac{1}{2}(x^2+1)\arctan x - \frac{1}{2}x + C.$$

例4.41 求 $\int \arccos x dx$.

解 $\int \arccos x dx = x\arccos x - \int x d(\arccos x) = x\arccos x + \int x \frac{1}{\sqrt{1-x^2}}dx$

$$= x\arccos x - \frac{1}{2}\int (1-x^2)^{-\frac{1}{2}} d(1-x^2) = x\arccos x - \sqrt{1-x^2} + C.$$

例4.42 求 $\int e^x \sin x dx$.

解 $\int e^x \sin x dx = \int \sin x d(e^x) = e^x \sin x - \int e^x d(\sin x)$

$$= e^x \sin x - \int e^x \cos x dx = e^x \sin x - \int \cos x d(e^x)$$

$$= e^x \sin x - e^x \cos x + \int e^x d(\cos x)$$

$$= e^x(\sin x - \cos x) - \int e^x \sin x dx,$$

移项得

$$2\int e^x \sin x dx = e^x(\sin x - \cos x) + C_1,$$

故

$$\int e^x \sin x dx = \frac{1}{2}e^x(\sin x - \cos x) + C\left(C = \frac{C_1}{2}\text{仍为任意常数}\right).$$

由上述例题可以看出,一般情况下,选择 u 和 dv 是有一定规律可循的,整理如下:

(1)若被积函数是幂函数与三角函数(或指数函数)乘积,形如 $\int x^n e^{ax} dx$, $\int x^n \sin ax dx$, $\int x^n \cos ax dx$,令 $u = x^n$, $dv = e^{ax} dx$, $\sin ax dx$, $\cos ax dx$;

(2)若被积函数是幂函数与对数函数(或反三角函数)的乘积,形如 $\int x^n \ln x dx$, $\int x^n \arcsin x dx$, $\int x^n \arctan x dx$,分别令 $u = \ln x$, $\arcsin x$, $\arctan x$,则 $dv = x^n dx$;

(3)若被积函数是指数函数与三角函数的乘积,形如 $\int e^{ax} \sin bx dx$ 或 $\int e^{ax} \cos bx dx$,可令 $u = e^{ax}$,而 $dv = \sin bx dx$ 或 $dv = \cos bx dx$,也可令 $u = \sin bx$,或 $u = \cos bx$,而 $dv = e^{ax} dx$,且 u 和 dv 一经选定后,若需再次使用分部积分法,必须仍按原定的选择方式.

在求不定积分时,有时需要综合使用换元法与分部积分法.

例 4.43 求 $\int e^{\sqrt{x}} dx$.

解 令 $\sqrt{x} = t$, $x = t^2$,则 $dx = 2t dt$,于是

$$\int e^{\sqrt{x}} dx = 2\int t \cdot e^t dt = 2\int t d(e^t) = 2\left(te^t - \int e^t dt\right)$$

$$= 2e^t(t - 1) + C = 2e^{\sqrt{x}}(\sqrt{x} - 1) + C.$$

例 4.44 求 $\int \frac{\arcsin x}{\sqrt{(1 - x^2)^3}} dx$.

解 令 $\arcsin x = t$,则 $x = \sin t$, $dx = \cos t dt$,

原式 $= \int \frac{t}{\cos^3 t} \cos t dt = \int t \frac{1}{\cos^2 t} dt = \int t d(\tan t)$

$$= t\tan t - \int \tan t dt = t\tan t + \ln|\cos t| + C$$

$$= \arcsin x \cdot \frac{x}{\sqrt{1 - x^2}} + \ln\left|\sqrt{1 - x^2}\right| + C.$$

【同步训练4.4】

计算下列不定积分.

(1) $\int x\mathrm{e}^{2x}\mathrm{d}x$;

(2) $\int x\sin x\mathrm{d}x$;

(3) $\int x^2\ln x\mathrm{d}x$;

(4) $\int \sin\sqrt{x}\mathrm{d}x$.

习题4.3

1. 计算下列不定积分.

(1) $\int x\sin 2x\mathrm{d}x$;

(2) $\int x\mathrm{e}^{-x}\mathrm{d}x$;

(3) $\int (x+4)\cos 2x\mathrm{d}x$;

(4) $\int \ln\frac{x}{3}\mathrm{d}x$;

(5) $\int x\arcsin x\mathrm{d}x$;

(6) $\int \mathrm{arccot}x\mathrm{d}x$;

(7) $\int \mathrm{e}^{3x}\cos 2x\mathrm{d}x$;

(8) $\int x\sec^2 x\mathrm{d}x$.

2. 计算下列不定积分.

(1) $\int \mathrm{e}^{3\sqrt{x}}\mathrm{d}x$;

(2) $\int \ln\sqrt{x}\mathrm{d}x$;

(3) $\int \sqrt{x}\ln x\mathrm{d}x$;

(4) $\int \cos^2\sqrt{x}\mathrm{d}x$.

【同步训练4.4】答案

(1) $\int x\mathrm{e}^{2x}\mathrm{d}x=\frac{1}{2}x\mathrm{e}^{2x}-\frac{1}{4}\mathrm{e}^{2x}+C$;

(2) $-x\cos x+\sin x+C$;

(3) $\int x^2\ln x\mathrm{d}x\ \frac{x^3}{9}(3\ln x-1)+C$;

(4) $-2\sqrt{x}\cos\sqrt{x}+2\sin\sqrt{x}+C$.

第5章 定积分

【学习目标】

☞ 理解定积分的概念和性质.

☞ 了解积分上限函数的求导方法.

☞ 掌握牛顿－莱布尼茨公式及定积分的换元积分法与分部积分法.

☞ 了解定积分在几何学、经济工作和物理学中的应用.

定积分和不定积分是积分学中密切相关的两大基本问题,由第4章已经知道,求不定积分是求导数的逆运算,而在本章中将看到:定积分是求某种特定和式的极限. 二者既有联系又有区别. 定积分在自然科学和实际问题中有着广泛的应用. 本章在分析典型实例的基础上,引出定积分的概念,进而介绍定积分的性质、计算方法及其简单应用.

5.1 定积分的概念及性质

5.1.1 两个引例

引例5.1 求曲边梯形的面积.

所谓曲边梯形,是指由连续曲线 $y=f(x)$ $(f(x)\geqslant 0)$, x 轴以及直线 $x=a$, $x=b$ 所围成的平面图形,如图5－1所示.

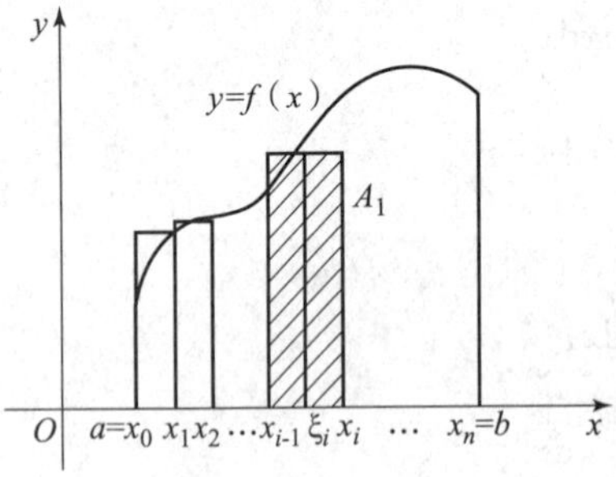

图5－1

分析:在初等数学中,已学过如何计算矩形、梯形、三角形等平面图形的面积,但曲边梯形有一条曲边,它在底边各点处的高度 $f(x)$ 随 x 的变化而变化,所以不能用初等几何的方法解决. 设想把该曲边梯形沿着 x 轴方向切割成许多平行于 y 轴的窄窄的长条,每个长条都是小的曲边梯形,把每个长条近似看作一个矩形,用长乘宽求出小矩形的面积,加起来就是曲边梯形面积的近似值,且分割越细,则误差越小,于是当所有的长条宽度趋于零时,小矩形面积和的极限值就成为曲边梯形面积的精确值.

根据以上分析思路,可以按以下四个步骤求出曲边梯形的面积 A:

(1)分割. 在区间 $[a,b]$ 中任取若干分点,

$$a=x_0<x_1<x_2<\cdots x_{i-1}<x_i<\cdots<x_{n-1}<x_n=b,$$

把曲边梯形 $[a,b]$ 的底分成 n 个小区间,每个小区间的长度记为 $\Delta x_i=x_i-x_{i-1}$ $(i=1,2\cdots,n)$,过各分点作垂直于 x 轴的直线段,把整个曲边梯形分成 n 个小曲边梯形,其中第 i 个小曲

边梯形的面积记为 ΔA_i.

(2)取近似. 在每个小区间 $[x_{i-1},x_i]$ 上任取一点 ξ_i,以 Δx_i 为底,以 $f(\xi_i)$ 为高作小矩形,用小矩形的面积 $f(\xi_i)\Delta x_i$ 作为小曲边梯形的面积 ΔA_i 的近似值,即

$$\Delta A_i \approx f(\xi_i)\Delta x_i (i=1,2\cdots,n).$$

(3)求和. 把 n 个小矩形的面积相加,就得到曲边梯形的面积 A 的近似值:

$$A = \sum_{i=1}^{n} \Delta A_i \approx \sum_{i=1}^{n} f(\xi_i)\Delta x_i.$$

(4)取极限. 为了保证全部 Δx_i 都无限缩小,只需小区间长度中的最大值 $\lambda = \max\limits_{1\leqslant i\leqslant n}\{\Delta x_i\}$ 趋近于零,此时,上述和式 $\sum\limits_{i=1}^{n} f(\xi_i)\Delta x_i$ 的极限就是曲边梯形的面积 A 的精确值,即

$$A = \lim_{\lambda\to 0} \sum_{i=1}^{n} f(\xi_i)\Delta x_i.$$

引例 5.2 变速直线运动的路程.

设某物体作变速直线运动,已知速度 $v=v(t)$ 是时间 t 的连续函数,且 $v(t)\geqslant 0$,求在时间间隔 $[a,b]$ 内物体所走的路程 s.

分析:若物体作匀速直线运动,则有 $s=v(b-a)$,但这里速度是随着时间的变化而变化的,显然不能简单地用此公式来计算. 但是速度函数是连续的,这意味着在很短的一段时间里,速度的变化也是很小的,近似匀速,所以可以将整个时间间隔划分为多个小时间段,将每个小时间段看成匀速运动来求路程,然后再求和就可得到整个路程的近似值. 最后,将整个时间间隔无限细分,相应地求出近似值的极限,这就是所求的路程 s.

求变速直线运动的路程的步骤如下:

(1)分割. 在区间 $[a,b]$ 中任取若干分点,

$$a=t_0<t_1<t_2<\cdots t_{i-1}<t_i<\cdots<t_{n-1}<t_n=b,$$

把区间 $[a,b]$ 分成 n 个小区间 $[t_{i-1},t_i]$ $(i=1,2\cdots,n)$,每个小区间的长度记为 $\Delta t_i=t_i-t_{i-1}$,相应的路程 s 被分成 n 个小路程,其中第 i 个小路程记为 Δs_i.

(2)取近似. 在每个小区间 $[t_{i-1},t_i]$ 上任取一点 ξ_i,以 $v(\xi_i)$ 近似代替该区间上各个时刻的速度,用乘积 $v(\xi_i)\Delta t_i$ 作为这段时间内物体所走路程 Δs_i 的近似值,即

$$\Delta s_i \approx v(\xi_i)\Delta t_i (i=1,2\cdots,n).$$

(3)求和. 把 n 个小区间上物体所走的路程相加,就得到总路程 s 的近似值

$$s = \sum_{i=1}^{n} \Delta s_i \approx \sum_{i=1}^{n} v(\xi_i)\Delta t_i.$$

(4)取极限. 当小区间长度中的最大值 $\lambda = \max\limits_{1\leqslant i\leqslant n}\{\Delta t_i\}$ 趋近于零时,上述和式 $\sum\limits_{i=1}^{n} v(\xi_i)\Delta t_i$ 的极限就是路程 s 的精确值,即

$$s = \lim_{\lambda\to 0} \sum_{i=1}^{n} v(\xi_i)\Delta t_i.$$

虽然以上两个具体问题的实际意义不同,但解决问题的思想方法以及最后所要计算的数学表达式都是完全相同的. 在科学技术上还有许多问题也都归结为这种特定和式的极限. 为此,抽象出定积分的概念.

5.1.2 定积分的概念

定义 5.1 设函数 $f(x)$ 在区间 $[a,b]$ 上有定义且有界,在 $[a,b]$ 中任意插入 $n-1$ 个分点 $a=x_0<x_1<x_2<\cdots x_{i-1}<x_i<\cdots<x_{n-1}<x_n=b$,将区间 $[a,b]$ 分成 n 个小区间,用 $\Delta x_i=x_i-x_{i-1}(i=1,2\cdots,n)$ 表示每个小区间的长度,并在每个小区间上任取一点 $\xi_i\in[x_{i-1},x_i]$,作积的和式 $\sum\limits_{i=1}^{n}f(\xi_i)\Delta x_i$,记 $\lambda=\max\limits_{1\leqslant i\leqslant n}\{\Delta x_i\}$,如果 $\lambda\to 0$ 时,上述和式的极限存在,且与区间 $[a,b]$ 的分割方式及点 ξ_i 的取法无关,则称函数 $f(x)$ 在闭区间 $[a,b]$ 上可积,并且称此极限值为函数 $f(x)$ 在 $[a,b]$ 上的**定积分**,记为 $\int_a^b f(x)\mathrm{d}x$,即

$$\int_a^b f(x)\mathrm{d}x=\lim_{\lambda\to 0}\sum_{i=1}^{n}f(\xi_i)\Delta x_i,$$

其中 $f(x)$ 称为被积函数,$f(x)\mathrm{d}x$ 称为被积表达式,x 称为积分变量,a 称为积分下限,b 称为积分上限,$[a,b]$ 称为积分区间.

根据定积分的定义,上述两个引例可表示如下:

(1)曲边梯形的面积 A 是曲边 $f(x)(f(x)\geqslant 0)$ 在区间 $[a,b]$ 上的定积分:

$$A=\int_a^b f(x)\mathrm{d}x;$$

(2)变速直线运动物体的路程 s 是速度函数 $v=v(t)$ 在时间间隔 $[a,b]$ 上的定积分:

$$s=\int_a^b v(t)\mathrm{d}t.$$

关于定积分定义的几点说明:

(1)定积分是特定和式的极限,它表示一个确定的实数,这个数值的大小只与被积函数及积分区间有关,而与积分变量所采用什么样的字母无关,即

$$\int_a^b f(x)\mathrm{d}x=\int_a^b f(t)\mathrm{d}t=\int_a^b f(u)\mathrm{d}u.$$

(2)在定积分定义中假定 $a<b$,为今后计算方便,作两点补充规定:

①当 $a=b$ 时,$\int_a^b f(x)\mathrm{d}x=\int_a^a f(x)\mathrm{d}x=0$;

② 当 $a>b$ 时,$\int_a^b f(x)\mathrm{d}x=-\int_b^a f(x)\mathrm{d}x$;

③闭区间上的连续函数一定是可积的.

5.1.3 定积分的几何意义

(1)如果在区间 $[a,b]$ 上,$f(x)\geqslant 0$,定积分 $\int_a^b f(x)\mathrm{d}x$ 在几何上表示由曲线 $y=f(x)$ 与直线 $x=a$,$x=b$ 及 x 轴所围成的曲边梯形的面积,即

$$\int_a^b f(x)\mathrm{d}x=A.$$

(2)如果在区间$[a,b]$上,$f(x)\leqslant 0$,即由曲线$y=f(x)$与直线$x=a,x=b$及x轴所围成的曲边梯形位于x轴下方,由定义所作出的定积分$\int_a^b f(x)\mathrm{d}x$是个负值,在几何上表示上述曲边梯形面积的负值,即

$$\int_a^b f(x)\mathrm{d}x=-A.$$

(3)如果在区间$[a,b]$上,$f(x)$有正有负,则定积分$\int_a^b f(x)\mathrm{d}x$在几何上表示由曲线$y=f(x)$与直线$x=a,x=b$及x轴所围成的平面图形在x轴上、下部分的曲边梯形面积的代数和,如图5-2所示,即

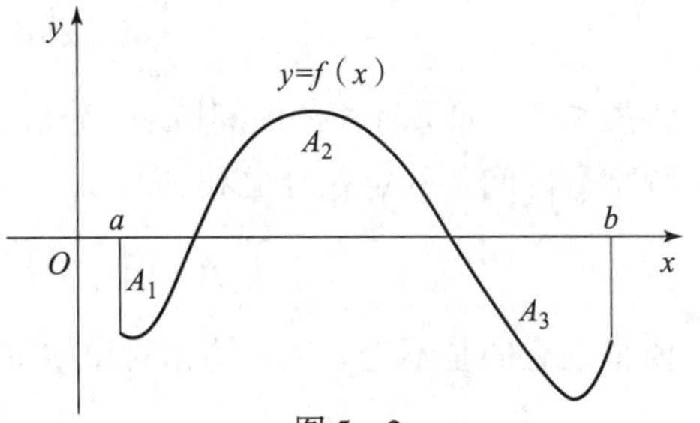

图5-2

$$\int_a^b f(x)\mathrm{d}x=-A_1+A_2-A_3.$$

例5.1 用定积分的几何意义求$\int_0^1(1-x)\mathrm{d}x$.

解 $\int_0^1(1-x)\mathrm{d}x$是函数$f(x)=1-x$在区间$[0,1]$上的定积分,它在几何上表示由直线$y=1-x$及直线$x=0$(即y轴)和x轴围成的曲边梯形,即直角三角形(如图5-3所示)的面积,所以

$$\int_0^1(1-x)\mathrm{d}x=S_{\triangle OAB}=\frac{1}{2}.$$

例5.2 用定积分的几何意义求$\int_0^{2\pi}\sin x\mathrm{d}x$.

解 因为在区间$[0,2\pi]$上函数$y=\sin x$与x轴所围成的平面图形在x轴上、下部分的曲边梯形面积相等(如图5-4所示),根据定积分的几何意义得

$$\int_0^{2\pi}\sin x\mathrm{d}x=0.$$

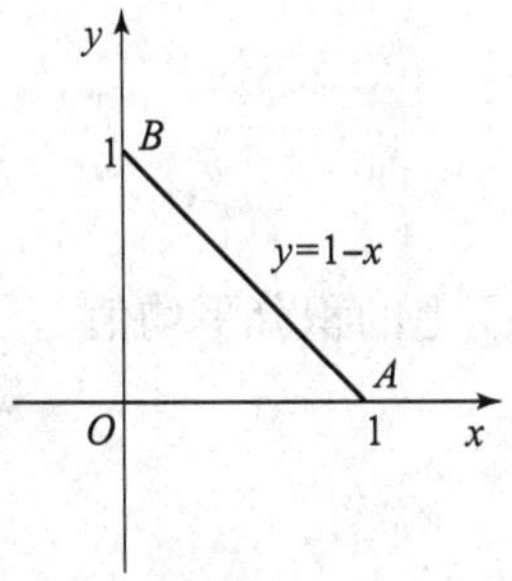

图5-3

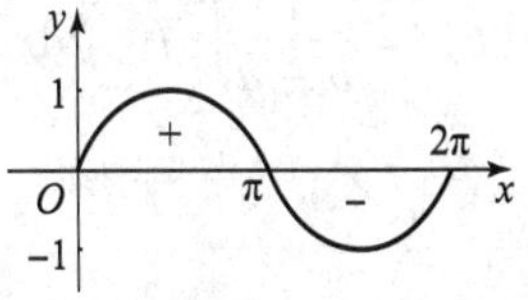

图5-4

5.1.4 定积分的性质

由极限的运算性质不难得出定积分的一些常用性质.

设函数$f(x)$,$g(x)$在给定的区间上可积,则有如下性质:

性质5.1 函数和(差)的定积分等于它们的定积分的和(差),即

$$\int_a^b [f(x) \pm g(x)]\mathrm{d}x = \int_a^b f(x)\mathrm{d}x \pm \int_a^b g(x)\mathrm{d}x.$$

这个性质还可以推广到任意有限多个可积函数的情形.

性质 5.2 被积表达式中的常数因子可以提到积分号外面,即

$$\int_a^b kf(x)\mathrm{d}x = k\int_a^b f(x)\mathrm{d}x.$$

性质 5.3 如果将积分区间$[a,b]$分成$[a,c]$、$[c,b]$两部分,则在整个区间上的定积分等于这两部分区间上的定积分之和,即

$$\int_a^b f(x)\mathrm{d}x = \int_a^c f(x)\mathrm{d}x + \int_c^b f(x)\mathrm{d}x.$$

值得注意的是不论 a,b,c 的相对位置如何,总有上述等式成立. 例如,当 $a<b<c$ 时,因为 $\int_a^c f(x)\mathrm{d}x = \int_a^b f(x)\mathrm{d}x + \int_b^c f(x)\mathrm{d}x$,于是有

$$\int_a^b f(x)\mathrm{d}x = \int_a^c f(x)\mathrm{d}x - \int_b^c f(x)\mathrm{d}x = \int_a^c f(x)\mathrm{d}x + \int_c^b f(x)\mathrm{d}x.$$

性质 5.4 如果在区间 $[a,b]$ 上 $f(x) \equiv 1$,则$\int_a^b f(x)\mathrm{d}x = b - a$.

性质 5.5 如果在区间 $[a,b]$ 上 $f(x) \leqslant g(x)$,则$\int_a^b f(x)\mathrm{d}x \leqslant \int_a^b g(x)\mathrm{d}x (a < b)$.

推论 5.1 如果在区间 $[a,b]$ 上 $f(x) \geqslant 0$,则$\int_a^b f(x)\mathrm{d}x \geqslant 0 (a < b)$.

推论 5.2 $\left|\int_a^b f(x)\mathrm{d}x\right| \leqslant \int_a^b |f(x)|\mathrm{d}x$.

性质 5.6(积分的估值性质) 设 M 及 m 分别是连续函数 $f(x)$ 在区间$[a,b]$上的最大值及最小值,则

$$m(b-a) \leqslant \int_a^b f(x)\mathrm{d}x \leqslant M(b-a)(a<b).$$

性质 5.7(积分中值定理) 如果函数 $f(x)$ 在闭区间$[a,b]$上连续,则在积分区间$[a,b]$上至少存在一个点 ξ,使得

$$\int_a^b f(x)\mathrm{d}x = f(\xi)(b-a).$$

由此可得 $f(\xi) = \frac{1}{b-a}\int_a^b f(x)\mathrm{d}x$,称为 $f(x)$ 在$[a,b]$上的积分平均值.

习题 5.1

1. 根据定积分的几何意义,判断下面定积分的正负号.

(1) $\int_0^{\frac{\pi}{2}} \sin x\mathrm{d}x$;　　(2) $\int_{-1}^2 x^3\mathrm{d}x$.

2. 利用定积分的性质,比较下列各对积分值的大小.

(1) $\int_0^1 x^2\mathrm{d}x$ 与 $\int_0^1 x\mathrm{d}x$;　　(2) $\int_1^2 2^{-x}\mathrm{d}x$ 与 $\int_1^2 3^{-x}\mathrm{d}x$.

3. 估计下列积分值的范围.

(1) $\int_0^1 (1+x^2)\mathrm{d}x$;　　　　(2) $\int_0^{\frac{\pi}{2}} \mathrm{e}^{\sin x}\mathrm{d}x$.

5.2 微积分基本公式(牛顿－莱布尼茨公式)

按照定积分的定义计算定积分的值是十分麻烦、十分困难的,本节介绍计算定积分的有力工具——牛顿－莱布尼茨公式.

5.2.1 变上限积分函数

设函数 $f(x)$ 在区间 $[a,b]$ 上连续,对任意一点 $x\in[a,b]$,积分 $\int_a^x f(x)\mathrm{d}x$ 是存在的,但这种写法有不便之处,此处变量 x 既表示积分上限,又表示积分变量(这两个无关的量). 由于定积分与积分变量所采用什么样的字母无关,为避免混淆,把积分变量 x 改写成 t,于是这个积分就写成了 $\int_a^x f(t)\mathrm{d}t$.

显然,当积分上限 x 在 $[a,b]$ 上任意变动时,对应每一个确定的 x 值,积分 $\int_a^x f(t)\mathrm{d}t$ 就有一个确定的值与之对应,因此 $\int_a^x f(t)\mathrm{d}t$ 是变上限 x 的一个函数,记作 $\Phi(x)$,即

$$\Phi(x)=\int_a^x f(t)\mathrm{d}t(a\leqslant x\leqslant b).$$

通常称函数 $\Phi(x)$ 为**变上限积分函数**.

定理 5.1 如果函数 $f(x)$ 在区间 $[a,b]$ 上连续,那么变上限积分函数 $\Phi(x)=\int_a^x f(t)\mathrm{d}t$ 在闭区间 $[a,b]$ 上可导,并且它的导数等于被积函数,即

$$\Phi'(x)=\frac{\mathrm{d}}{\mathrm{d}x}\int_a^x f(t)\mathrm{d}t=f(x)(a\leqslant x\leqslant b).$$

证明从略.

由定理 5.1 可知,变上限积分函数 $\Phi(x)=\int_a^x f(t)\mathrm{d}t$ 就是连续函数 $f(x)$ 在区间 $[a,b]$ 上的一个原函数,从而肯定了连续函数的原函数总是存在的.

例 5.3 已知 $\Phi(x)=\int_0^x \sin(3t-t^2)\mathrm{d}t$,求 $\Phi(x)$ 的导数.

解 由定理 5.1 得, $\Phi'(x)=\frac{\mathrm{d}}{\mathrm{d}x}\int_0^x \sin(3t-t^2)\mathrm{d}t=\sin(3x-x^2)$.

例 5.4 已知 $\Phi(x)=\int_x^0 \cos(t^2)\mathrm{d}t$,求 $\Phi(x)$ 在 $x=0,\sqrt{\frac{\pi}{3}}$ 处的导数.

解 先交换积分的上、下限,再求导数.

由于

$$\Phi(x)=\int_x^0 \cos(t^2)\mathrm{d}t=-\int_0^x \cos(t^2)\mathrm{d}t,$$

于是

$$\Phi'(x) = -\frac{\mathrm{d}}{\mathrm{d}x}\int_0^x \cos(t^2)\,\mathrm{d}t = -\cos(x^2),$$

所以

$$\Phi'(0) = -\cos(0^2) = -1,$$

$$\Phi'\left(\sqrt{\frac{\pi}{3}}\right) = -\cos\left(\sqrt{\frac{\pi}{3}}\right)^2 = -\cos\frac{\pi}{3} = -\frac{1}{2}.$$

例 5.5 已知 $\Phi(x) = \int_a^{x^2} \mathrm{e}^{-t^2}\mathrm{d}t$,求 $\Phi(x)$ 的导数.

解 这里 $\Phi(x)$是 x 的复合函数,其中中间变量 $u = x^2$, $\Phi(u) = \int_a^u \mathrm{e}^{-t^2}\mathrm{d}t$,按复合函数求导法则,有

$$\frac{d\Phi}{\mathrm{d}x} = \frac{\mathrm{d}}{\mathrm{d}u}\left(\int_a^u \mathrm{e}^{-t^2}\mathrm{d}t\right) \cdot \frac{\mathrm{d}u}{\mathrm{d}x} = \mathrm{e}^{-u^2} \cdot 2x = 2x\mathrm{e}^{-x^4}.$$

例 5.6 求 $\lim\limits_{x\to 0}\dfrac{\int_0^x \cos^2 t\mathrm{d}t}{2x}$.

解 这是一个"$\dfrac{0}{0}$"型未定式,由洛必达法则,有

$$\lim_{x\to 0}\frac{\int_0^x \cos^2 t\mathrm{d}t}{2x} = \lim_{x\to 0}\frac{\left(\int_0^x \cos^2 t\mathrm{d}t\right)'}{(2x)'} = \lim_{x\to 0}\frac{\cos^2 x}{2} = \frac{1}{2}.$$

5.2.2 牛顿－莱布尼茨公式

定理 5.2 如果函数 $f(x)$ 在区间 $[a,b]$ 上连续,且 $F(x)$ 是 $f(x)$ 在区间 $[a,b]$ 上的一个原函数,则有 $\int_a^b f(x)\mathrm{d}x = F(b) - F(a)$.

证明 已知 $F(x)$ 是 $f(x)$ 在区间 $[a,b]$ 上的一个原函数,而由定理 5.1 知 $\Phi(x) = \int_a^x f(t)\mathrm{d}t$ 也是 $f(x)$ 的一个原函数,故有

$$\int_a^x f(t)\mathrm{d}t = F(x) + C.$$

为确定常数 C 的值,将 $x = a$ 代入上式,得 $\int_a^a f(t)\mathrm{d}t = F(a) + C$,由于 $\int_a^a f(t)\mathrm{d}t = 0$,则有 $F(a) + C = 0$,即得 $C = -F(a)$,于是得

$$\int_a^x f(t)\mathrm{d}t = F(x) - F(a).$$

再令 $x = b$,则有

$$\int_a^b f(t)\mathrm{d}t = F(b) - F(a).$$

由于定积分的值与积分变量所采用什么样的字母无关,仍用 x 表示积分变量,即得

$$\int_a^b f(x)\mathrm{d}x = F(b) - F(a),$$

其中 $F'(x)=f(x)$.

上式称为**牛顿－莱布尼茨公式**,也称为**微积分基本公式**. 该公式揭示了定积分与不定积分之间的内在联系. 由此可知,计算一个连续函数 $f(x)$ 在区间 $[a,b]$ 上的定积分,就是求它的一个原函数 $F(x)$ 在区间 $[a,b]$ 上的改变量.

为计算方便,上述公式常用下面的记号:

$$\int_a^b f(x)\mathrm{d}x = F(x)\Big|_a^b = F(b) - F(a).$$

例 5.7 求 $\int_0^1 x^2\mathrm{d}x$.

解 $\int_0^1 x^2\mathrm{d}x = \frac{1}{3}x^3\Big|_0^1 = \frac{1}{3}\cdot 1^3 - \frac{1}{3}\cdot 0^3 = \frac{1}{3}$.

也可以写为: $\int_0^1 x^2\mathrm{d}x = \frac{1}{3}x^3\Big|_0^1 = \frac{1}{3}\cdot(1^3 - 0^3) = \frac{1}{3}$.

例 5.8 求 $\int_{-1}^{\sqrt{3}}\frac{\mathrm{d}x}{1+x^2}$.

解 $\int_{-1}^{\sqrt{3}}\frac{\mathrm{d}x}{1+x^2} = \arctan x\Big|_{-1}^{\sqrt{3}} = \arctan\sqrt{3} - \arctan(-1) = \frac{\pi}{3} - \left(-\frac{\pi}{4}\right) = \frac{7}{12}\pi$.

例 5.9 已知函数 $f(x) = \begin{cases} x^2 - 1, & x \leqslant 1, \\ \sqrt{x}, & x > 1, \end{cases}$ 求 $\int_0^2 f(x)\mathrm{d}x$.

解
$$\int_0^2 f(x)\mathrm{d}x = \int_0^1 f(x)\mathrm{d}x + \int_1^2 f(x)\mathrm{d}x = \int_0^1 (x^2-1)\mathrm{d}x + \int_1^2 \sqrt{x}\mathrm{d}x$$
$$= \left(\frac{x^3}{3} - x\right)\Big|_0^1 + \frac{2}{3}x^{\frac{3}{2}}\Big|_1^2 = \frac{4}{3}(\sqrt{2}-1).$$

例 5.10 求 $\int_{-1}^3 |2-x|\mathrm{d}x$.

解
$$\int_{-1}^3 |2-x|\mathrm{d}x = \int_{-1}^2 |2-x|\mathrm{d}x + \int_2^3 |2-x|\mathrm{d}x = \int_{-1}^2 (2-x)\mathrm{d}x + \int_2^3 (x-2)\mathrm{d}x$$
$$= \left(2x - \frac{x^2}{2}\right)\Big|_{-1}^2 + \left(\frac{x^2}{2} - 2x\right)\Big|_2^3 = \frac{9}{2} + \frac{1}{2} = 5.$$

在使用牛顿－莱布尼茨公式时一定要注意 $f(x)$ 在区间 $[a,b]$ 上的连续性,如果 $f(x)$ 在区间 $[a,b]$ 上不连续,则不能使用. 要避免类似如下解题错误:

$\int_{-1}^2 \frac{1}{x^2}\mathrm{d}x = -\frac{1}{x}\Big|_{-1}^2 = -\frac{3}{2}$,这是因为 $f(x) = \frac{1}{x^2}$ 在区间 $[-1,2]$ 上不连续.

【同步训练 5.1】

求下列定积分.

(1) $\int_0^1 (x-1)^2\mathrm{d}x$;　　　　(2) $\int_1^2 \frac{x^2-1}{\sqrt{x}}\mathrm{d}x$;

(3) $\int_1^{\sqrt{3}} \frac{1+2x^2}{x^2(1+x^2)}dx$；

(4) $\int_0^{\frac{\pi}{4}} \tan^2 x dx$.

习题 5.2

1. 求下列函数在指定点的导数.

(1) 设 $\Phi(x)=\int_1^x \frac{1}{1+t^2}dt$，求 $\Phi'(2)$；

(2) 设 $\Phi(x)=\int_x^2 \sqrt{1+t^3}dt$，求 $\Phi'(1)$.

2. 求下列极限.

(1) $\lim\limits_{x\to 0}\frac{\int_0^x (1-\cos t)dt}{x}$；

(2) $\lim\limits_{x\to 0}\frac{\int_1^{\cos x} e^{-t^2}dt}{x^2}$.

3. 求下列定积分.

(1) $\int_1^2 (x+\sqrt{x})dx$；

(2) $\int_0^1 (3x^2-2x+1)dx$；

(3) $\int_1^4 \frac{(x-1)^2}{\sqrt{x}}dx$；

(4) $\int_0^3 |1-x|dx$；

(5) $\int_1^{\sqrt{3}} \frac{1}{x^2(1+x^2)}dx$；

(6) $\int_0^{\frac{\pi}{4}} \frac{\cos 2x}{\sin x+\cos x}dx$；

(7) $\int_0^1 (2^x-3^x)^2 dx$；

(8) $\int_0^1 \frac{x^4}{1+x^2}dx$；

(9) $\int_0^2 \sqrt{1-2x+x^2}dx$；

(10) $\int_0^{\pi} |\cos x|dx$.

【同步训练 5.1】答案

(1) $\frac{1}{3}$； (2) $\frac{8}{5}-\frac{2\sqrt{2}}{5}$； (3) $1-\frac{\sqrt{3}}{3}+\frac{\pi}{12}$； (4) $1-\frac{\pi}{4}$.

5.3 定积分的换元法与分部积分法

与不定积分的换元法和分部积分法类似,定积分也有相应的换元法和分部积分法. 在使用这些方法时一定要注意不定积分与定积分在计算方法上的相同之处与不同之处,力求做到方法准确、计算正确. 当然最终的计算都离不开牛顿–莱布尼茨公式的运用.

5.3.1 定积分的换元法

定理5.3 设函数$f(x)$在区间$[a,b]$上连续,函数$x=\varphi(t)$满足条件:

(1)$\varphi(\alpha)=a,\varphi(\beta)=b$,且当$t$在区间$[\alpha,\beta]$上变化时,$x=\varphi(t)$的值在$[a,b]$上变化;

(2)$\varphi(t)$在区间$[\alpha,\beta]$上单调且有连续的导数$\varphi'(t)$,则有

$$\int_a^b f(x)\mathrm{d}x=\int_\alpha^\beta f[\varphi(t)]\varphi'(t)\mathrm{d}t.$$

上述公式称为定积分换元公式.

应用定积分换元公式需注意以下几点:

(1)通过变量代换$x=\varphi(t)$,把原积分变量x换成了新积分变量t,此时积分的上、下限也应相应换成新变量t的积分上、下限,即定积分换元时千万不能忘记换积分的限,且原上限对应换为新上限,原下限对应换为新下限(不必顾及新积分上、下限的大小).

(2)对新变量t积分,求得原函数$\Phi(t)$后不需再换回原积分变量x,只需直接将新变量t的上、下限代入$\Phi(t)$计算差值即可.

例5.11 计算$\int_0^a\sqrt{a^2-x^2}\mathrm{d}x(a>0)$.

解 令$x=a\sin t$,则$\sqrt{a^2-x^2}=\sqrt{a^2-a^2\sin^2 t}=a\cos t,\mathrm{d}x=a\cos t\mathrm{d}t$.

当$x=0$时,$t=0$;当$x=a$时,$t=\frac{\pi}{2}$. 于是

$$\int_0^a\sqrt{a^2-x^2}\mathrm{d}x=\int_0^{\frac{\pi}{2}}a\cos t\cdot a\cos t\mathrm{d}t=a^2\int_0^{\frac{\pi}{2}}\cos^2 t\mathrm{d}t$$

$$=\frac{a^2}{2}\int_0^{\frac{\pi}{2}}(1+\cos 2t)\mathrm{d}t=\frac{a^2}{2}\left[t+\frac{1}{2}\sin 2t\right]\Big|_0^{\frac{\pi}{2}}=\frac{1}{4}\pi a^2.$$

例5.12 计算$\int_0^9\frac{\mathrm{d}x}{1+\sqrt{x}}$.

解 令$\sqrt{x}=t$,则$x=t^2,\mathrm{d}x=2t\mathrm{d}t$.

当$x=0$时,$t=0$;当$x=9$时,$t=3$. 于是

$$\int_0^9\frac{\mathrm{d}x}{1+\sqrt{x}}=2\int_0^3\frac{t}{1+t}\mathrm{d}t=2\int_0^3\frac{t+1-1}{1+t}\mathrm{d}t=2\int_0^3\left(1-\frac{1}{1+t}\right)\mathrm{d}t$$

$$=2[t-\ln(1+t)]\big|_0^3=6-4\ln 2.$$

例5.13 计算$\int_0^4\frac{x+2}{\sqrt{2x+1}}\mathrm{d}x$.

解　令 $\sqrt{2x+1}=t$，则 $x=\frac{t^2-1}{2}$，$dx=tdt$.

当 $x=0$ 时，$t=1$；当 $x=4$ 时，$t=3$. 于是

$$\int_0^4 \frac{x+2}{\sqrt{2x+1}}dx=\int_1^3 \frac{\frac{t^2-1}{2}+2}{t}tdt=\frac{1}{2}\int_1^3(t^2+3)dt$$

$$=\frac{1}{2}\left[\frac{1}{3}t^3+3t\right]\bigg|_1^3=\frac{1}{2}\left[\left(\frac{27}{3}+9\right)-\left(\frac{1}{3}+3\right)\right]=\frac{22}{3}.$$

(3) 当定积分形如 $\int_a^b f[\varphi(x)]\varphi'(x)dx$ 时，除可按与不定积分的凑微分法相对应的方法计算，此时可不换元，从而不必换积分的限；另外，也可将定理5.1的换元公式反过来用，即令 $t=\varphi(x)$，引入新变量 t，且当 $x=a$ 时，$t=\varphi(a)=\alpha$，当 $x=b$ 时，$t=\varphi(b)=\beta$，则有

$$\int_a^b f[\varphi(x)]\varphi'(x)dx=\int_\alpha^\beta f(t)dt.$$

因此时已换元，一定要注意换积分的上、下限. 详见下述各例.

例 5.14　计算 $\int_0^{\frac{\pi}{2}}\cos^5x\sin xdx$.

解法一： $\int_0^{\frac{\pi}{2}}\cos^5x\sin xdx=-\int_0^{\frac{\pi}{2}}\cos^5xd(\cos x)$

$$=-\frac{\cos^6x}{6}\bigg|_0^{\frac{\pi}{2}}=\frac{1}{6}.$$

解法二： $\int_0^{\frac{\pi}{2}}\cos^5x\sin xdx=-\int_0^{\frac{\pi}{2}}\cos^5xd(\cos x)$.

令 $\cos x=t$，当 $x=0$ 时，$t=1$；当 $x=\frac{\pi}{2}$ 时，$t=0$. 于是

$$\text{上式}=-\int_1^0 t^5dt=\int_0^1 t^5dt=\left[\frac{1}{6}t^6\right]\bigg|_0^1=\frac{1}{6}.$$

例 5.15　计算 $\int_{-1}^1\frac{x}{2+3x^2}dx$.

解法一： $\int_{-1}^1\frac{x}{2+3x^2}dx=\frac{1}{6}\int_{-1}^1\frac{d(2+3x^2)}{2+3x^2}$

$$=\frac{1}{6}\ln(2+3x^2)\,|_{-1}^1=0.$$

解法二： $\int_{-1}^1\frac{x}{2+3x^2}dx=\frac{1}{6}\int_{-1}^1\frac{d(2+3x^2)}{2+3x^2}$.

令 $2+3x^2=t$，当 $x=-1$ 时，$t=5$；当 $x=1$ 时，$t=5$. 于是

$$\text{上式}=\frac{1}{6}\int_5^5\frac{dt}{t}=0.$$

例 5.16　计算 $\int_1^{\sqrt{e}}\frac{1}{x\sqrt{1-(\ln x)^2}}dx$.

解法一：$\int_{1}^{\sqrt{e}} \frac{1}{x\sqrt{1-(\ln x)^2}}dx = \int_{1}^{\sqrt{e}} \frac{1}{\sqrt{1-(\ln x)^2}}d(\ln x)$

$$= \arcsin(\ln x)\Big|_1^{\sqrt{e}} = \arcsin\frac{1}{2} - \arcsin 0 = \frac{\pi}{6}.$$

解法二：$\int_{1}^{\sqrt{e}} \frac{1}{x\sqrt{1-(\ln x)^2}}dx = \int_{1}^{\sqrt{e}} \frac{1}{\sqrt{1-(\ln x)^2}}d(\ln x)$.

令 $\ln x = t$，当 $x=1$ 时，$t=0$；当 $x=\sqrt{e}$时，$t=\frac{1}{2}$. 于是

$$上式 = \int_0^{\frac{1}{2}} \frac{1}{\sqrt{1-t^2}}dt = \arcsin t\Big|_0^{\frac{1}{2}} = \arcsin\frac{1}{2} - \arcsin 0 = \frac{\pi}{6}.$$

例 5.17 计算 $\int_0^{\pi} \sqrt{\sin^3 x - \sin^5 x}dx$.

解 $\int_0^{\pi} \sqrt{\sin^3 x - \sin^5 x}dx = \int_0^{\pi} \sin^{\frac{3}{2}} x|\cos x|\,dx$

$$= \int_0^{\frac{\pi}{2}} \sin^{\frac{3}{2}} x\cos x dx - \int_{\frac{\pi}{2}}^{\pi} \sin^{\frac{3}{2}} x\cos x dx$$

$$= \int_0^{\frac{\pi}{2}} \sin^{\frac{3}{2}} x d(\sin x) - \int_{\frac{\pi}{2}}^{\pi} \sin^{\frac{3}{2}} x d(\sin x)$$

$$= \left[\frac{2}{5}\sin^{\frac{5}{2}} x\right]\Big|_0^{\frac{\pi}{2}} - \left[\frac{2}{5}\sin^{\frac{5}{2}} x\right]\Big|_{\frac{\pi}{2}}^{\pi} = \frac{2}{5} - \left(-\frac{2}{5}\right) = \frac{4}{5}.$$

例 5.18 设$f(x)$在关于原点对称的区间$[-a,a]$上连续，证明：

(1)若$f(x)$ 是奇函数，则$\int_{-a}^{a} f(x)dx = 0$；

(2) 若$f(x)$ 是偶函数，则$\int_{-a}^{a} f(x)dx = 2\int_0^a f(x)dx$.

证明 $\int_{-a}^{a} f(x)dx = \int_{-a}^{0} f(x)dx + \int_0^a f(x)dx$，对$\int_{-a}^{0} f(x)dx$ 作代换 $x=-t$，则有

$$\int_{-a}^{0} f(x)dx = \int_a^0 f(-t)d(-t) = \int_0^a f(-t)dt = \int_0^a f(-x)dx,$$

于是

$$\int_{-a}^{a} f(x)dx = \int_0^a f(x)dx + \int_0^a f(-x)dx = \int_0^a [f(x)+f(-x)]dx.$$

(1)若$f(x)$是奇函数，即$f(-x)=-f(x)$，则$f(x)+f(-x)=0$，从而

$$\int_{-a}^{a} f(x)dx = 0;$$

(2)若$f(x)$是偶函数，即$f(-x)=f(x)$，则$f(x)+f(-x)=2f(x)$，从而

$$\int_{-a}^{a} f(x)dx = 2\int_0^a f(x)dx.$$

本例的结果可作为定理使用，在计算对称区间上的积分时，如能判断被积函数的奇偶性，可使计算简化. 譬如在例 5.15 中，看到函数$f(x) = \frac{x}{2+3x^2}$在对称区间$[-1,1]$上是奇函数，

故 $\int_{-1}^{1}\frac{x}{2+3x^2}\mathrm{d}x=0$.

例 5.19 计算 $\int_{-\sqrt{3}}^{\sqrt{3}}\frac{x^5\sin^2x}{1+x^2+x^4}\mathrm{d}x$.

解 设 $f(x)=\frac{x^5\sin^2x}{1+x^2+x^4}$,容易验证 $f(x)$ 为奇函数,因此

$$\int_{-\sqrt{3}}^{\sqrt{3}}\frac{x^5\sin^2x}{1+x^2+x^4}\mathrm{d}x=0.$$

例 5.20 计算 $\int_{-1}^{1}\frac{1+x}{1+x^2}\mathrm{d}x$.

解 被积函数 $\frac{1+x}{1+x^2}=\frac{1}{1+x^2}+\frac{x}{1+x^2}$,其中第一项是偶函数,第二项是奇函数,而积分区间为 $[-1,1]$,所以

$$\int_{-1}^{1}\frac{1+x}{1+x^2}\mathrm{d}x=\int_{-1}^{1}\frac{1}{1+x^2}\mathrm{d}x+\int_{-1}^{1}\frac{x}{1+x^2}\mathrm{d}x=2\int_{0}^{1}\frac{1}{1+x^2}\mathrm{d}x$$

$$=2\arctan x\Big|_0^1=\frac{\pi}{2}.$$

【同步训练 5.2】

计算下列定积分.

(1) $\int_{-1}^{0}\sqrt{1-3x}\,\mathrm{d}x$;

(2) $\int_{0}^{\ln 2}\mathrm{e}^x(1+\mathrm{e}^x)^2\mathrm{d}x$;

(3) $\int_{\frac{1}{\pi}}^{\frac{2}{\pi}}\frac{\cos\frac{1}{x}}{x^2}\mathrm{d}x$;

(4) $\int_{-1}^{1}\frac{x}{\sqrt{5-4x}}\mathrm{d}x$.

5.3.2 定积分的分部积分法

定理 5.4 设函数 $u(x),v(x)$ 在区间 $[a,b]$ 上具有连续导数 $u'(x),v'(x)$,则有

$$\int_a^b u\mathrm{d}v=uv\Big|_a^b-\int_a^b v\mathrm{d}u.$$

用上式求定积分的方法称为定积分的**分部积分法**. 值得注意的是,定积分的分部积分公式与不定积分的分部积分公式虽然相似,但是定积分的分部积分法中右边第一项带有积分限,实为函数乘积 $u(x)v(x)$ 在区间 $[a,b]$ 上的增量值.

例 5.21 计算 $\int_0^1 xe^x dx$.

解 $\int_0^1 xe^x dx = \int_0^1 xd(e^x) = xe^x\big|_0^1 - \int_0^1 e^x dx = e - e^x\big|_0^1 = 1.$

例 5.22 计算 $\int_0^{\pi} x\sin x dx$.

解 $\int_0^{\pi} x\sin x dx = -\int_0^{\pi} xd(\cos x) = -x\cos x\big|_0^{\pi} + \int_0^{\pi} \cos x dx = \pi + \sin x\big|_0^{\pi} = \pi.$

求定积分有时还要注意综合使用换元法和分部积分法,见例 5.23.

例 5.23 计算 $\int_0^{\frac{1}{2}} \arcsin x dx$.

解

$$\int_0^{\frac{1}{2}} \arcsin x dx = (x\arcsin x)\big|_0^{\frac{1}{2}} - \int_0^{\frac{1}{2}} xd(\arcsin x) = \frac{1}{2}\cdot\frac{\pi}{6} - \int_0^{\frac{1}{2}} \frac{x}{\sqrt{1-x^2}}dx$$

$$= \frac{\pi}{12} + \frac{1}{2}\int_0^{\frac{1}{2}} \frac{1}{\sqrt{1-x^2}}d(1-x^2) = \frac{\pi}{12} + \sqrt{1-x^2}\Big|_0^{\frac{1}{2}}$$

$$= \frac{\pi}{12} + \frac{\sqrt{3}}{2} - 1.$$

例 5.24 计算 $\int_0^4 e^{\sqrt{x}} dx$.

解 令 $\sqrt{x} = t$, $dx = 2tdt$, 当 $x = 0$ 时, $t = 0$; 当 $x = 4$ 时, $t = 2$. 于是

$$\int_0^4 e^{\sqrt{x}} dx = 2\int_0^2 t\cdot e^t dt = 2\int_0^2 td(e^t)$$

$$= 2te^t\big|_0^2 - 2\int_0^2 e^t dt = 4e^2 - 2e^t\big|_0^2 = 2(e^2 + 1).$$

【同步训练 5.3】

计算下列定积分.

(1) $\int_0^{\frac{\pi}{2}} x\cos x dx$; (2) $\int_1^e \ln x dx$.

习题 5.3

1. 计算下列定积分.

(1) $\int_0^{\frac{\pi}{2}} \sin\left(x + \frac{\pi}{2}\right)dx$; (2) $\int_{\frac{\pi}{6}}^{\frac{\pi}{2}} \cos^2 x dx$;

(3) $\int_1^e \frac{2 + \ln x}{x}dx$; (4) $\int_0^{\frac{\pi}{2}} \sin x \cos^3 x dx$;

(5) $\int_0^1 x(1+x^2)^3\mathrm{d}x$;

(6) $\int_1^4 \frac{\mathrm{e}^{\sqrt{x}}}{\sqrt{x}}\mathrm{d}x$;

(7) $\int_{-1}^1 \frac{\mathrm{e}^x}{1+\mathrm{e}^x}\mathrm{d}x$;

(8) $\int_0^1 t\mathrm{e}^{-\frac{t^2}{2}}\mathrm{d}t$;

(9) $\int_{-\frac{1}{2}}^{\frac{1}{2}} \frac{\arcsin x}{\sqrt{1-x^2}}\mathrm{d}x$;

(10) $\int_0^4 \frac{\sqrt{x}}{1+\sqrt{x}}\mathrm{d}x$;

(11) $\int_1^5 \frac{\sqrt{x-1}}{x}\mathrm{d}x$;

(12) $\int_1^2 \frac{\sqrt{x^2-1}}{x}\mathrm{d}x$;

(13) $\int_0^7 \frac{1}{1+\sqrt[3]{1+x}}\mathrm{d}x$;

(14) $\int_0^{\frac{1}{2}} \frac{x^2}{\sqrt{1-x^2}}\mathrm{d}x$.

2. 计算下列定积分.

(1) $\int_0^1 x\mathrm{e}^{-x}\mathrm{d}x$;

(2) $\int_0^{\pi} x\cos 3x\mathrm{d}x$;

(3) $\int_0^1 x^3\mathrm{e}^{x^2}\mathrm{d}x$;

(4) $\int_0^{\frac{\sqrt{3}}{2}} \arccos x\mathrm{d}x$;

(5) $\int_0^{\frac{\pi^2}{4}} \sin\sqrt{x}\mathrm{d}x$;

(6) $\int_1^{\mathrm{e}} x\ln x\mathrm{d}x$.

【同步训练 5.2】答案

(1) $\frac{14}{9}$; (2) $\frac{19}{3}$; (3) -1; (4) $\int_{-1}^1 \frac{x}{\sqrt{5-4x}}\mathrm{d}x$.

【同步训练 5.3】答案

(1) $\frac{\pi}{2}-1$; (2) 1.

5.4 定积分的应用

定积分是求某种总量的数学模型,它在几何学、物理学、经济学、社会学等方面都有着广泛的应用,而定积分的元素法(微元法)是学会这些积分应用的基础.

先介绍**定积分的元素法**.

曲边梯形的面积:设 $y=f(x)\geqslant 0(x\in[a,b])$,则 $A=\int_a^b f(x)\mathrm{d}x$ 是以 $[a,b]$ 为底的曲边梯形的面积,而微元 $\mathrm{d}A(x)=f(x)\mathrm{d}x$ 表示点 x 处以 $\mathrm{d}x$ 为宽的小曲边梯形面积的近似值 $\Delta A\approx f(x)\mathrm{d}x$,$f(x)\mathrm{d}x$ 称为曲边梯形的面积元素.

以 $[a,b]$ 为底的曲边梯形的面积 A 就是以面积元素 $f(x)\mathrm{d}x$ 为被积表达式,以 $[a,b]$ 为积分区间的定积分: $A=\int_a^b f(x)\mathrm{d}x$.

一般情况下,为求某一量 U,先将此量分布在某一区间 $[a,b]$ 上,写出分布在 $[a,x]$ 上的函数 $U(x)$ 的表达式,并求出这一量的元素 $\mathrm{d}U(x)$,设 $\mathrm{d}U(x)=u(x)\mathrm{d}x$,然后以 $u(x)\mathrm{d}x$ 为被积表达式,以 $[a,b]$ 为积分区间求出定积分: $U=\int_a^b u(x)\mathrm{d}x$. 这种方法称为**元素法**(或**微元法**).

5.4.1 平面图形的面积

5.1节介绍了定积分的几何意义,从而可以应用定积分讨论平面图形的面积.

如果在区间$[a,b]$上函数$f(x)\geqslant 0$,则由曲线$y=f(x)$与直线$x=a,x=b$及x轴所围成的曲边梯形(如图5-5所示)的面积$A=\int_a^b f(x)\mathrm{d}x$.

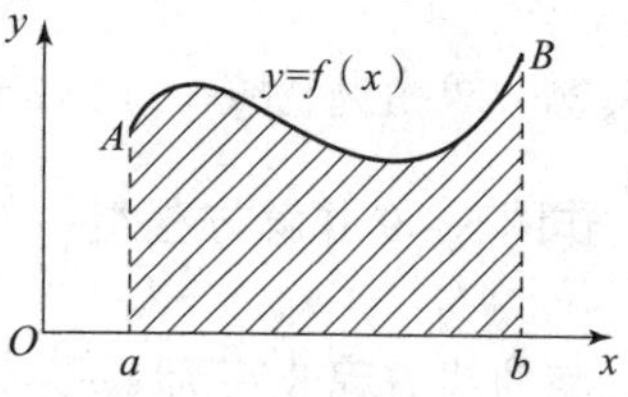

图5-5

如果在区间$[a,b]$上函数$f(x)$有正有负,则由曲线$y=f(x)$与直线$x=a,x=b$及x轴所围成的曲边梯形的面积$A=\int_a^b |f(x)|\mathrm{d}x$.

在讨论平面图形的面积时,一般会出现以下两种情形:

(1)由上、下两条连续曲线$y=f(x),y=g(x)(f(x)\geqslant g(x))$与两条直线$x=a$,$x=b$所围成的平面图形(如图5-6所示)的面积$A$为

$$A=\int_a^b [f(x)-g(x)]\mathrm{d}x(X\text{型,以}x\text{为积分变量}).$$

(2)由左、右两条连续曲线$x=\varphi(y),x=\psi(y)(\varphi(y)\geqslant\psi(y))$与两条直线$y=c,y=d$所围成的平面图形(如图5-7所示)的面积$A$为

$$A=\int_c^d [\varphi(y)-\psi(y)]\mathrm{d}y(Y\text{型,以}y\text{为积分变量}).$$

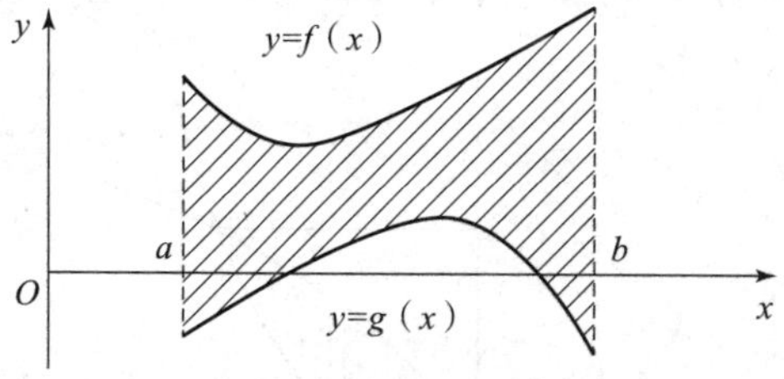

图5-6

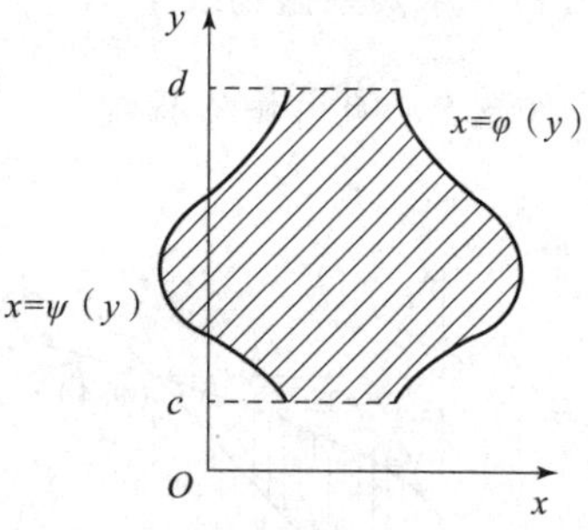

图5-7

用定积分求平面图形面积的解题步骤如下:

(1)根据已知条件画出草图;

(2)选择合适的积分变量,并由所求出的交点坐标确定积分的上、下限;

(3)列积分表达式计算面积.

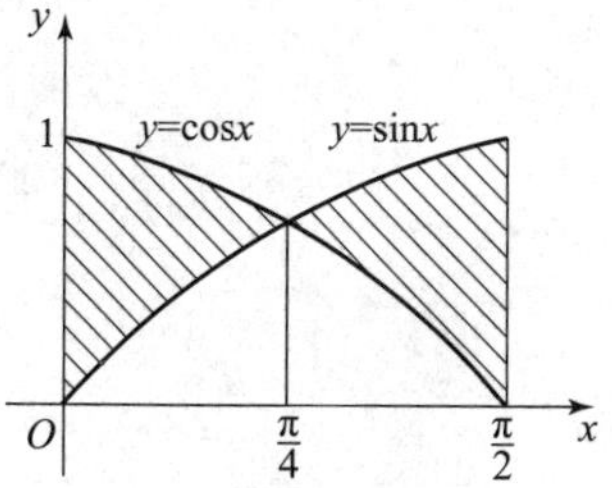

图5-8

例5.25 求由曲线$y=\sin x,y=\cos x$及直线$x=0$,$x=\frac{\pi}{2}$所围平面图形的面积.

解 由图5-8可知,当$x\in\left[0,\frac{\pi}{4}\right]$时,$\sin x\leqslant\cos x$;当$x\in\left[\frac{\pi}{4},\frac{\pi}{2}\right]$时,$\sin x\geqslant\cos x$,则有

$$A = \int_0^{\frac{\pi}{4}} (\cos x - \sin x)\,dx + \int_{\frac{\pi}{4}}^{\frac{\pi}{2}} (\sin x - \cos x)\,dx$$

$$= (\sin x + \cos x)\Big|_0^{\frac{\pi}{4}} + (-\cos x - \sin x)\Big|_{\frac{\pi}{4}}^{\frac{\pi}{2}} = 2(\sqrt{2} - 1).$$

例 5.26 求由抛物线 $y^2 = 2x$ 与直线 $y = x - 4$ 所围图形的面积.

解 作图 5－9 并解方程组 $\begin{cases} y^2 = 2x, \\ y = x - 4, \end{cases}$ 得交点为 $(2, -2)$ 及 $(8, 4)$，取 y 为积分变量，$y \in [-2, 4]$，将曲线方程改写为 $x = \dfrac{y^2}{2}$ 及 $x = y + 4$，则有

$$A = \int_{-2}^{4} \left(y + 4 - \frac{1}{2}y^2\right) dy = \left(\frac{1}{2}y^2 + 4y - \frac{1}{6}y^3\right)\Big|_{-2}^{4} = 18.$$

注意：本题若以 x 为积分变量，由于 x 从 0 到 2 与 x 从 2 到 8 这两段中的情况是不同的，因此需要把图形的面积分成左、右两部分来列式计算，最后两部分面积加起来才是所求图形的面积，即

$$A = \int_0^2 [\sqrt{2x} - (-\sqrt{2x})]\,dx + \int_2^8 [\sqrt{2x} - (x - 4)]\,dx$$

$$= \frac{4\sqrt{2}}{3}x^{\frac{3}{2}}\Big|_0^2 + \left(\frac{2\sqrt{2}}{3}x^{\frac{3}{2}} - \frac{1}{2}x^2 + 4x\right)\Big|_2^8 = 18.$$

这样计算不如上述方法简便．可见适当选取积分变量，可使计算简化．

例 5.27 求两条抛物线 $y^2 = x$，$y = x^2$ 所围图形的面积.

解 作图 5－10 并解方程组 $\begin{cases} y^2 = x, \\ y = x^2, \end{cases}$ 得交点为 $(0, 0)$ 及 $(1, 1)$，取 x 为积分变量，则有

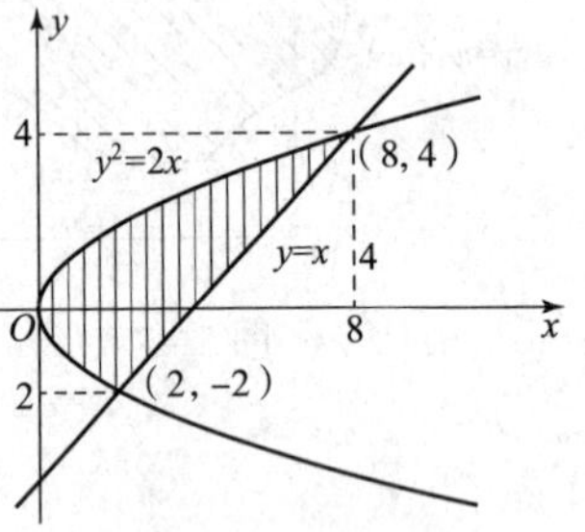

图 5－9

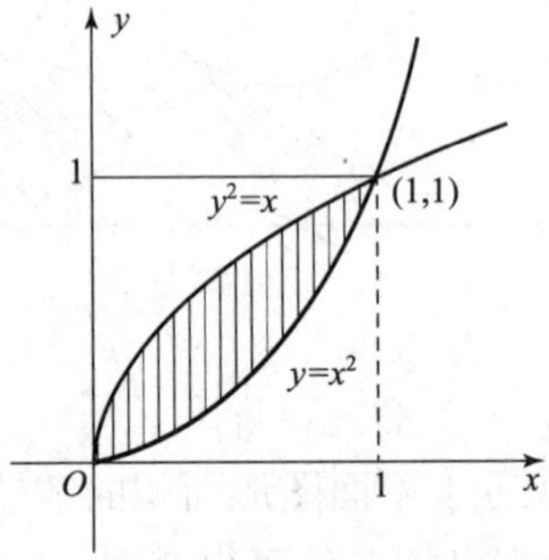

图 5－10

$$A = \int_0^1 (\sqrt{x} - x^2)\,dx = \left(\frac{2}{3}x^{\frac{3}{2}} - \frac{1}{3}x^3\right)\Big|_0^1 = \frac{1}{3}.$$

【同步训练 5.4】

求函数 $y = \dfrac{1}{x}$ 与直线 $y = x$ 及 $x = 2$ 所围图形的面积.

5.4.2 旋转体的体积

旋转体就是由一个平面图形绕这平面内的一条直线旋转一周而成的立体，这条直线称为旋转轴．如圆柱、圆锥、圆台、球体等都是旋转体．下面分别以 x 轴和 y 轴为旋转轴，给出旋转体的体积公式．

(1)如图5－11所示，由曲线 $y=f(x)(f(x)\geqslant 0)$，直线 $x=a,x=b(a<b)$ 和 x 轴围成的曲边梯形，绕 x 轴旋转而形成的旋转体的体积为

$$V=\int_a^b \pi[f(x)]^2\mathrm{d}x.$$

(2)如图5－12所示，由曲线 $x=\varphi(y)(\varphi(y)\geqslant 0)$，直线 $y=c,y=\mathrm{d}(c<d)$ 和 y 轴围成的曲边梯形，绕 y 轴旋转而形成的旋转体的体积为

$$V=\int_c^d \pi[\varphi(y)]^2\mathrm{d}y.$$

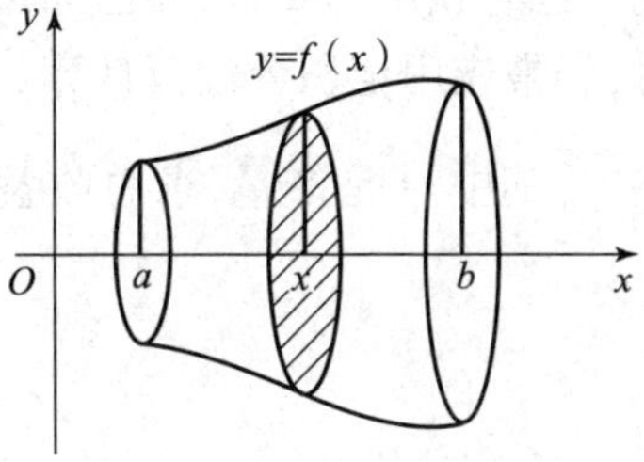

图5－11

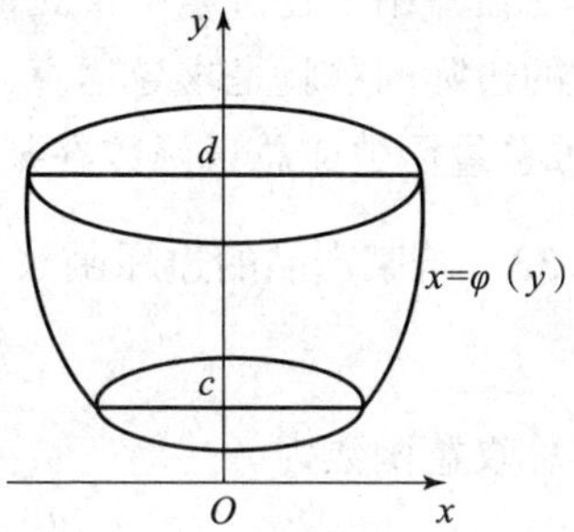

图5－12

例5.28 连接坐标原点 O 及点 $P(h,r)$ 的直线与直线 $x=h$ 及 x 轴围成一个直角三角形，将其绕 x 轴旋转构成一个底面半径为 r、高为 h 的圆锥体(如图5－13所示)，计算这个圆锥体的体积．

解 直角三角形斜边的直线方程为 $y=\dfrac{r}{h}x$，取 x 为积分变量，它的变化范围为 $[0,h]$．则所求圆锥体的体积为

$$V=\int_0^h \pi\left(\frac{r}{h}x\right)^2\mathrm{d}x=\frac{\pi r^2}{h^2}\left(\frac{1}{3}x^3\right)\Big|_0^h=\frac{1}{3}\pi hr^2.$$

例5.29 计算由椭圆 $\dfrac{x^2}{a^2}+\dfrac{y^2}{b^2}=1$(图5－14)绕 y 轴旋转而成的旋转体(旋转椭球体)的体积．

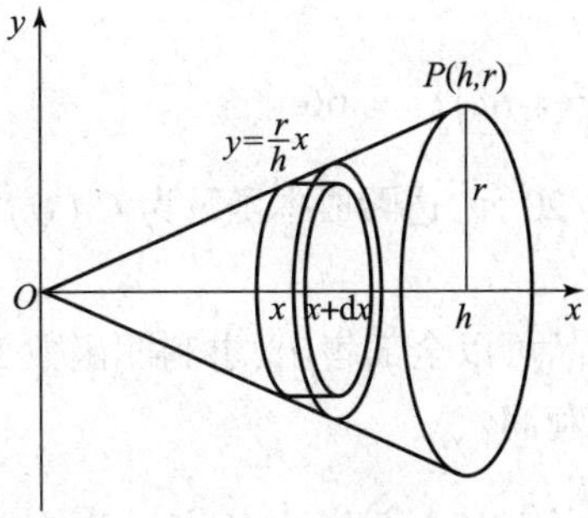

图5－13

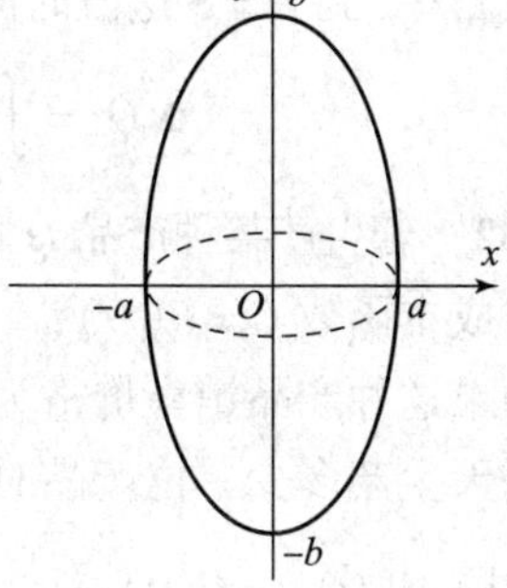

图5－14

解 这个旋转椭球体也可以看作由半个椭圆 $x=\frac{a}{b}\sqrt{b^2-y^2}$ 及 y 轴围成的图形绕 y 轴旋转而成的立体．于是取 y 为积分变量，它的变化范围为$[-b,b]$，则所求旋转椭球体的体积为

$$\begin{aligned}V&=\int_{-b}^{b}\pi\left(\frac{a}{b}\sqrt{b^2-y^2}\right)^2\mathrm{d}y\\&=\frac{2\pi a^2}{b^2}\int_0^b(b^2-y^2)\,\mathrm{d}y\\&=\frac{2\pi a^2}{b^2}\left(b^2y-\frac{y^3}{3}\right)\Big|_0^b=\frac{2\pi a^2}{b^2}\left(b^3-\frac{b^3}{3}\right)=\frac{4}{3}\pi a^2b.\end{aligned}$$

思考题：椭圆绕 x 轴旋转时椭球体的体积是多少？

5.4.3 定积分在经济工作中的应用

前面已经介绍了经济学中常见的几种函数，如成本函数、收益函数、利润函数等．求一个经济函数的边际问题就是求导运算，但在实际生活问题中也有相反的要求，即已知边际函数或变化率，求总量函数或总量函数在某个范围内的总量时，经常应用定积分进行计算．

例 5.30 若某产品的边际函数为 $R'(Q)=100-\frac{2}{5}Q$，其中 Q 是产量，求总收益函数及需求函数．

解 总收益函数为

$$R(Q)=\int_0^Q R'(t)\,\mathrm{d}t=\int_0^Q\left(100-\frac{2}{5}t\right)\mathrm{d}t=\left(100t-\frac{1}{5}t^2\right)\Big|_0^Q=100Q-\frac{1}{5}Q^2,$$

由于

$$R(Q)=P\cdot Q=100Q-\frac{1}{5}Q^2=Q\left(100-\frac{1}{5}Q\right),$$

所以 $P=100-\frac{1}{5}Q,Q=500-5P$.

例 5.31 设某产品的总产量变化率为 $f(t)=t+6(t\geqslant0)$，求：

(1)总产量函数 $Q(t)$；(2)从 $t_0=2$ 到 $t_1=8$ 这段时间内的总产量．

解 (1)由于总产量 $Q(t)$ 为总产量变化率 $f(t)=t+6$ 的原函数，所以总产量函数

$$Q(t)=\int_0^t(t+6)\,\mathrm{d}t=\frac{1}{2}t^2+6t.$$

(2)从 $t_0=2$ 到 $t_1=8$ 这段时间内的总产量为

$$\Delta Q=\int_2^8(t+6)\,\mathrm{d}t=\left(\frac{1}{2}t^2+6t\right)\Big|_2^8=66.$$

例 5.32 若生产某种产品 Q 单位时，固定成本为 20 元，边际成本函数为 $C'(Q)=0.4Q+2$.

(1)求成本函数 $C=C(Q)$；

(2)如果这种产品销售价格为 18 元/单位，且产品可以全部售出，求利润函数 $L(Q)$；

(3)每天生产多少单位产品时，才能获得最大的利润？

解 (1) $C(Q)=C(0)+\int_0^Q C'(t)\,\mathrm{d}t=20+\int_0^Q(0.4t+2)\,\mathrm{d}t=0.2Q^2+2Q+20.$

(2)利润函数为

$L(Q)=R(Q)-C(Q)=18Q-(0.2Q^2+2Q+20)=16Q-0.2Q^2-20.$

(3)$L'(Q)=16-0.4Q$,令 $L'(Q)=0$,得 $Q=40$,又 $L'(40)=-0.4$ 是唯一极大值点,即每天生产40单位时,利润最大,最大利润为

$$L(Q)=16\times 40-0.2\times 40^2-20=300.$$

例5.33 某商品一年中的销售速度为 $v(t)=100+100\sin\left(2\pi t-\frac{\pi}{2}\right)$(件/月)($0\leqslant t\leqslant 12$),求商品前三个月的总销量.

解 设前三个月的总销量为 Q,则 $\mathrm{d}Q=v(t)\mathrm{d}t$,所以商品前三个月的总销量为

$$\begin{aligned}Q &= \int_0^3 v(t)\mathrm{d}t = \int_0^3\left[100+100\sin\left(2\pi t-\frac{\pi}{2}\right)\right]\mathrm{d}t\\ &= \int_0^3 100\mathrm{d}t+100\int_0^3\sin\left(2\pi t-\frac{\pi}{2}\right)\frac{1}{2\pi}\mathrm{d}\left(2\pi t-\frac{\pi}{2}\right)\\ &= 100t\Big|_0^3-\frac{100}{2\pi}\left[\cos\left(2\pi t-\frac{\pi}{2}\right)\right]\Big|_0^3\\ &= 300(\text{件}).\end{aligned}$$

例5.34 在鱼塘中捕鱼时,鱼越少捕鱼越困难,捕捞成本也越高,一般可假设每千克鱼的捕捞成本与当时池塘中的鱼量近似成反比. 现假设当池塘中的鱼量为 $x$kg 时每千克鱼的捕捞成本为$\frac{2\,000}{10+x}$元,且假设已知池塘中现有鱼10 000kg,问要从池塘中捕捞6 000kg 鱼所花费的捕捞成本是多少?

解 因为池塘中的鱼量为 $x$kg 时每千克鱼的捕捞成本函数为$\frac{2\,000}{10+x}$元,若池塘中现有鱼量为10 000kg,当捕捞了 $x$kg 时,则池塘中剩有鱼量为$(10\,000-x)$kg,如果要继续再捕捞 $\mathrm{d}x$kg 的鱼,则再需花费的成本为 $\mathrm{d}C=\frac{2\,000}{10+(10\,000-x)}\mathrm{d}x$.

注意:捕捞成本函数不是以池塘中的鱼量为变量,而是以捕获的鱼量为变量,由于捕捞过程是捕捞鱼量 x 从 0→6 000 的过程,所以所花费的捕捞成本为

$$\begin{aligned}C &= \int_0^{6\,000}\frac{2\,000}{10+(10\,000-x)}\mathrm{d}x = -2\,000\ln[10+(10\,000-x)]\Big|_0^{6\,000}\\ &= 2\,000\ln\frac{10+10\,000}{10+(10\,000-6\,000)} = 1\,829.59(\text{元}).\end{aligned}$$

5.4.4 定积分在物理学中的应用

前面讨论了定积分在几何学和经济工作中的一些应用,在这一部分将利用它来解决一些物理学中的问题.

1. 功的计算

由物理学可知,在一个常力 F 的作用下,物体沿力的方向作直线运动,当物体移动一段距离 S 时,F 所做的功为

$$W=F\cdot S.$$

但在实际问题中,经常需要计算变力所做的功. 下面通过例子来说明变力做功的求法.

例 5.35 已知弹簧每拉长 0.02m 要用 9.8N 的力,求把弹簧拉长 0.1m 所做的功.

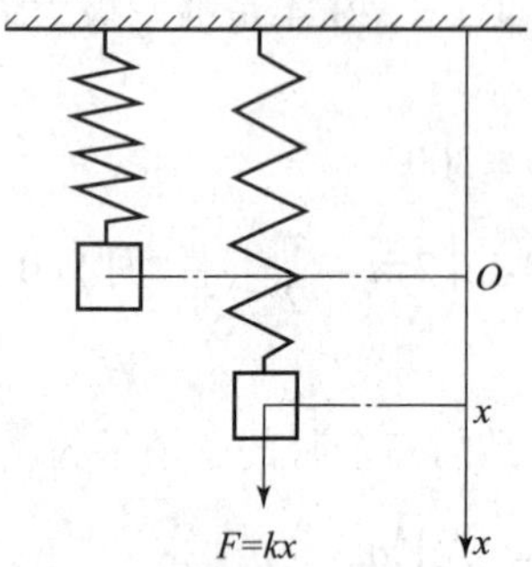

图 5-15

解 根据胡克定律,力与弹簧的伸长量成正比,即 $F=k\cdot s$,其中 k 为比例系数,具体如图 5-15所示.

依题意,当长度 $x=0.02$m 时,$F=9.8$N,所以 $k=4.9\times10^2$,即得到变力函数 $F=4.9\times10^2\cdot x$.

下面用元素法求此变力所做的功:

(1)取积分变量为 x,积分区间为$[0,0.1]$;

(2)在$[0,0.1]$上,任取一小区间$[x,x+\mathrm{d}x]$,与它对应的变力 F 所做的功近似于把变力 F 看作常力所做的功,从而得到功元素为 $\mathrm{d}W=4.9\times10^2x\mathrm{d}x$;

(3)求出变力所做的功为

$$W=\int_0^{0.1}4.9\times10^2x\mathrm{d}x=4.9\times10^2\left(\frac{x^2}{2}\right)\Bigg|_0^{0.1}=2.45(\mathrm{J}).$$

例 5.36 建一座大桥的桥墩时先要下围囹,并且抽尽其中的水以便施工,已知围囹的直径为 20m,水深 27m,围囹高出水面 3m,求抽尽水所做的功.

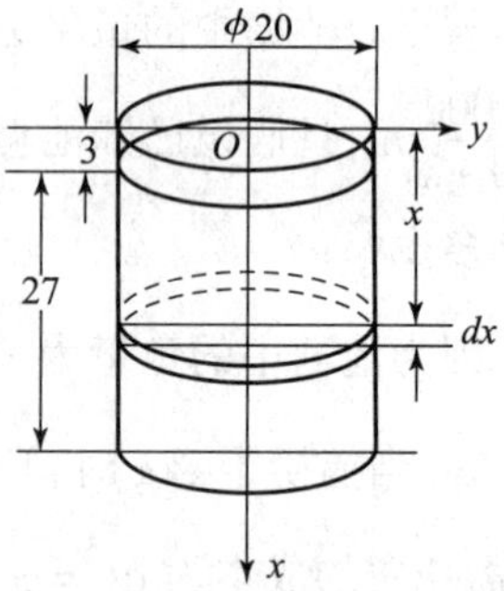

图 5-16

解 本例示意如图 5-16 所示.

(1)取积分变量为 x,积分区间为$[3,30]$;

(2)在$[3,30]$上,任取一小区间$[x,x+\mathrm{d}x]$,与它对应的一薄层(圆柱)水的重量为 $9.8\rho(\pi\,10^2\mathrm{d}x)$ N,其中水的密度 $\rho=10^3\mathrm{kg/m^3}$,因这一薄层水抽出围囹所做的功近似于克服这一薄层水的重量所做的功,所以功元素为 $\mathrm{d}W=9.8\times10^5\pi x\mathrm{d}x$;

(3)求出抽尽水所做的功为

$$W=\int_3^{30}9.8\times10^5\pi x\mathrm{d}x=9.8\times10^5\pi\left(\frac{x^2}{2}\right)\Bigg|_3^{30}\approx1.37\times10^9(\mathrm{J}).$$

2. *液体的压力*

由物理学可知,一水平放置在液体中的薄片,若其面积为 A,距离液体表面的深度为 h,则该薄片一侧所受压力 P 等于以 A 为底,以 h 为高的液体柱的重量,即 $P=\gamma\cdot A\cdot h$,其中 γ 为液体的比重,单位为 $\mathrm{N/m^3}$.

但在实际问题中,往往需要计算与液面垂直放置的薄片(如水渠的闸门)一侧所受的压力. 由于薄片上每个位置距离液体表面的深度不一样,因此不能直接使用上述公式. 下面用例子来说明这个薄片所受液体压力的求法.

例 5.37 设有一竖直的闸门,形状是等腰梯形,如图 5-17 所示,当水面齐闸门顶时,求闸门所受的水压力.

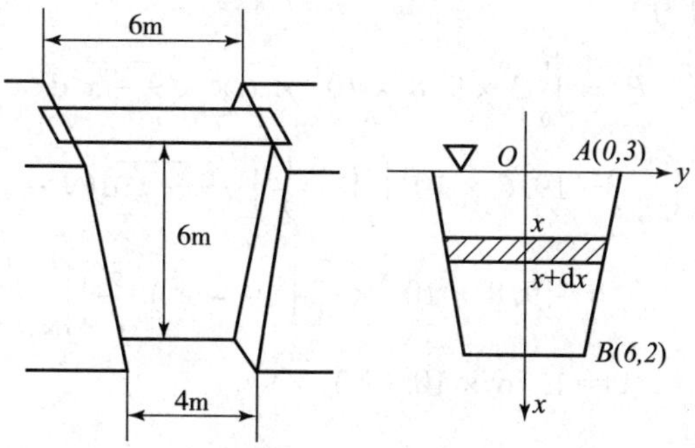

图5-17

解 (1)取积分变量为 x,积分区间为[0,6];

(2)在图5-17中 AB 的方程为 $y=-\dfrac{x}{6}+3$.

在区间[0,6]上任取一小区间[$x,x+\mathrm{d}x$],与它相应的小薄片的面积近似于宽为 $\mathrm{d}x$,长为 $2y=2\left(-\dfrac{x}{6}+3\right)$的小矩形的面积. 这个小矩形上受到的压力近似于把这个小矩形放在平行于液体表面且距离液体表面深度为 x 的位置上一侧所受的压力,则有

$$\gamma=9.8\times10^3,\mathrm{d}A=2\left(-\frac{x}{6}+3\right)\mathrm{d}x,h=x,$$

$$\mathrm{d}P=9.8\times10^3\times x\times2\left(-\frac{x}{6}+3\right)\mathrm{d}x;$$

(3)求得所受水压力为

$$\begin{aligned}P&=\int_0^6 9.8\times10^3\times x\times2\left(-\frac{x}{6}+3\right)\mathrm{d}x\\&=9.8\times10^3\left[-\frac{x^3}{9}+3x^2\right]\Big|_0^6\\&\approx8.23\times10^5(\mathrm{N}).\end{aligned}$$

例5.38 设一水平放置的水管,其断面是直径为6m的圆,如图5-18所示,求当水半满时,水管一端的竖立闸门上所受的压力.

解 由图5-18可得圆的方程为 $x^2+y^2=9$.

(1)取积分变量为 x,积分区间为[0,3];

(2)在区间[0,3]上任取一小区间[$x,x+\mathrm{d}x$],在该区间上有

$$\gamma=9.8\times10^3,\mathrm{d}A=2\sqrt{9-x^2}\mathrm{d}x,h=x,$$

$$\mathrm{d}P=2\times9.8\times10^3\times x\times\sqrt{9-x^2}\mathrm{d}x;$$

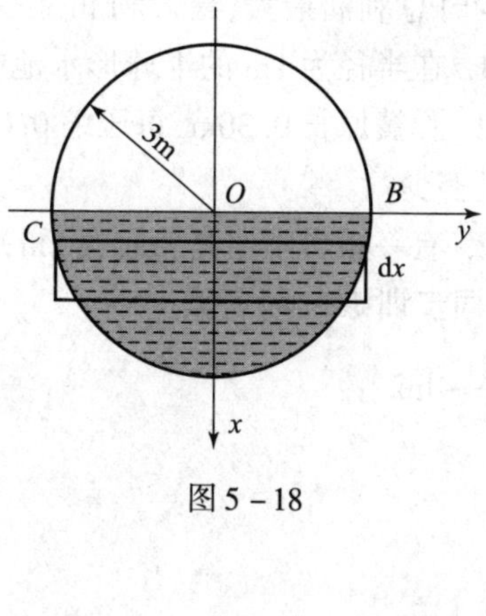

图5-18

(3)求得所受水压力为

$$\begin{aligned} P &= \int_0^3 2\times 9.8\times 10^3\times x\times \sqrt{9-x^2}\mathrm{d}x \\ &= 19.6\times 10^3\int_0^3\left(-\frac{1}{2}\right)\sqrt{9-x^2}\mathrm{d}(9-x^2) \\ &= -9.8\times 10^3\times \frac{2}{3}\left[(9-x^2)\frac{3}{2}\right]\Big|_0^3 \\ &\approx 1.76\times 10^5(\mathrm{N}). \end{aligned}$$

习题 5.4

1. 求由抛物线 $y=x^2-1$ 与 $y=x+1$ 所围成图形的面积.

2. 求由 $y=\frac{1}{x}$,$y^2=x$ 与直线 $y=3$ 所围成图形的面积.

3. 求由两条抛物线 $y=x^2$,$y=\frac{1}{4}x^2$ 及直线 $y=1$ 所围成图形的面积.

4. 求由 $y=\frac{3}{x}$,$y=4-x$ 所围成图形的面积.

5. 求由曲线 $y=\sqrt[3]{x}$与 $x=8$ 及 x 轴所围成的图形绕 x 轴旋转而成的旋转体的体积.

6. 求由抛物线 $y=x^2$ 与直线 $y=4$ 所围成的图形绕 y 轴旋转而成的旋转体的体积.

7. 若生产某种产品 q 单位时,固定成本为 50 元,边际成本函数为 $C'(q)=2e^{0.1q}$,求其成本函数 $C(q)$.

8. 已知边际收益函数 $R'(Q)=8(1+Q)^{-2}$,且当产量 Q 为零时,总收益 R 为零,求总收益函数 $R(Q)$.

9. 生产某产品的边际费用为 $C'(Q)=2Q^2-5Q+200$,其中 Q 为产量,已知生产 3 件产品时总费用为 801 元,求总费用函数.

10. 生产某产品的总成本 C 是产量 Q 的函数,其边际成本 $C'(Q)=1+Q$,边际收益 $R'(Q)=9-Q$,且当产量为 2 时,总成本为 100,总收益为 200,求总利润函数,并求生产量为多少时总利润最大,最大利润是多少.

11. 在半径为 1m 的半球形水池中灌满水,若要把池中水全部吸尽,需做多少功?

12. 弹簧原长 0.30m,每压缩 0.01m 需用力 2N,把弹簧从 0.25m 压缩到 0.20m 外力所做的功是多少?

13. 有一矩形闸门高 3m,宽 2m,水面高出门顶 1m,求闸门所承受水的侧压力.

【同步训练 5.4】答案

$\frac{3}{2}-\ln 2$

第6章 多元函数微积分

【学习目标】

☞ 理解多元函数的概念、极限与连续.

☞ 掌握各类偏导数的计算方法.

☞ 理解全微分的概念,会求全微分.

☞ 掌握多元函数极值的求法.

☞ 会求简单的二重积分.

前面讨论了一元函数(即含有一个自变量的函数)的极限、连续、导数和积分等问题. 但在许多实际问题中,往往需要研究一个因变量和多个自变量之间的关系,即多元函数关系. 本章在一元微积分的基础上,探讨多元微积分的理论及其应用.

6.1 多元函数的概念、极限与连续

6.1.1 多元函数的概念

先看三个实例.

例 6.1 圆柱体的体积 V 和它的底面半径 r、高 h 之间具有关系

$$V=\pi r^2 h .$$

这里,当 r,h 在集合 $\{(r,h)\mid r>0,h>0\}$ 内取定一对值 (r,h) 时,圆柱体体积 V 就有一个确定的值与之对应.

例 6.2 一定量的理想气体的压强 P、体积 V 和绝对温度 T 之间具有关系

$$P=\frac{RT}{V},$$

其中 R 为常数. 这里,当 V,T 在集合 $\{(V,T)\mid V>0,T>0\}$ 内取定一对值 (V,T) 时,P 的对应值就随之确定.

例 6.3 设 R 是电阻 R_1,R_2 并联后的总电阻,由电学知识知道,它们之间具有关系

$$R=\frac{R_1R_2}{R_1+R_2}.$$

这里,当 R_1,R_2 在集合 $\{(R_1,R_2)\mid R_1>0,R_2>0\}$ 内取定一对值 (R_1,R_2) 时,R 的对应值就随之确定.

抽去以上三例的实际意义,给出二元函数的定义.

定义 6.1 设 D 是平面上的一个区域,如果对于 D 内的每个点 $P(x,y)$,存在某个映射 f,使得变量 z 总有确定的值与之对应,则称 z 为 x,y 的二元函数,记作

$$z=f(x,y),(x,y)\in D(\text{或 } z=f(P),P\in D).$$

其中,x,y 称为自变量,z 称为因变量．点集 D 称为该函数的定义域,数集$\{z|z=f(x,y),(x,y)\in D\}$叫作该函数的值域.

类似地,可定义三元函数、四元函数及 n 元函数．二元及二元以上的函数统称为多元函数.

例 6.4 求 $z=\sqrt{x^2+y^2-1}+\sqrt{4-x^2-y^2}$的定义域.

解 自变量 x,y 必须同时满足

$$x^2+y^2\geqslant 1,x^2+y^2\leqslant 4,$$

于是定义域为

$$D=\{(x,y)|1\leqslant x^2+y^2\leqslant 4\}.$$

满足这个不等式的数对(x,y)在 xOy 平面上表示的是包括两个圆周在内的圆环内的全体点集.

关于函数定义域的约定:在一般地讨论用算式表达的多元函数 $u=f(x)$时,就以使这个算式有意义的变元 x 的值所组成的点集为这个多元函数的自然定义域．因此,对这类函数,它的定义域不再特别标出．例如:

函数 $z=\ln(x+y)$的定义域为$\{(x,y)|x+y>0\}$(无界开区域);

函数 $z=\arcsin(x^2+y^2)$的定义域为$\{(x,y)|x^2+y^2\leqslant 1\}$(有界闭区域).

6.1.2 多元函数的极限与连续

同一元函数的极限类似,可以定义多元函数极限的概念,为了叙述方面,先引入平面上点$P_0(x_0,y_0)$的邻域的概念．以P_0为中心、以正数 δ 为半径的邻域是指到P_0的距离小于 δ,即满足$\sqrt{(x-x_0)^2+(y-y_0)^2}<\delta$ 的点组成的开区域,并把它称为P_0的 δ 邻域.

下面以二元函数为例讨论多元函数的极限.

定义 6.2 设函数 $z=f(x,y)$在点$P_0(x_0,y_0)$的某个邻域内有定义(点 P_0可以除去),如果当点 $P(x,y)$沿任意方式趋于点$P_0(x_0,y_0)$时,$f(x,y)$都趋于一个确定的常数 A,则称 A 为函数 $f(x,y)$当点 $P(x,y)\to P_0(x_0,y_0)$时的极限,记作

$$\lim_{\substack{x\to x_0\\y\to y_0}}f(x,y)=A \text{ 或 } f(x,y)\to A(x\to x_0,y\to y_0).$$

以下两方面值得注意.

(1)在上面的定义中点 $P(x,y)\to P_0(x_0,y_0)$,是指点 $P(x,y)$可以沿任何方向、任何途径无限趋于$P_0(x_0,y_0)$,所有极限都要存在且等于同一值 A,才能说该二元函数的极限存在;如果点 $P(x,y)$按某些特殊路径趋于点$P_0(x_0,y_0)$时,函数值趋于一个常数,则不能断定函数极限存在;相反,如果点 $P(x,y)$沿不同路径趋于点$P_0(x_0,y_0)$时,函数值趋于不同的值,则函数极限不存在.

(2)二元函数的极限运算与一元函数一样,有相同的四则运算法则.

例 6.5 求极限$\lim\limits_{\substack{x\to 0\\y\to 1}}\dfrac{\sin(xy)}{x}$.

解 $\lim\limits_{\substack{x\to 0\\y\to 1}}\dfrac{\sin(xy)}{x}=\lim\limits_{\substack{x\to 0\\y\to 1}}\dfrac{y\sin(xy)}{xy}=\lim\limits_{\substack{x\to 0\\y\to 1}}y\lim\limits_{\substack{x\to 0\\y\to 1}}\dfrac{\sin(xy)}{xy}=1.$

例 6.6 讨论二元函数

$$f(x,y)=\begin{cases}\dfrac{xy}{x^2+y^2}, & x^2+y^2\neq 0,\\ 0, & x^2+y^2=0\end{cases}$$

当$(x,y)\to(0,0)$时的极限.

解 当点(x,y)沿 x 轴趋于$(0,0)$时,即当 $y=0$ 且 $x\to 0$ 时,有

$$\lim_{\substack{x\to 0\\ y=0}}f(x,y)=\lim_{x\to 0}f(x,0)=\lim_{x\to 0}\frac{x\cdot 0}{x^2+0^2}=0.$$

类似地,当点(x,y)沿 y 轴趋于$(0,0)$时,即当 $x=0$ 且 $y\to 0$ 时,有

$$\lim_{\substack{x=0\\ y\to 0}}f(x,y)=\lim_{y\to 0}f(0,y)=\lim_{x\to 0}\frac{0\cdot y}{0^2+y^2}=0.$$

显然,$\lim\limits_{\substack{x\to 0\\ y=0}}f(x,y)=\lim\limits_{\substack{x=0\\ y\to 0}}f(x,y)=0$,但并不能因此认为极限$\lim\limits_{\substack{x\to 0\\ y\to 0}}f(x,y)$存在. 事实上,当点$(x,y)$沿直线段 $y=kx(k\neq 0)$趋于$(0,0)$,即当 $x\to 0$ 且 $y=kx$ 时,有

$$\lim_{\substack{x\to 0\\ y=kx}}f(x,y)=\lim_{x\to 0}\frac{kx^2}{x^2+k^2x^2}=\frac{k}{1+k^2}\neq 0.$$

$\dfrac{k}{1+k^2}$的值随着 k 的变化而变化,因此极限$\lim\limits_{\substack{x\to 0\\ y\to 0}}f(x,y)$不存在.

定义 6.3 设函数 $z=f(x,y)$在点$P_0(x_0,y_0)$的某个邻域内有定义,如果函数在$P_0(x_0,y_0)$处的极限存在,且$\lim\limits_{\substack{x\to x_0\\ y\to y_0}}f(x,y)=f(x_0,y_0)$,则称函数$f(x,y)$在点$P_0$处连续. 否则,称函数$f(x,y)$在点$P_0$处不连续,亦称$f(x,y)$在点$P_0$处间断.

习题 6.1

1. 填空题.

(1)二元函数$f(x,y)=xy+\dfrac{x}{y}$,则$f\left(\dfrac{1}{2},3\right)=$________,$f(1,-1)=$________;

(2)若 $z=x^3+\sqrt{1+y^2}$,则$z(\sqrt{2},1)=$________;

(3)若$f(x+yx-y)=xy+y^2$,则$f(x,y)=$________.

2. 求下列函数的定义域.

(1)$z=\ln(xy)$;

(2)$z=\sqrt{1-x^2-y^2}$;

(3)$z=\sqrt{x^2-4}+\sqrt{4-y^2}$;

(4)$z=\arcsin\dfrac{x}{2}+\sqrt{xy}$.

3. 求下列函数的极限.

(1)$\lim\limits_{\substack{x\to 0\\ y\to 0}}\dfrac{2-\sqrt{xy+4}}{xy}$;

(2)$\lim\limits_{\substack{x\to 0\\ y\to 1}}\arcsin\sqrt{x^2+y^2}$.

6.2 偏导数与全微分

6.2.1 偏导数

对于二元函数 $z=f(x,y)$，如果只有自变量 x 变化，而自变量 y 固定，这时它就是 x 的一元函数，在一元函数微分学中，引进导数的概念，现在将导数的概念推广到多元函数的情形，先给出二元函数偏导数的定义．

该函数对 x 的导数，就称为二元函数 $z=f(x,y)$ 对于 x 的偏导数．

定义 6.4 设函数 $z=f(x,y)$ 在点 (x_0,y_0) 的某一邻域内有定义，当 y 固定在 y_0 而 x 在 x_0 处有增量 Δx 时，相应地函数有增量

$$f(x_0+\Delta x,y_0)-f(x_0,y_0).$$

如果极限

$$\lim_{\Delta x\to 0}\frac{f(x_0+\Delta x,y_0)-f(x_0,y_0)}{\Delta x}$$

存在，则称此极限为函数 $z=f(x,y)$ 在点 (x_0,y_0) 处对 x 的偏导数，记作

$$\left.\frac{\partial z}{\partial x}\right|_{\substack{x=x_0\\y=y_0}},\left.\frac{\partial f}{\partial x}\right|_{\substack{x=x_0\\y=y_0}},z'_x\Big|_{\substack{x=x_0\\y=y_0}}\text{或}f'_x(x_0,y_0)\ .$$

类似地，如果极限

$$\lim_{\Delta y\to 0}\frac{f(x_0,y_0+\Delta y)-f(x_0,y_0)}{\Delta y}$$

存在，则称此极限为函数 $z=f(x,y)$ 在点 (x_0,y_0) 处对 y 的偏导数，记作

$$\left.\frac{\partial z}{\partial y}\right|_{\substack{x=x_0\\y=y_0}},\left.\frac{\partial f}{\partial y}\right|_{\substack{x=x_0\\y=y_0}},z'_y\Big|_{\substack{x=x_0\\y=y_0}}\text{或}f'_y(x_0,y_0).$$

如果函数 $z=f(x,y)$ 在区域 D 内每一点 (x,y) 处对 x 的偏导数都存在，那么这个偏导数就是变量 x,y 的函数，它就称为函数 $z=f(x,y)$ 对自变量 x 的**偏导函数**，记作

$$\frac{\partial z}{\partial x},\frac{\partial f}{\partial x},z'_x\text{ 或 }f'_x.$$

偏导函数的定义式为：$f'_x(x,y)=\lim\limits_{\Delta x\to 0}\dfrac{f(x+\Delta x,y)-f(x,y)}{\Delta x}$.

类似地，可定义函数 $z=f(x,y)$ 对 y 的偏导函数，记为

$$\frac{\partial z}{\partial y},\frac{\partial f}{\partial y},z'_y\text{或}f'_y.$$

偏导函数的定义式为：$f'_y(x,y)=\lim\limits_{\Delta y\to 0}\dfrac{f(x,y+\Delta y)-f(x,y)}{\Delta y}$.

类似地，偏导数的概念还可推广到二元以上的函数．例如三元函数 $u=f(x,y,z)$ 在点 (x,y,z) 处对 x 的偏导数定义为

$$f'_x(x,y,z)=\lim_{\Delta x\to 0}\frac{f(x+\Delta x,y,z)-f(x,y,z)}{\Delta x},$$

其中(x,y,z)是函数$u=f(x,y,z)$的定义域的内点．它们的求法仍旧是一元函数的微分法问题．

例6.7　求函数$z=x^2+3xy+y^2$在点(1,2)处的偏导数．

解　$\frac{\partial z}{\partial x}=2x+3y,\frac{\partial z}{\partial y}=3x+2y.$

$$\left.\frac{\partial z}{\partial x}\right|_{\substack{x=1\\y=2}}=2\cdot1+3\cdot2=8,\left.\frac{\partial z}{\partial y}\right|_{\substack{x=1\\y=2}}=3\cdot1+2\cdot2=7.$$

例6.8　求函数$z=\ln(x^2+y)$的偏导数．

解　$\frac{\partial z}{\partial x}=\frac{1}{x^2+y}(x^2+y)'_x=\frac{2x}{x^2+y},$

$$\frac{\partial z}{\partial y}=\frac{1}{x^2+y}(x^2+y)'_y=\frac{1}{x^2+y}.$$

例6.9　求函数$z=(x^2+y^2)e^{xy}$的偏导数．

解　$\frac{\partial z}{\partial x}=(x^2+y^2)'_x\cdot e^{xy}+(x^2+y^2)\cdot(e^{xy})'_x$

$$=2x\cdot e^{xy}+(x^2+y^2)ye^{xy}=e^{xy}(2x+x^2y+y^3),$$

$$\frac{\partial z}{\partial y}=(x^2+y^2)'_y\cdot e^{xy}+(x^2+y^2)\cdot(e^{xy})'_y$$

$$=2y\cdot e^{xy}+(x^2+y^2)xe^{xy}=e^{xy}(x^3+xy^2+2y).$$

【同步训练6.1】

1. 求下列函数的一阶偏导数.

(1)$z=2x^2y+xy^3$；　　　　(2)$z=e^x\sin y$.

6.2.2　高阶偏导数

设函数$z=f(x,y)$在区域D内具有偏导数

$$\frac{\partial z}{\partial x}=f'_x(x,y),\ \frac{\partial z}{\partial y}=f'_y(x,y),$$

那么在D内$f'_x(x,y)$，$f'_y(x,y)$都是x,y的函数,则称它们的偏导数是函数$z=f(x,y)$的二阶偏导数．按照对变量求导次序的不同有下列四个二阶偏导数,分别记作

$$\frac{\partial}{\partial x}\left(\frac{\partial z}{\partial x}\right)=\frac{\partial^2 z}{\partial x^2}=f''_{xx}(x,y),\frac{\partial}{\partial y}\left(\frac{\partial z}{\partial x}\right)=\frac{\partial^2 z}{\partial x\,\partial y}=f''_{xy}(x,y),$$

$$\frac{\partial}{\partial x}\left(\frac{\partial z}{\partial y}\right)=\frac{\partial^2 z}{\partial y\,\partial x}=f''_{yx}(x,y),\frac{\partial}{\partial y}\left(\frac{\partial z}{\partial y}\right)=\frac{\partial^2 z}{\partial y^2}=f''_{yy}(x,y).$$

其中,$f''_{xy}(x,y)$,$f''_{yx}(x,y)$称为二阶混合偏导数．

类似地,可以定义三阶、四阶直到n阶偏导数．二阶及二阶以上的偏导数统称为高阶偏导数.

例 6.10 设函数 $z=x^3y^2-3xy^3-xy+1$,求$\frac{\partial^2 z}{\partial x^2},\frac{\partial^3 z}{\partial x^3},\frac{\partial^2 z}{\partial y\,\partial x}$和$\frac{\partial^2 z}{\partial x\,\partial y}$.

解 $\frac{\partial z}{\partial x}=3x^2y^2-3y^3-y$; $\frac{\partial z}{\partial y}=2x^3y-9xy^2-x$;

$\frac{\partial^2 z}{\partial x^2}=6xy^2$; $\frac{\partial^2 z}{\partial x\,\partial y}=6x^2y-9y^2-1$;

$\frac{\partial^3 z}{\partial x^3}=6y^2$; $\frac{\partial^2 z}{\partial y\,\partial x}=6x^2y-9y^2-1$.

例 6.11 设函数 $z=x^2\sin y$,求$\frac{\partial^2 z}{\partial x^2},\frac{\partial^2 z}{\partial x\,\partial y},\frac{\partial^2 z}{\partial y^2}$和$\frac{\partial^2 z}{\partial y\,\partial x}$.

解 $\frac{\partial z}{\partial x}=2x\sin y$; $\frac{\partial z}{\partial y}=x^2\cos y$;

$\frac{\partial^2 z}{\partial x^2}=\frac{\partial}{\partial x}(2x\sin y)=2\sin y$; $\frac{\partial^2 z}{\partial x\,\partial y}=\frac{\partial}{\partial y}(2x\sin y)=2x\cos y$;

$\frac{\partial^2 z}{\partial y^2}=\frac{\partial}{\partial y}(x^2\cos y)=-x^2\sin y$; $\frac{\partial^2 z}{\partial y\,\partial x}=\frac{\partial}{\partial x}(x^2\cos y)=2x\cos y$.

说明:从以上两例可以发现$\frac{\partial^2 z}{\partial x\,\partial y}=\frac{\partial^2 z}{\partial y\,\partial x}$,这并非偶然,事实上,有下述定理.

定理 6.1 如果函数 $z=f(x,y)$的两个二阶混合偏导数$\frac{\partial^2 z}{\partial x\,\partial y}$和$\frac{\partial^2 z}{\partial y\,\partial x}$在区域 D 内连续,那么在该区域内这两个混合偏导数必相等,即$\frac{\partial^2 z}{\partial x\,\partial y}=\frac{\partial^2 z}{\partial y\,\partial x}$.

证明从略.

【同步训练 6.2】

求函数 $z=x^4+y^4-4x^2y^2$的所有二阶偏导数.

6.2.3 全微分

根据一元函数微分学中增量与微分的关系,有 $f(x+\Delta x,y)-f(x,y)\approx f_x'(x,y)\Delta x$,$f(x+\Delta x,y)-f(x,y)$为函数对 x 的偏增量,$f_x'(x,y)\Delta x$ 为函数对 x 的偏微分.

同理可得:$f(x,y+\Delta y)-f(x,y)\approx f_y'(x,y)\Delta y$,$f(x,y+\Delta y)-f(x,y)$为函数对 y 的偏增量,$f_y'(x,y)\Delta y$ 为函数对 y 的偏微分.

设函数 $z=f(x,y)$在点 $P(x,y)$的某邻域内有定义,分别给自变量 x,y 以增量 $\Delta x,\Delta y$,则称 $\Delta z=f(x+\Delta x,y+\Delta y)-f(x,y)$为函数 $z=f(x,y)$在点 $P(x,y)$处相对于 $\Delta x,\Delta y$ 的全增量.

定义 6.5 如果函数 $z=f(x,y)$ 在点 (x,y) 的某邻域内有定义,自变量 x,y 分别有增量 Δx, Δy,其全增量 $\Delta z=f(x+\Delta x,y+\Delta y)-f(x,y)$ 可表示为

$$\Delta z=A\Delta x+B\Delta y+o(\rho)\left(\rho=\sqrt{(\Delta x)^2+(\Delta y)^2}\right).$$

其中,A,B 不依赖于 $\Delta x,\Delta y$,而仅与 x,y 有关,则称函数 $z=f(x,y)$ 在点 (x,y) 处可微分,而称 $A\Delta x+B\Delta y$ 为函数 $z=f(x,y)$ 在点 (x,y) 处的全微分,记作 $\mathrm{d}z$,即

$$\mathrm{d}z=A\Delta x+B\Delta y.$$

按照习惯,$\Delta x,\Delta y$ 分别记作 $\mathrm{d}x,\mathrm{d}y$,并分别称为自变量的微分,则函数 $z=f(x,y)$ 的全微分可写作

$$\mathrm{d}z=\frac{\partial z}{\partial x}\mathrm{d}x+\frac{\partial z}{\partial y}\mathrm{d}y\,.$$

二元函数的全微分等于它的两个偏微分之和,这称为二元函数的微分叠加原理．叠加原理也适用于二元以上的函数,例如函数 $u=f(x,y,z)$ 的全微分为

$$\mathrm{d}u=\frac{\partial u}{\partial x}\mathrm{d}x+\frac{\partial u}{\partial y}\mathrm{d}y+\frac{\partial u}{\partial z}\mathrm{d}z\,.$$

例 6.12 计算函数 $z=x^2y+y^2$ 的全微分．

解 因为 $\frac{\partial z}{\partial x}=2xy,\frac{\partial z}{\partial y}=x^2+2y$,所以 $\mathrm{d}z=2xy\mathrm{d}x+(x^2+2y)\mathrm{d}y$.

例 6.13 计算函数 $z=\mathrm{e}^{xy}$ 在点(2,1)处的全微分．

解 因为 $\frac{\partial z}{\partial x}=y\mathrm{e}^{xy}$, $\frac{\partial z}{\partial y}=x\mathrm{e}^{xy}$, $\left.\frac{\partial z}{\partial x}\right|_{\substack{x=2\\y=1}}=\mathrm{e}^2,\left.\frac{\partial z}{\partial y}\right|_{\substack{x=2\\y=1}}=2\mathrm{e}^2$,所以

$$\mathrm{d}z=\mathrm{e}^2\mathrm{d}x+2\mathrm{e}^2\mathrm{d}y.$$

例 6.14 计算函数 $u=x+\sin\frac{y}{2}+\mathrm{e}^{yz}$ 的全微分．

解 因为 $\frac{\partial u}{\partial x}=1,\frac{\partial u}{\partial y}=\frac{1}{2}\cos\frac{y}{2}+z\mathrm{e}^{yz},\frac{\partial u}{\partial z}=y\mathrm{e}^{yz}$,所以

$$\mathrm{d}u=\mathrm{d}x+\left(\frac{1}{2}\cos\frac{y}{2}+z\mathrm{e}^{yz}\right)\mathrm{d}y+y\mathrm{e}^{yz}\mathrm{d}z.$$

【同步训练 6.3】

求下列函数的全微分.

(1) $z=\mathrm{e}^{x+y^2}$;　　　　(2) $z=x\ln(xy)$.

习题 6.2

1. 填空题.

(1)设函数 $z=xe^{2y}$,则$\left.\frac{\partial z}{\partial x}\right|_{(1,0)}=$ ________ ,$\left.\frac{\partial z}{\partial y}\right|_{(1,0)}=$ ________;

(2)设 $z=\cos(x^2+y^2)$,则$\frac{\partial z}{\partial x}=$ ________;

(3)设函数 $z=\ln\left(x+\frac{y}{2x}\right)$,则$\left.\frac{\partial z}{\partial x}\right|_{(1,0)}=$ ________.

2. 求下列函数的两个一阶偏导数.

(1)$z=x^3+y^3-3x^2y$;　(2)$z=e^{xy}$;　(3)$z=\frac{1}{x^2y^3}$;

(4)$z=\frac{x}{\sqrt{x^2+y^2}}$;　(5)$z=\frac{1}{y}\cos x^2$;　(6)$z=y^{2x}$.

3. 求下列函数的二阶偏导数.

(1)$z=e^{xy}+x$;　(2)$z=e^{x+y^2}$.

4. 求下列函数的全微分.

(1)$z=\ln(x^2+y^2)$;　(2)$z=\sin(x-y)$.

【同步训练 6.1】答案

(1)$\frac{\partial z}{\partial x}=4xy+y^3,\frac{\partial z}{\partial y}=2x^2+3xy^2$.

(2)$\frac{\partial z}{\partial x}=e^x\sin y,\frac{\partial z}{\partial y}=e^x\cos y$.

【同步训练 6.2】答案

1. $\frac{\partial z}{\partial x}=4x^3-8xy^2,\frac{\partial z}{\partial y}=4y^3-8x^2y$,

$\frac{\partial^2 z}{\partial x^2}=\frac{\partial}{\partial x}(4x^3-8xy^2)=12x^2-8y^2$,　$\frac{\partial^2 z}{\partial x\partial y}=\frac{\partial}{\partial y}(4x^3-8xy^2)=-16xy$,

$\frac{\partial^2 z}{\partial y^2}=\frac{\partial}{\partial y}(4y^3-8x^2y)=12y^2-8x^2$,　$\frac{\partial^2 z}{\partial y\partial x}=\frac{\partial}{\partial x}(4y^3-8x^2y)=-16xy$.

【同步训练 6.3】答案

(1)$dz=e^{x+y^2}dx+2ye^{x+y^2}dy$;

(2)$dz=[1+\ln(xy)]dx+\frac{x}{y}dy$.

6.3 多元复合函数的微分法

在一元复合函数中,讨论了复合函数求导的链式法则,这一法则可推广到多元复合函数.

6.3.1 复合函数的中间变量均为一元函数的情形

定理6.2 如果函数 $u=\varphi(x)$ 及 $v=\psi(x)$ 都在点 x 处可导,函数 $z=f(u,v)$ 在对应点 (u,v) 处具有连续偏导数,则复合函数 $z=f[\varphi(x),\psi(x)]$ 在点 x 处可导,且有

$$\frac{\mathrm{d}z}{\mathrm{d}x}=\frac{\partial z}{\partial u}\cdot\frac{\mathrm{d}u}{\mathrm{d}x}+\frac{\partial z}{\partial v}\cdot\frac{\mathrm{d}v}{\mathrm{d}x}.$$

简要证明:因为 $z=f(u,v)$ 具有连续的偏导数,所以它是可微的,即有

$$\mathrm{d}z=\frac{\partial z}{\partial u}\mathrm{d}u+\frac{\partial z}{\partial v}\mathrm{d}v.$$

又因为 $u=\varphi(x)$ 及 $v=\psi(x)$ 都可导,因此可微,即有

$$\mathrm{d}u=\frac{\mathrm{d}u}{\mathrm{d}x}\mathrm{d}t,\mathrm{d}v=\frac{\mathrm{d}v}{\mathrm{d}x}\mathrm{d}t,$$

代入上式得

$$\mathrm{d}z=\frac{\partial z}{\partial u}\cdot\frac{\mathrm{d}u}{\mathrm{d}x}\mathrm{d}x+\frac{\partial z}{\partial v}\cdot\frac{\mathrm{d}v}{\mathrm{d}x}\mathrm{d}x=\left(\frac{\partial z}{\partial u}\cdot\frac{\mathrm{d}u}{\mathrm{d}x}+\frac{\partial z}{\partial v}\cdot\frac{\mathrm{d}v}{\mathrm{d}x}\right)\mathrm{d}x,$$

从而

$$\frac{\mathrm{d}z}{\mathrm{d}x}=\frac{\partial z}{\partial u}\cdot\frac{\mathrm{d}u}{\mathrm{d}x}+\frac{\partial z}{\partial v}\cdot\frac{\mathrm{d}v}{\mathrm{d}x}.$$

推广:设 $z=f(u,v,w)$,$u=\varphi(x)$,$v=\psi(x)$,$w=\omega(x)$,则 $z=f[\varphi(x),\psi(x),\omega(x)]$ 对 x 的导数为

$$\frac{\mathrm{d}z}{\mathrm{d}x}=\frac{\partial z}{\partial u}\cdot\frac{\mathrm{d}u}{\mathrm{d}x}+\frac{\partial z}{\partial v}\cdot\frac{\mathrm{d}v}{\mathrm{d}x}+\frac{\partial z}{\partial w}\cdot\frac{\mathrm{d}w}{\mathrm{d}x}.$$

为了区别于一元函数的导数,上述$\frac{\mathrm{d}z}{\mathrm{d}x}$称为 z 对 x 的全导数.

例6.15 设函数 $z=\mathrm{e}^{uv}$,$u=\sin t$,$v=\cos t$,求全导数$\frac{\mathrm{d}z}{\mathrm{d}t}$.

解 $\frac{\mathrm{d}z}{\mathrm{d}t}=\frac{\partial z}{\partial u}\cdot\frac{\mathrm{d}u}{\mathrm{d}t}+\frac{\partial z}{\partial v}\cdot\frac{\mathrm{d}v}{\mathrm{d}t}=v\mathrm{e}^{uv}\cos t+u\mathrm{e}^{uv}(-\sin t)$

$=\mathrm{e}^{\sin t\cos t}(\cos^2 t-\sin^2 t)=\mathrm{e}^{\frac{1}{2}\sin 2t}\cos 2t.$

6.3.2 复合函数的中间变量均为多元函数的情形

定理6.3 如果函数 $u=\varphi(x,y)$,$v=\psi(x,y)$ 都在点 (x,y) 处具有对 x 及 y 的偏导数,函数 $z=f(u,v)$ 在对应点 (u,v) 处具有连续偏导数,则复合函数 $z=f[\varphi(x,y),\psi(x,y)]$ 在点 (x,y) 处的两个偏导数存在,且有

$$\frac{\partial z}{\partial x}=\frac{\partial z}{\partial u}\cdot\frac{\partial u}{\partial x}+\frac{\partial z}{\partial v}\cdot\frac{\partial v}{\partial x},\frac{\partial z}{\partial y}=\frac{\partial z}{\partial u}\cdot\frac{\partial u}{\partial y}+\frac{\partial z}{\partial v}\cdot\frac{\partial v}{\partial y}.$$

推广:设 $z=f(u,v,w)$,$u=\varphi(x,y)$,$v=\psi(x,y)$,$w=\omega(x,y)$,则

$$\frac{\partial z}{\partial x}=\frac{\partial z}{\partial u}\cdot\frac{\partial u}{\partial x}+\frac{\partial z}{\partial v}\cdot\frac{\partial v}{\partial x}+\frac{\partial z}{\partial w}\cdot\frac{\partial w}{\partial x},$$

$$\frac{\partial z}{\partial y}=\frac{\partial z}{\partial u}\cdot\frac{\partial u}{\partial y}+\frac{\partial z}{\partial v}\cdot\frac{\partial v}{\partial y}+\frac{\partial z}{\partial w}\cdot\frac{\partial w}{\partial y}.$$

例 6.16 设函数 $z=uv+\sin\omega$,$u=e^t$,$v=\cos t$,$\omega=t$,求全导数$\frac{dz}{dt}$.

解 $\frac{dz}{dx}=\frac{\partial z}{\partial u}\cdot\frac{du}{dx}+\frac{\partial z}{\partial v}\cdot\frac{dv}{dx}+\frac{\partial z}{\partial\omega}\cdot\frac{d\omega}{dx}$

$=v\cdot e^t+u\cdot(-\sin t)+\cos\omega\cdot 1$

$=e^t(\cos t-\sin t)+\cos t.$

例 6.17 设函数 $z=e^u\sin v$,$u=xy$,$v=x+y$,求$\frac{\partial z}{\partial x}$和$\frac{\partial z}{\partial y}$.

解 $\frac{\partial z}{\partial x}=\frac{\partial z}{\partial u}\cdot\frac{\partial u}{\partial x}+\frac{\partial z}{\partial v}\cdot\frac{\partial v}{\partial x}=e^u\sin v\cdot y+e^u\cos v\cdot 1$

$=e^{xy}[y\sin(x+y)+\cos(x+y)]$,

$\frac{\partial z}{\partial y}=\frac{\partial z}{\partial u}\cdot\frac{\partial u}{\partial y}+\frac{\partial z}{\partial v}\cdot\frac{\partial v}{\partial y}=e^u\sin v\cdot x+e^u\cos v\cdot 1$

$=e^{xy}[x\sin(x+y)+\cos(x+y)]$.

例 6.18 设 $z=f(2x+y,x-2y)$,求$\frac{\partial z}{\partial x}$和$\frac{\partial z}{\partial y}$.

解 $z=f(2x+y,x-2y)$可看成由 $z=f(u,v)$,$u=2x+y$,$v=x-2y$ 复合而成的复合函数.为了表达简便起见,引入以下记号:

$\frac{\partial f(u,v)}{\partial u}=f_1'$(表示 f 对第一个中间变量的偏导数);

$\frac{\partial f(u,v)}{\partial v}=f_2'$(表示 f 对第二个中间变量的偏导数).

因此, $\frac{\partial z}{\partial x}=f_1'\frac{\partial}{\partial x}(2x+y)+f_2'\frac{\partial}{\partial x}(x-2y)=2f_1'+f_2'$;

$\frac{\partial z}{\partial y}=f_1'\frac{\partial}{\partial y}(2x+y)+f_2'\frac{\partial}{\partial y}(x-2y)=f_1'-2f_2'$.

6.3.3 复合函数的中间变量既有一元函数,又有多元函数的情形

定理 6.4 如果函数 $u=\varphi(x,y)$在点(x,y)处具有对 x 及对 y 的偏导数,函数 $v=\psi(y)$在点 y 处可导,函数 $z=f(u,v)$在对应点(u,v)处具有连续偏导数,则复合函数 $z=f[\varphi(x,y),\psi(y)]$在点$(x,y)$处的两个偏导数存在,且有$\frac{\partial z}{\partial x}=\frac{\partial z}{\partial u}\cdot\frac{\partial u}{\partial x}$,$\frac{\partial z}{\partial y}=\frac{\partial z}{\partial u}\cdot\frac{\partial u}{\partial y}+\frac{\partial z}{\partial v}\cdot\frac{\partial v}{\partial y}$.

例 6.19 设 $u=f(x,y,z)=e^{x^2+y^2+z^2}$,而 $z=x^2\sin y$,求$\frac{\partial u}{\partial x}$和$\frac{\partial u}{\partial y}$.

解 $\frac{\partial u}{\partial x}=\frac{\partial f}{\partial x}+\frac{\partial f}{\partial z}\cdot\frac{\partial z}{\partial x}=2xe^{x^2+y^2+z^2}+2ze^{x^2+y^2+z^2}\cdot 2x\sin y$

$$=2x+(1+2x^2\sin^2y)e^{x^2+y^2+x^4\sin^2y}.$$

$$\frac{\partial u}{\partial y}=\frac{\partial f}{\partial y}+\frac{\partial f}{\partial z}\cdot\frac{\partial z}{\partial y}=2ye^{x^2+y^2+z^2}+2ze^{x^2+y^2+z^2}\cdot x^2\cos y$$

$$=2(y+x^4\sin y\cos y)e^{x^2+y^2+x^4\sin^2y}.$$

例 6.20 设 $z=\arcsin(xy)$，$x=se^t$，$y=t^2$，求$\frac{\partial z}{\partial s}$和$\frac{\partial z}{\partial t}$.

解 $\frac{\partial z}{\partial s}=\frac{\partial z}{\partial x}\cdot\frac{\partial x}{\partial s}=\frac{y}{\sqrt{1-x^2y^2}}e^t=\frac{t^2e^t}{\sqrt{1-s^2t^4e^{2t}}}$,

$$\frac{\partial z}{\partial t}=\frac{\partial z}{\partial x}\cdot\frac{\partial x}{\partial t}+\frac{\partial z}{\partial y}\cdot\frac{dy}{dt}=\frac{y}{\sqrt{1-x^2y^2}}se^t+\frac{x}{\sqrt{1-x^2y^2}}2t=\frac{(t+2)ste^t}{\sqrt{1-s^2t^4e^{2t}}}.$$

例 6.21 设 $w=f(x+y+z,xyz)$，求$\frac{\partial^2 w}{\partial x\partial y}$.

解 $\frac{\partial w}{\partial x}=f_1'\cdot\frac{\partial}{\partial x}(x+y+z)+f_2'\cdot\frac{\partial}{\partial x}(xyz)=f_1'+yzf_2'$.

$$\frac{\partial^2 w}{\partial x\partial y}=\frac{\partial}{\partial y}(f_1'+yzf_2')$$

$$=f_{11}''\cdot\frac{\partial}{\partial y}(x+y+z)+f_{12}''\cdot\frac{\partial}{\partial y}(xyz)+zf_2'+$$

$$yz\left[f_{21}''\cdot\frac{\partial}{\partial y}(x+y+z)+f_{22}''\cdot\frac{\partial}{\partial y}(xyz)\right]$$

$$=f_{11}''+(x+y)zf_{12}''+xyz^2f_{22}''+zf_2'.$$

提醒：此题中$f_{12}''=f_{21}''$.

习题 6.3

1. 设 $z=x^3+\cos y$，而 $x=\sin t$，$y=t^2$，求$\frac{dz}{dx}$.

2. 设 $z=u^v$，而 $u=3x^2+y^2$，$v=4x+2y$，求$\frac{\partial z}{\partial x}$ 和$\frac{\partial z}{\partial y}$.

3. 设 $z=u+\ln v$，而 $u=\arctan(xy)$，$v=1+x^2y^2$，求$\frac{\partial z}{\partial x}$和$\frac{\partial z}{\partial y}$.

4. 设 $z=(x+y)^{xy}$，求$\frac{\partial z}{\partial x}$ 和$\frac{\partial z}{\partial y}$.

5. 求 $z=f(x+y,xy)$的偏导数$\frac{\partial z}{\partial x}$，$\frac{\partial z}{\partial y}$，$\frac{\partial^2 z}{\partial x^2}$，$\frac{\partial^2 z}{\partial x\partial y}$ 和$\frac{\partial^2 z}{\partial y^2}$.

6.4 多元函数极值

在一元函数中,利用导数求得极值,从而解决了一些有关最大值、最小值的应用问题. 在多元函数中也有类似的问题,也可以用偏导数来求多元函数的极值.

6.4.1 二元函数的极值

定义 6.6 设函数 $z=f(x,y)$ 在点 (x_0,y_0) 的某邻域内有定义,若对于该邻域内异于 (x_0,y_0) 的一切点 (x,y) 恒有

$$f(x,y)<f(x_0,y_0)\ (\text{或} f(x,y)>f(x_0,y_0)),$$

则称 $f(x_0,y_0)$ 为函数 $f(x,y)$ 的一个极大值(或极小值). 极大值和极小值统称极值,使函数取得极值的点叫作极值点.

定理 6.5 **(极值存在的必要条件)** 设函数 $z=f(x,y)$ 在点 $P_0(x_0,y_0)$ 处的偏导数 $f'_x(x_0,y_0)$, $f'_y(x_0,y_0)$ 存在,且在点 P_0 处有极值,则在该点的偏导数必为零,即

$$\begin{cases} f'_x(x_0,y_0)=0, \\ f'_y(x_0,y_0)=0. \end{cases}$$

使 $f'_x(x_0,y_0)=0$, $f'_y(x_0,y_0)=0$ 同时成立的点 (x_0,y_0) 叫作函数 $f(x,y)$ 的驻点.

与一元函数类似,具有偏导数的函数,其极值点必定是驻点,但函数的驻点不一定是极值点,如点 $(0,0)$ 是函数 $f(x,y)=x^2-y^2$ 的驻点,但非极值点. 那么,如何判别二元函数的驻点为极值点?其值是极大值还是极小值?对此有下面的判定定理.

定理 6.6 **(极值存在的充分条件)** 设 $P_0(x_0,y_0)$ 是函数 $z=f(x,y)$ 的驻点,且函数在点 P_0 的某邻域内二阶偏导数连续,令

$$A=f''_{xx}(x_0,y_0),B=f''_{xy}(x_0,y_0),C=f''_{yy}(x_0,y_0),\Delta=B^2-AC,$$

则有:

(1) 当 $\Delta<0$ 时,函数 $z=f(x,y)$ 在点 (x_0,y_0) 处有极值,且当 $A>0$ 时,有极小值;当 $A<0$ 时,有极大值.

(2) 当 $\Delta>0$ 时,函数 $z=f(x,y)$ 在点 (x_0,y_0) 处没有极值.

(3) 当 $\Delta=0$ 时,函数 $z=f(x,y)$ 在点 (x_0,y_0) 处可能有极值,也可能没有极值.

例 6.22 求函数 $f(x,y)=x^3-y^3+3x^2+3y^2-9x$ 的极值.

解 解方程组 $\begin{cases} f'_x(x,y)=3x^2+6x-9=0, \\ f'_y(x,y)=-3y^2+6y=0, \end{cases}$ 求得驻点为 $(1,0)$, $(1,2)$, $(-3,0)$, $(-3,2)$.

再求二阶偏导数

$$f''_{xx}(x,y)=6x+6,f''_{xy}(x,y)=0\ ,f''_{yy}(x,y)=-6y+6.$$

在点 $(1,0)$ 处,$\Delta=B^2-AC=0-12\times 6<0$,且 $A=12>0$,所以函数在点 $(1,0)$ 处有极小值 $f(1,0)=-5$;

在点 $(1,2)$ 处,$\Delta=B^2-AC=0+12\times 6>0$,且 $A=12>0$,所以函数在点 $(1,2)$ 处无极值;

在点 $(-3,0)$ 处,$\Delta=B^2-AC=0+12\times 6>0$,且 $A=12>0$,所以函数在点 $(-3,0)$ 处无极值;

在点$(-3,2)$处,$\Delta=B^2-AC=0-(-12)\times(-6)<0$,且$A=-12<0$,所以函数在点$(-3,2)$处有极大值$f(-3,2)=31$.

同一元函数一样,二元函数中偏导数不存在的点也可能为极值点．例如,$z=-\sqrt{x^2+y^2}$在点$(0,0)$处取得极大值,但$z=-\sqrt{x^2+y^2}$在点$(0,0)$处的偏导数不存在．

6.4.2 最值问题

与一元函数类似,若函数$z=f(x,y)$在有界闭区域D上连续,则函数在D上一定取得最大值或最小值．因此,求有界闭区域D上二元函数的最值时,首先求出函数在D内的驻点、一阶偏导数不存在的点处的函数值,以及该函数在D的边界上的最大值、最小值,比较这些值的大小,最大(小)者就是该二元函数的最大(小)值．

例 6.23 求函数$f(x,y)=\sqrt{4-x^2-y^2}$在$D:x^2+y^2\leqslant 1$上的最值．

解 解方程组$\begin{cases}f'_x(x,y)=\dfrac{-x}{\sqrt{4-x^2-y^2}}=0,\\ f'_y(x,y)=\dfrac{-y}{\sqrt{4-x^2-y^2}}=0,\end{cases}$得驻点为$(0,0)$,且$f(0,0)=\sqrt{4}=2$.

在D的边界上$(x^2+y^2=1)$,$f(x,y)=\sqrt{4-x^2-y^2}\Big|_{x^2+y^2=1}=\sqrt{3}$.

比较上述两值,可得函数$f(x,y)$在点$(0,0)$处取得最大值为$f(0,0)=2$.

在D的边界$x^2+y^2=1$上取得最小值为$\sqrt{3}$.

在实际问题中,如果函数$f(x,y)$在D内具有唯一的驻点,而根据实际问题的性质又可判定它的最大值或最小值存在,那么这个唯一的驻点就是要求的最值点．

例 6.24 某工厂要用钢板制作一个容积为1 m^3的无盖长方体容器,若不计钢板的厚度,怎样制作才能使材料最省？

解 设长方体容器的长、宽、高分别为x,y,z,则无盖容器所需钢板的面积为

$$S=xy+2yz+2xz(x>0,y>0,z>0).$$

由题意知,长方体容器的体积$V=xyz=1$,解出$z=\dfrac{1}{xy}$.

代入S中,得$S=xy+\dfrac{2(x+y)}{xy}(x>0,y>0)$.

求S对x,y的偏导数$\dfrac{\partial S}{\partial x}=y-\dfrac{2}{x^2}$,$\dfrac{\partial S}{\partial y}=x-\dfrac{2}{y^2}$,令$\dfrac{\partial S}{\partial x}=0$,$\dfrac{\partial S}{\partial y}=0$,得唯一驻点为$x=y=\sqrt[3]{2}$,代入$z=\dfrac{1}{xy}$中得$z=\dfrac{\sqrt[3]{2}}{2}$,即此时无盖容器的表面积最小,所以当长方体容器的长与宽均取$\sqrt[3]{2}$ m,高取$\dfrac{\sqrt[3]{2}}{2}$ m时,所需材料最省．

6.4.3 条件极值

如果函数的自变量除了限定在定义域内以外,再没有其他限制,这种极值问题称为无条件极值．但在实际问题中,自变量经常会受到某些条件的约束,这种对自变量有约束条件的极值

称为条件极值.

条件极值的解法有两种.一种是将条件极值转化为无条件极值,如上例就是求 $S=xy+2yz+2xz$ 在自变量满足约束条件 $xyz=1$ 时的条件极值.第二种方法是用拉格朗日乘数法解决,其步骤为:

(1)构造辅助函数 $F(x,y,\lambda)=f(x,y)+\lambda\varphi(x,y)$,称为拉格朗日函数,$\lambda$ 称为拉格朗日乘数;

(2)解方程组 $\begin{cases}F'_x=0,\\F'_y=0,\\F'_\lambda=0,\end{cases}$ 得可能的极值点.

例 6.25 用拉格朗日乘数法解例 6.24.

解 构造辅助函数 $F(x,y,z,\lambda)=xy+2yz+2xz+\lambda(xyz-1)$.

求解方程组 $\begin{cases}F'_x=y+2z+\lambda yz=0,\\F'_y=x+2z+\lambda xz=0,\\F'_z=2x+2y+\lambda xy=0,\\F'_\lambda=xyz-1=0,\end{cases}$

解得 $x=y=\sqrt[3]{2}$,$z=\dfrac{\sqrt[3]{2}}{2}$.

由问题的实际意义可知,确实存在最小值,且可能的极值点只有一个,所以当无盖长方体容器的长与宽均取$\sqrt[3]{2}$ m,高取$\dfrac{\sqrt[3]{2}}{2}$ m 时,所需的材料最省.

习题 6.4

1. 求下列函数的极值点和极值.

(1)$z=e^{2x}(x+2y+y^2)$;　　(2)$z=x^3+y^3-3(x^2+y^2)$.

2. 求函数 $z=xy$ 在条件 $x+y=1$ 条件下的最大值.

3. 要建造一个无盖的长方体水槽,它的底部造价为 18 元/m^2,侧面造价均为 6 元/m^2,设计的总造价为 216 元,问如何选取水槽的尺寸,才能使水槽容积最大?

6.5 多元函数积分学

6.5.1 二重积分的概念

1. 引例：曲顶柱体的体积

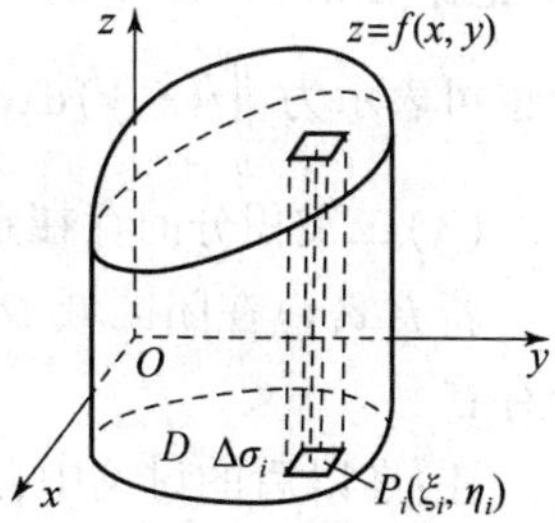

图6-1

设有一空间立体 Ω，它的底是 xOy 面上的有界区域 D，它的侧面是以 D 的边界曲线为准线，母线平行于 z 轴的柱面，它的顶是曲面 $z=f(x,y)$，称这种立体为曲顶柱体，如图6-1所示.

与求曲边梯形的面积的方法类似，可以这样求曲顶柱体的体积 V.

(1)由于 $f(x,y)$ 连续，对于同一个小区域来说，函数值的变化不大. 因此，可以将小曲顶柱体近似看作小平顶柱体，于是

$$\Delta\Omega_i \approx f(\xi_i,\eta_i)\Delta\sigma_i,(\forall(\xi_i,\eta_i)\in\Delta\sigma_i).$$

(2)整个曲顶柱体的体积近似值为

$$V \approx \sum_{i=1}^{n} f(\xi_i,\eta_i)\Delta\sigma_i$$

(3)为了得到 V 的精确值，只需让这 n 个小区域越来越小，即让每个小区域向某点收缩. 为此，引入区域直径的概念：一个闭区域的直径是指区域上任意两点距离的最大者. 所谓让区域向一点收缩性地变小，意指让区域的直径趋于零.

设 n 个小区域直径中的最大者为 λ，则

$$V = \lim_{\lambda\to 0}\sum_{i=1}^{n} f(\xi_i,\eta_i)\Delta\sigma_i,\forall(\xi_i,\eta_i)\in\Delta\sigma_i.$$

2. 二重积分的概念

定义6.7 设 $f(x,y)$ 是闭区域 D 上的有界函数，将区域 D 分成 n 个小区域 $\Delta\sigma_1,\Delta\sigma_2,\cdots,\Delta\sigma_n$，其中，$\Delta\sigma_i$ 既表示第 i 个小区域，也表示它的面积，λ_i 表示它的直径.

$$\lambda = \max_{1\leqslant i\leqslant n}\{\lambda_i\} \quad \forall(\xi_i,\eta_i)\in\Delta\sigma_i,$$

作乘积 $f(\xi_i,\eta_i)\Delta\sigma_i(i=1,2\cdots,n)$，作和式 $\sum\limits_{i=1}^{n} f(\xi_i,\eta_i)\Delta\sigma_i$，若极限 $\lim\limits_{\lambda\to 0}\sum\limits_{i=1}^{n} f(\xi_i,\eta_i)\Delta\sigma_i$ 存在，则称此极限值为函数 $f(x,y)$ 在区域 D 上的**二重积分**，记作 $\iint\limits_D f(x,y)\mathrm{d}\sigma$，即

$$\iint\limits_D f(x,y)\mathrm{d}\sigma = \lim_{\lambda\to 0}\sum_{i=1}^{n} f(\xi_i,\eta_i)\Delta\sigma_i,$$

其中，$f(x,y)$ 称为**被积函数**；$f(x,y)\mathrm{d}\sigma$ 称为被积表达式；$\mathrm{d}\sigma$ 称为**面积元素**；x,y 称之为**积分变量**；D 称为**积分区域**.

对二重积分定义的说明如下.

(1)极限 $\lim\limits_{\lambda\to 0}\sum\limits_{i=1}^{n} f(\xi_i,\eta_i)\Delta\sigma_i$ 的存在与区域 D 的划分及点 (ξ_i,η_i) 的选取无关.

(2) $\iint\limits_D f(x,y)\mathrm{d}\sigma$ 中的面积元素 $\mathrm{d}\sigma$ 象征着积分和式中的 $\Delta\sigma_i$，如图 6－2 所示.

由于二重积分的定义中对区域 D 的划分是任意的，若用一组平行于坐标轴的直线来划分区域 D，那么除了靠近边界曲线的一些小区域之外，绝大多数小区域都是矩形，因此，可以将 $\mathrm{d}\sigma$ 记作 $\mathrm{d}x\mathrm{d}y$（并称 $\mathrm{d}x\mathrm{d}y$ 为直角坐标系下的面积元素），二重积分也可表示为 $\iint\limits_D f(x,y)\mathrm{d}x\mathrm{d}y$.

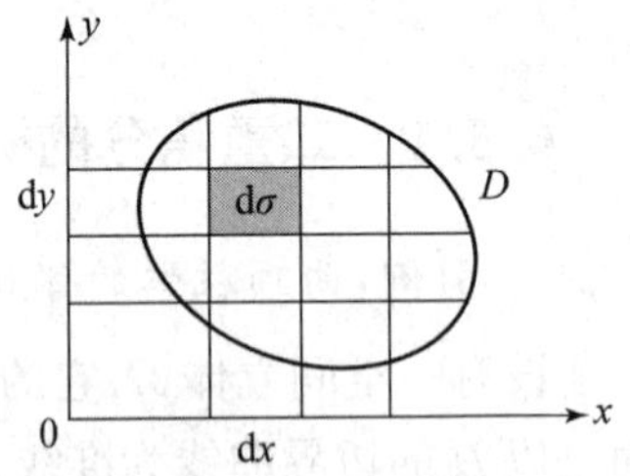

图 6－2

(3) 二重积分的存在定理.

若 $f(x,y)$ 在闭区域 D 上连续，则 $f(x,y)$ 在 D 上的二重积分存在.

注：在以后的讨论中，总假定在闭区域上的二重积分存在.

3. 二重积分的几何意义

当 $f(x,y)\geqslant 0$ 时，$\iint\limits_D f(x,y)\mathrm{d}\sigma$ 表示以 $f(x,y)$ 为曲顶，以 D 为底的曲顶柱体的体积. 当 $f(x,y)<0$ 时，$-\iint\limits_D f(x,y)\mathrm{d}\sigma$ 表示以 $f(x,y)$ 为曲顶，以 D 为底的曲顶柱体的体积. 当 $f(x,y)$ 在区域 D 上有正有负时，$\iint\limits_D f(x,y)\mathrm{d}\sigma$ 表示这些曲顶(底)柱体体积的代数和. 特别地，当 $f(x,y)\equiv 1$ 时，σ 为区域 D 的面积，则

$$\iint\limits_D 1\mathrm{d}\sigma = \iint\limits_D \mathrm{d}\sigma = \sigma.$$

几何意义：高为 1 的平顶柱体的体积在数值上等于柱体的底面积.

6.5.2 二重积分的性质

二重积分与定积分有类似的性质.

性质 6.1 （线性性）

$$\iint\limits_D [\alpha f(x,y) + \beta g(x,y)]\mathrm{d}\sigma = \alpha\iint\limits_D f(x,y)\mathrm{d}\sigma + \beta\iint\limits_D g(x,y)\mathrm{d}\sigma.$$

其中，α,β 是常数.

性质 6.2 （对区域的可加性）

若区域 D 分为两个部分区域 D_1,D_2，则

$$\iint\limits_D f(x,y)\mathrm{d}\sigma = \iint\limits_{D_1} f(x,y)\mathrm{d}\sigma + \iint\limits_{D_2} f(x,y)\mathrm{d}\sigma.$$

性质 6.3 若在 D 上，$f(x,y)\leqslant\varphi(x,y)$，则有不等式

$$\iint\limits_D f(x,y)\mathrm{d}\sigma \leqslant \iint\limits_D \varphi(x,y)\mathrm{d}\sigma.$$

6.5.3 二重积分的计算

从二重积分的定义容易看出，利用和的极限求二重积分比较烦琐，下面给出在直角坐标系

下和极坐标系下将二重积分化成两次积分(即累次积分)来计算的方法.

1. 直角坐标系下的计算方法

若积分区域 D 可以表示为

$$D=\{(x,y)\mid \varphi_1(x)\leqslant y\leqslant \varphi_2(x),a\leqslant x\leqslant b\}.$$

其中,$\varphi_1(x)$,$\varphi_2(x)$在$[a,b]$上连续,并且直线 $x=x_0(a\leqslant x_0\leqslant b)$与区域 D 的边界最多交于两点,则称 D 为 X-型区域(如图6-3所示),有

$$\iint\limits_D f(x,y)\,\mathrm{d}\sigma=\int_a^b\mathrm{d}x\int_{\varphi_1(x)}^{\varphi_2(x)}f(x,y)\,\mathrm{d}y=\int_a^b\left[\int_{\varphi_1(x)}^{\varphi_2(x)}f(x,y)\,\mathrm{d}y\right]\mathrm{d}x.$$

若积分区域 D 可以表示为

$$D=\{(x,y)\mid \varphi_1(y)\leqslant x\leqslant \varphi_2(y),c\leqslant y\leqslant d\}.$$

其中,$\varphi_1(y)$,$\varphi_2(y)$在$[c,d]$上连续,并且直线 $y=y_0(c\leqslant y_0\leqslant d)$与区域 D 的边界最多交于两点,则称 D 为 Y- 型区域(如图6-4所示),有

$$\iint\limits_D f(x,y)\,\mathrm{d}\sigma=\int_c^d\mathrm{d}y\int_{\varphi_1(y)}^{\varphi_2(y)}f(x,y)\,\mathrm{d}x=\int_c^d\left[\int_{\varphi_1(y)}^{\varphi_2(y)}f(x,y)\,\mathrm{d}x\right]\mathrm{d}y.$$

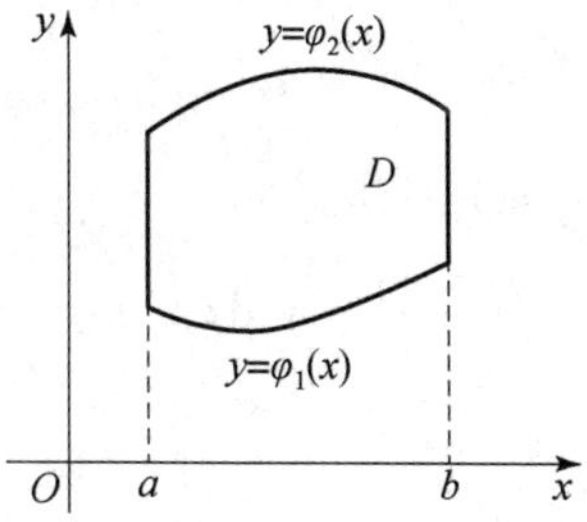

图6-3

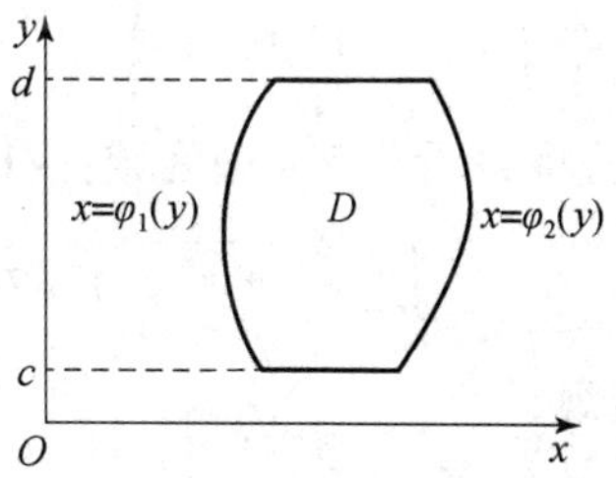

图6-4

例6.26 计算 $\iint\limits_D f(x,y)\,\mathrm{d}\sigma$,其中 D 是由直线 $y=1$,$x=2$ 及 $y=x$ 所围成的闭区域.

解 画出区域 D,如图6-5所示.

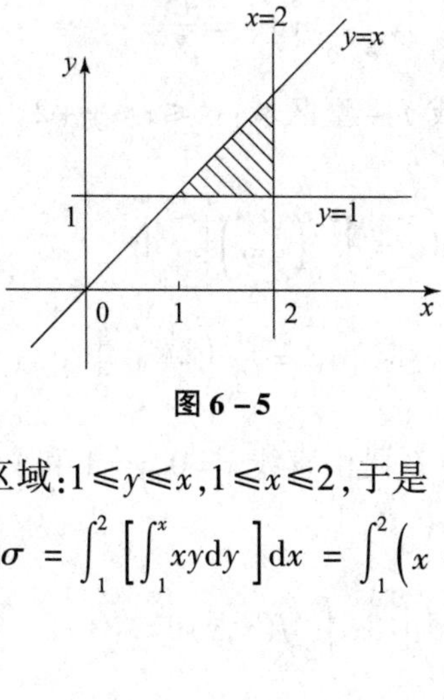

图6-5

方法1:可把 D 看成 X-型区域:$1\leqslant y\leqslant x$,$1\leqslant x\leqslant 2$,于是

$$\iint\limits_D f(x,y)\,\mathrm{d}\sigma=\int_1^2\left[\int_1^x xy\,\mathrm{d}y\right]\mathrm{d}x=\int_1^2\left(x\cdot\frac{y^2}{2}\right)\bigg|_1^x\mathrm{d}x$$

$$= \frac{1}{2}\int_1^2 (x^3 - x)\,dx = \frac{1}{2}\left(\frac{x^4}{4} - \frac{x^2}{2}\right)\Bigg|_1^2 = \frac{9}{8}.$$

方法2：也可把 D 看成 $Y-$型区域：$y \leqslant x \leqslant 2, 1 \leqslant y \leqslant 2$，于是

$$\iint_D f(x,y)\,d\sigma = \int_1^2 \left[\int_y^2 xy\,dx\right]dy = \int_1^2 \left[y \cdot \frac{x^2}{2}\right]\Bigg|_y^2 dy$$

$$= \int_1^2 \left(2y - \frac{y^3}{2}\right)dy = \left[y^2 - \frac{y^4}{8}\right]\Bigg|_1^2 = \frac{9}{8}.$$

例 6.27 计算 $\iint_D y\sqrt{1+x^2-y^2}\,d\sigma$，其中 D 是由直线 $y=1, x=-1$ 及 $y=x$ 所围成的闭区域.

解 画出区域 D，如图 6－6 所示.

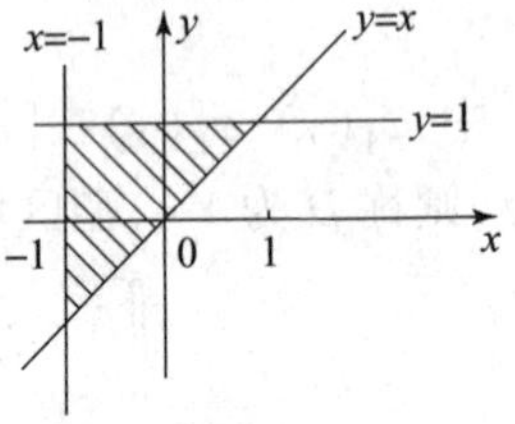

图 6－6

把 D 看成 $X-$型区域：$x \leqslant y \leqslant 1, -1 \leqslant x \leqslant 1$，于是

$$\iint_D y\sqrt{1+x^2-y^2}\,d\sigma = \int_{-1}^1 dx \int_x^1 y\sqrt{1+x^2-y^2}\,dy$$

$$= -\frac{1}{3}\int_{-1}^1 (1+x^2-y^2)^{\frac{3}{2}}\Bigg|_x^1 dx = -\frac{1}{3}\int_{-1}^1 (|x|^3 - 1)\,dx$$

$$= -\frac{2}{3}\int_0^1 (x^3 - 1)\,dx = \frac{1}{2}.$$

注：该题若将 D 看成 $Y-$型区域：$-1 \leqslant x \leqslant y, -1 \leqslant y \leqslant 1$，于是

$$\iint_D y\sqrt{1+x^2-y^2}\,d\sigma = \int_{-1}^1 y\,dy \int_{-1}^y \sqrt{1+x^2-y^2}\,dx,$$

计算将比较麻烦.

例 6.28 计算 $\iint_D xy\,d\sigma$，其中 D 是由直线 $y=x-2$ 及抛物线 $y^2=x$ 所围成的闭区域.

解 画出区域 D，如图 6－7 所示.

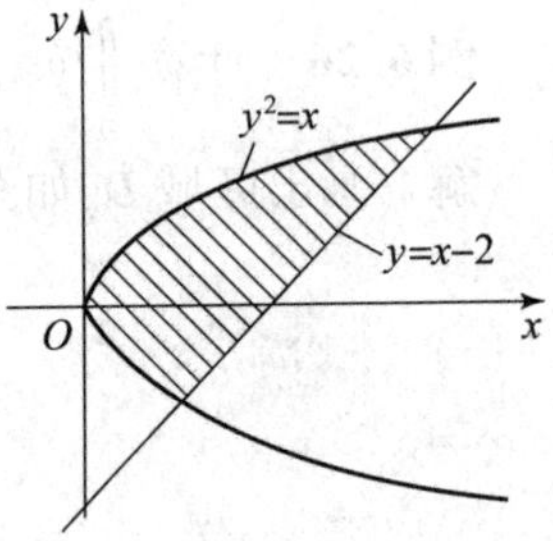

图 6－7

方法1：积分区域可以表示为 $D = D_1 + D_2$，其中

D_1：$0 \leqslant x \leqslant 1, -\sqrt{x} \leqslant y \leqslant \sqrt{x}$；$D_2$：$1 \leqslant x \leqslant 4, 2 \leqslant y \leqslant \sqrt{x}$.

于是 $\iint_D xy\,d\sigma = \int_0^1 dx \int_{-\sqrt{x}}^{\sqrt{x}} xy\,dy + \int_1^4 dx \int_{x-2}^{\sqrt{x}} xy\,dy = \frac{45}{8}$.

方法2：积分区域也可表示成 $Y-$型区域：$y^2 \leqslant x \leqslant y+2, -1 \leqslant y \leqslant 2$，于是

$$\iint_D xy\,d\sigma = \int_{-1}^2 dy \int_{y^2}^{y+2} xy\,dx = \int_{-1}^2 \left(\frac{x^2}{2}y\right)\Bigg|_{y^2}^{y+2} dy$$

$$= \frac{1}{2}\int_{-1}^2 [y(y+2)^2 - y^5]\,dy = \frac{1}{2}\left(\frac{y^4}{4} + \frac{4}{3}y^3 + 2y^2 - \frac{y^6}{6}\right)\Bigg|_{-1}^2 = \frac{45}{8}.$$

思考题：计算 $\iint_D e^{-y^2}\,d\sigma$，其中 D 是由直线 $x=0, y=1$ 和 $y=x$ 所围成的闭区域，则应选择何种积分次序？

例 6.29 交换二重积分次序 $\int_0^1 dx \int_{x^2}^x f(x,y)\,dy$.

解 由所给的二次积分,可得积分区域 D 为 X - 型区域:$x^2 \leqslant y \leqslant x, 0 \leqslant x \leqslant 1$. 画出区域 D,如图 6-8 所示.

改变积分次序,将积分区域 D 看成 Y - 型区域:$y \leqslant x \leqslant \sqrt{y}$,$0 \leqslant y \leqslant 1$,则

$$\int_0^1 \mathrm{d}x \int_{x^2}^{x} f(x,y)\,\mathrm{d}y = \int_0^1 \mathrm{d}y \int_{y}^{\sqrt{y}} f(x,y)\,\mathrm{d}x.$$

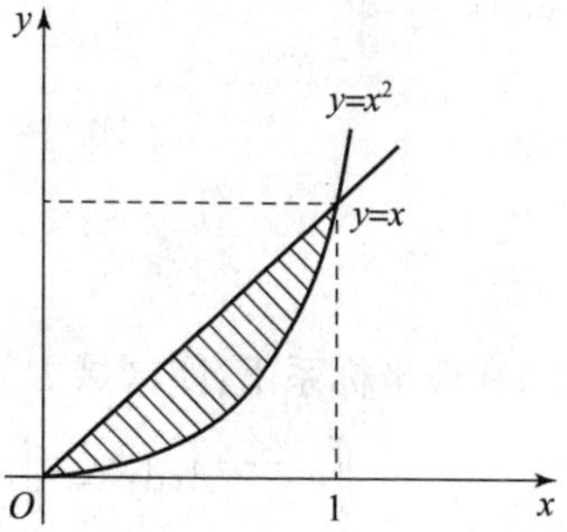

图 6-8

2. 极坐标系下的计算方法

有些二重积分,其积分区域 D 的边界曲线用极坐标方程来表示比较方便,且被积函数用极坐标变量 ρ,θ 表达比较简单,这时就可以考虑利用极坐标来计算二重积分 $\iint\limits_D f(x,y)\,\mathrm{d}\sigma$.

根据二重积分的定义 $\iint\limits_D f(x,y)\,\mathrm{d}\sigma = \lim\limits_{\lambda\to 0}\sum\limits_{i=1}^{n} f(\xi_i,\eta_i)\Delta\sigma_i$,下面研究这个和的极限在极坐标系中的形式.

以从极点 O 出发的一族射线及以极点为中心的一族同心圆构成的网将区域 D 分为 n 个小闭区域(如图 6-9 所示),小闭区域的面积为

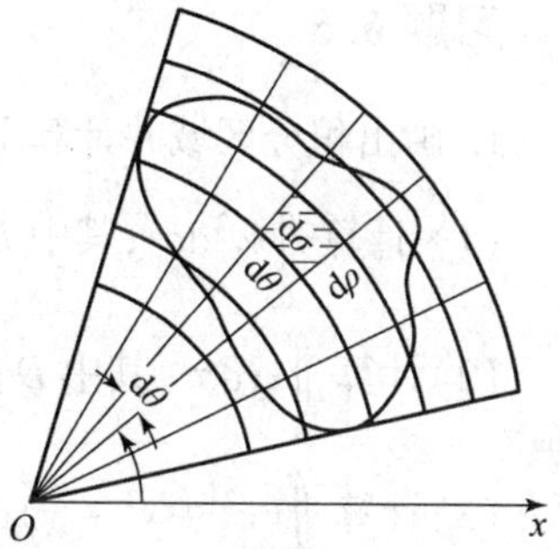

图 6-9

$$\Delta\sigma_i = \frac{1}{2}(\rho_i + \Delta\rho_i)^2 \cdot \Delta\theta_i - \frac{1}{2}\cdot\rho_i^2\cdot\Delta\theta_i$$

$$= \frac{1}{2}(2\rho_i + \Delta\rho_i)\Delta\rho_i \cdot \Delta\theta_i$$

$$= \frac{\rho_i + (\rho_i + \Delta\rho_i)}{2}\cdot\Delta\rho_i\cdot\Delta\theta_i = \rho_i\Delta\rho_i\Delta\theta_i.$$

其中,$\bar{\rho}_i$ 表示相邻两圆弧的半径的平均值. 在 $\Delta\sigma_i$ 内取点($\bar{\rho}_i$, $\bar{\theta}_i$), 设其直角坐标为(ξ_i, η_i),则有 $\xi_i = \bar{\rho}_i\cos\bar{\theta}_i$, $\eta_i = \bar{\rho}_i\sin\bar{\theta}_i$,于是

$$\lim_{\lambda\to 0}\sum_{i=1}^{n} f(\xi_i,\eta_i)\Delta\sigma_i = \lim_{\lambda\to 0}\sum_{i=1}^{n} f(\bar{\rho}_i\cos\bar{\theta}_i, \bar{\rho}_i\sin\bar{\theta}_i)\,\bar{\rho}_i\Delta\rho_i\Delta\theta_i$$

即

$$\iint\limits_D f(x,y)\,\mathrm{d}\sigma = \iint\limits_D f(\rho\cos\theta,\rho\sin\theta)\rho\,\mathrm{d}\rho\,\mathrm{d}\theta.$$

若积分区域 D 可表示为 $\varphi_1(\theta) \leqslant \rho \leqslant \varphi_2(\theta)$, $\alpha \leqslant \theta \leqslant \beta$,时

$$\iint\limits_D f(\rho\cos\theta,\rho\sin\theta)\rho\,\mathrm{d}\rho\,\mathrm{d}\theta = \int_\alpha^\beta \mathrm{d}\theta \int_{\varphi_1(\theta)}^{\varphi_2(\theta)} f(\rho\cos\theta,\rho\sin\theta)\rho\,\mathrm{d}\rho.$$

例 6.30 计算 $\iint\limits_D \mathrm{e}^{-x^2-y^2}\mathrm{d}x\mathrm{d}y$,其中 D 是由中心在原点、半径为 a 的圆周所围成的闭区域.

解 画出区域 D,如图 6-10 所示.

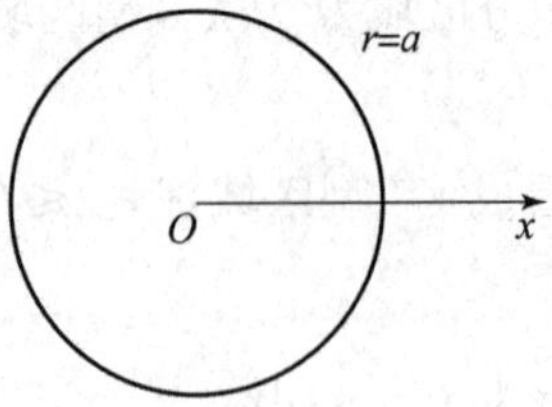

图 6-10

在极坐标系下,闭区域 D 可表示为 $0\leqslant\rho\leqslant a,0\leqslant\theta\leqslant2\pi$,于是

$$\iint_D e^{-x^2-y^2}\mathrm{d}x\mathrm{d}y=\iint_D e^{-\rho^2}\rho\mathrm{d}\rho\mathrm{d}\theta=\int_0^{2\pi}\left[\int_0^a e^{-\rho^2}\rho\mathrm{d}\rho\right]\mathrm{d}\theta$$
$$=\int_0^{2\pi}\left(-\frac{1}{2}e^{-\rho^2}\right)\Big|_0^a\mathrm{d}\theta=\frac{1}{2}(1-e^{-a^2})\int_0^{2\pi}\mathrm{d}\theta=\pi(1-e^{-a^2}).$$

习题 6.5

1. 画出积分区域并计算下列二重积分.

(1) 计算 $\iint\limits_D xy^2\mathrm{d}\sigma$,其中 D 为矩形区域 $0\leqslant x\leqslant1,-1\leqslant y\leqslant1$;

(2)计算 $\iint\limits_D xy\mathrm{d}\sigma$,其中 D 是由直线 $y=x+2$ 及抛物线 $y=x^2$ 所围成的闭区域;

(3)计算 $\iint\limits_D(x^2+y^2-y)\mathrm{d}x\mathrm{d}y$,其中 D 是由 $y=x,y=\frac{x}{2}$ 及 $y=2$ 所围成的闭区域;

(4)计算 $\iint\limits_D\cos(x+y)\mathrm{d}x\mathrm{d}y$,其中 D 是由 $y=x,y=\pi$ 及 $x=0$ 所围成的闭区域;

(5)计算 $\iint\limits_D(x+x^3y^2)\mathrm{d}\sigma$,其中 $D:x^2+y^2\leqslant4,y\geqslant0$;

(6)计算 $\iint\limits_D\sqrt{x^2+y^2}\mathrm{d}\sigma$,其中 $D:x^2+y^2\leqslant2y$.

2. 交换下列各积分的次序.

(1) $\int_0^1\mathrm{d}x\int_{x^3}^{x^2}f(x,y)\mathrm{d}y$;　　(2) $\int_0^1\mathrm{d}y\int_0^y f(x,y)\mathrm{d}x$;

(3) $\int_1^e\mathrm{d}x\int_0^{\ln x}f(x,y)\mathrm{d}y$;　　(4) $\int_0^1\mathrm{d}x\int_0^x f(x,y)\mathrm{d}y+\int_1^2\mathrm{d}x\int_0^{2-x}f(x,y)\mathrm{d}y$.

第7章 线性代数初步

【学习目标】

☞ 了解行列式、矩阵的基本概念.

☞ 掌握行列式、矩阵的基本运算.

☞ 学会运用初等变换求逆矩阵及线性方程组.

中学时学习过用加减消元法和代入消元法求解二元、三元一次方程组(线性方程组)的问题,行列式和矩阵也是讨论和计算线性方程组的重要工具. 本章介绍行列式和矩阵的一些基本概念和运算,以及利用初等行变换求解逆矩阵和线性方程组的方法.

7.1 行 列 式

n 元线性方程组的一般形式为

$$\begin{cases} a_{11}x_1 + a_{12}x_2 + \cdots + a_{1n}x_n = b_1, \\ a_{21}x_1 + a_{22}x_2 + \cdots + a_{2n}x_n = b_2, \\ \qquad\qquad \vdots \\ a_{m1}x_1 + a_{m2}x_2 + \cdots + a_{mn}x_n = b_m. \end{cases}$$

它含有 m 个方程,n 个未知数,m 和 n 可以相等,也可以不等. 其中,$x_1,x_2,\cdots,x_n$ 是未知数;$b_1,b_2,\cdots,b_m$ 是常数;$a_{11},\cdots,a_{1n},a_{21},\cdots,a_{2n},\cdots,a_{m1},\cdots,a_{mn}$是方程组中未知数的系数. 这里先讨论 $m=n=2$,即二元线性方程组的情形.

7.1.1 二阶行列式

解 二元线性方程组

$$\begin{cases} a_{11}x_1 + a_{12}x_2 = b_1, \\ a_{21}x_1 + a_{22}x_2 = b_2. \end{cases} \tag{7-1}$$

当 $a_{11}a_{22}-a_{12}a_{21}\neq 0$ 时,用消元法可得出方程组的唯一解为

$$x_1=\frac{b_1a_{22}-a_{12}b_2}{a_{11}a_{22}-a_{12}a_{21}},x_2=\frac{a_{11}b_2-b_1a_{21}}{a_{11}a_{22}-a_{12}a_{21}}.$$

为了便于使用和记忆,引入一个新的记号$\begin{vmatrix} a_{11} & a_{12} \\ a_{21} & a_{22} \end{vmatrix}$来表示 $a_{11}a_{22}-a_{21}a_{12}$.

定义 7.1 由 2^2 个数排成 2 行 2 列,并在左、右两边各加一竖线的算式$\begin{vmatrix} a_{11} & a_{12} \\ a_{21} & a_{22} \end{vmatrix}$称为**二阶行列式**,其中横排称为行,纵排称为列,$a_{ij}(i=1,2;j=1,2)$称为二阶行列式第 i 行第 j 列的元

素,规定其值为主对角线(左上角至右下角)上两元素的乘积减去次对角线(右上角至左下角)上两元素的乘积,即

$$\begin{vmatrix} a_{11} & a_{12} \\ a_{21} & a_{22} \end{vmatrix} = a_{11}a_{22} - a_{12}a_{21}.$$

这种展开行列式的方法称为对角线展开法.

若记 $D = \begin{vmatrix} a_{11} & a_{12} \\ a_{21} & a_{22} \end{vmatrix}, D_1 = \begin{vmatrix} b_1 & a_{12} \\ b_2 & a_{22} \end{vmatrix}, D_2 = \begin{vmatrix} a_{11} & b_1 \\ a_{21} & b_2 \end{vmatrix}$,则方程组(7-1)的解可表示为

$$x_1 = \frac{D_1}{D}, x_2 = \frac{D_2}{D}.$$

例 7.1 计算下列二阶行列式的值:

(1) $\begin{vmatrix} 3 & -2 \\ 1 & 5 \end{vmatrix}$; (2) $\begin{vmatrix} \sin x & -\cos x \\ \cos x & \sin x \end{vmatrix}$.

解 (1) $\begin{vmatrix} 3 & -2 \\ 1 & 5 \end{vmatrix} = 3\times5 - 1\times(-2) = 17$;

(2) $\begin{vmatrix} \sin x & -\cos x \\ \cos x & \sin x \end{vmatrix} = \sin^2 x + \cos^2 x = 1$.

例 7.2 用行列式法解线性方程组

$$\begin{cases} 3x - 2y = 3, \\ x + 3y = -1. \end{cases}$$

解 因为

$$D = \begin{vmatrix} 3 & -2 \\ 1 & 3 \end{vmatrix} = 3\times3 - 1\times(-2) = 11 \neq 0,$$

$$D_1 = \begin{vmatrix} 3 & -2 \\ -1 & 3 \end{vmatrix} = 3\times3 - (-1)\times(-2) = 7,$$

$$D_2 = \begin{vmatrix} 3 & 3 \\ 1 & -1 \end{vmatrix} = 3\times(-1) - 1\times3 = -6.$$

所以,该方程组的解为:

$$x = \frac{D_1}{D} = \frac{7}{11}, y = \frac{D_2}{D} = -\frac{6}{11}.$$

7.1.2 三阶行列式

为了便于记忆和表达三元线性方程组

$$\begin{cases} a_{11}x_1 + a_{12}x_2 + a_{13}x_3 = b_1, \\ a_{21}x_1 + a_{22}x_2 + a_{23}x_3 = b_2, \\ a_{31}x_1 + a_{32}x_2 + a_{33}x_3 = b_3 \end{cases}$$

的解,引入三阶行列式的概念.

定义 7.2 由 3^2 个数排成 3 行 3 列，并在左、右两边各加一竖线的算式 $\begin{vmatrix} a_{11} & a_{12} & a_{13} \\ a_{21} & a_{22} & a_{23} \\ a_{31} & a_{32} & a_{33} \end{vmatrix}$ 称为**三阶行列式**，并定义其值为

$$a_{11}a_{22}a_{33}+a_{12}a_{23}a_{31}+a_{13}a_{21}a_{32}-a_{13}a_{22}a_{31}-a_{12}a_{21}a_{33}-a_{11}a_{23}a_{32}.$$

由定义可知，三阶行列式的值是 6 项的代数和，每项是不同行不同列的 3 个数的乘积，主对角线方向上的乘积前面加正号，次对角线方向上的乘积前面加负号所得，如图 7 – 1所示.

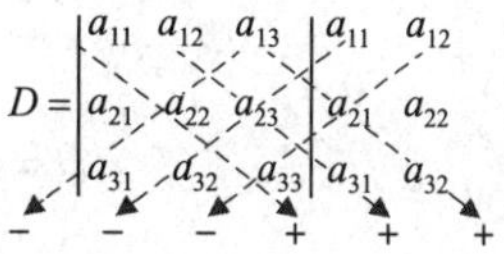

图 7 – 1

例 7.3 用对角线法则计算行列式的值.

(1) $D=\begin{vmatrix} 1 & 2 & 2 \\ -2 & 3 & 1 \\ -3 & 4 & 2 \end{vmatrix}$； (2) $D=\begin{vmatrix} 0 & a & b \\ -a & 0 & c \\ -b & -c & 0 \end{vmatrix}$； (3) $D=\begin{vmatrix} x & a & b \\ 0 & y & c \\ 0 & 0 & z \end{vmatrix}$.

解 (1) $D=\begin{vmatrix} 1 & 2 & 2 \\ -2 & 3 & 1 \\ -3 & 4 & 2 \end{vmatrix}=1\times3\times2+2\times1\times(-3)+2\times(-2)\times4-2\times3\times(-3)-1\times1\times4-2\times(-2)\times2=6-6-16+18-4+8=6$；

(2) $D=\begin{vmatrix} 0 & a & b \\ -a & 0 & c \\ -b & -c & 0 \end{vmatrix}=0-abc+abc-0-0-0=0$；

(3) $D=\begin{vmatrix} x & a & b \\ 0 & y & c \\ 0 & 0 & z \end{vmatrix}=xyz+0+0-0-0-0=xyz.$

7.1.3 *n* 阶行列式

类似于二阶、三阶行列式的定义，可得出 n 阶行列式的定义.

定义 7.3 由 n^2 个数排成 n 行 n 列，并在左、右两边各加一竖线的算式 $\begin{vmatrix} a_{11} & a_{12} & \cdots & a_{1n} \\ a_{21} & a_{22} & \cdots & a_{2n} \\ \vdots & \vdots & & \vdots \\ a_{n1} & a_{n2} & \cdots & a_{nn} \end{vmatrix}$ 称为 ***n* 阶行列式**.

二阶和三阶行列式有相应的对角线展开法则，而其对 $n(n>3)$ 阶行列式则不再适用. 为给出一般的 n 阶行列式的数值，先介绍两个概念.

定义 7.4 将行列式中 a_{ij} 所在的行与列的元素划去，剩下的元素按照原来的行、列顺序所组成的行列式称为元素 a_{ij} 的**余子式**，记作 M_{ij}，称 $(-1)^{i+j}M_{ij}$ 为元素 a_{ij} 的**代数余子式**，记作 A_{ij}，即 $A_{ij}=(-1)^{i+j}M_{ij}$.

例如,在行列式$\begin{vmatrix}1&2&3\\-2&4&7\\6&-2&5\end{vmatrix}$中,$M_{21}=\begin{vmatrix}2&3\\-2&5\end{vmatrix}=16,A_{21}=(-1)^{2+1}M_{21}=-16.$

定理 7.1 行列式等于它的任意一行(或一列)的各个元素与其对应的代数余子式的乘积之和,即

$$D=a_{i1}a_{i1}+a_{i2}a_{i2}+\cdots+a_{in}a_{in}(i=1,2,\cdots,n)$$

或

$$D=a_{1j}a_{1j}+a_{2j}a_{2j}+\cdots+a_{nj}a_{nj}(j=1,2,\cdots,n).$$

例 7.4 将行列式$D=\begin{vmatrix}1&2&-4\\-2&2&1\\-3&4&-2\end{vmatrix}$按第 1 行展开,并求值.

解 $D=\begin{vmatrix}1&2&-4\\-2&2&1\\-3&4&-2\end{vmatrix}=1\times(-1)^{1+1}\begin{vmatrix}2&1\\4&-2\end{vmatrix}+2\times(-1)^{1+2}\begin{vmatrix}-2&1\\-3&-2\end{vmatrix}+(-4)\times$

$(-1)^{1+3}\begin{vmatrix}-2&2\\-3&4\end{vmatrix}=1\times(-8)+2\times(-7)+(-4)\times(-2)=-14.$

例 7.5 计算行列式$\begin{vmatrix}1&2&3\\-2&0&0\\4&5&7\end{vmatrix}$的值.

解 $\begin{vmatrix}1&2&3\\-2&0&0\\4&5&7\end{vmatrix}=(-2)\times(-1)^{2+1}\begin{vmatrix}2&3\\5&7\end{vmatrix}=-2.$

例 7.6 计算行列式$\begin{vmatrix}1&0&-2&0\\-1&2&3&1\\1&1&-3&2\\2&1&0&3\end{vmatrix}$的值.

解 $\begin{vmatrix}1&0&-2&0\\-1&2&3&1\\1&1&-3&2\\2&1&0&3\end{vmatrix}=1\times(-1)^{1+1}\begin{vmatrix}2&3&1\\1&-3&2\\1&0&3\end{vmatrix}+(-2)\times(-1)^{1+3}\begin{vmatrix}-1&2&1\\1&1&2\\2&1&3\end{vmatrix}=-18.$

在 n 阶行列式中,有一类特殊的行列式,它们形如

$$\begin{vmatrix}a_{11}&0&\cdots&0\\a_{21}&a_{22}&\cdots&0\\\vdots&\vdots&&\vdots\\a_{n1}&a_{n2}&\cdots&a_{nn}\end{vmatrix}\text{或}\begin{vmatrix}a_{11}&a_{12}&\cdots&a_{1n}\\0&a_{22}&\cdots&a_{2n}\\\vdots&\vdots&&\vdots\\0&0&\cdots&a_{nn}\end{vmatrix},$$

分别称作**下三角形行列式**或**上三角形行列式**,根据定理 6.1 可得其值均等于主对角线上各元素的乘积,即

$$D=a_{11}\cdot a_{22}\cdot\cdots\cdot a_{nn}.$$

【同步训练 7.1】

1. 写出行列式 $\begin{vmatrix} 2 & 4 & 5 \\ 1 & 3 & 3 \\ -1 & 4 & -2 \end{vmatrix}$ 中元素 a_{12}, a_{23} 的代数余子式并计算.

2. 计算下列行列式的值.

(1) $\begin{vmatrix} 3 & 2 \\ -4 & 1 \end{vmatrix}$; (2) $\begin{vmatrix} 2 & -1 & 1 \\ 3 & 2 & -5 \\ 1 & 3 & -2 \end{vmatrix}$; (3) $\begin{vmatrix} 1 & 2 & 2 & 1 \\ 0 & 1 & 0 & 2 \\ 2 & 0 & 1 & 1 \\ 0 & 2 & 0 & 1 \end{vmatrix}$.

7.1.4 行列式的性质

按定义或行列式展开定理计算行列式有时较为复杂,为简化计算,下面以三阶行列式为例介绍行列式的一些主要性质.

性质 7.1 将行列式的各行变为相应的列,行列式的值保持不变,即

$$\begin{vmatrix} a_1 & b_1 & c_1 \\ a_2 & b_2 & c_2 \\ a_3 & b_3 & c_3 \end{vmatrix} = \begin{vmatrix} a_1 & a_2 & a_3 \\ b_1 & b_2 & b_3 \\ c_1 & c_2 & c_3 \end{vmatrix}.$$

把行列式 D 的行与列互换后所得行列式称为 D 的**转置行列式**,记作 D^{T}.

性质 7.2 互换行列式的任意两行(列),行列式的符号改变,即

$$\begin{vmatrix} a_1 & b_1 & c_1 \\ a_2 & b_2 & c_2 \\ a_3 & b_3 & c_3 \end{vmatrix} = -\begin{vmatrix} a_2 & b_2 & c_2 \\ a_1 & b_1 & c_1 \\ a_3 & b_3 & c_3 \end{vmatrix}.$$

性质 7.3 若行列式中某两行(列)的对应元素相同,行列式的值为零,即

$$\begin{vmatrix} a_1 & b_1 & c_1 \\ a_2 & b_2 & c_2 \\ a_2 & b_2 & c_2 \end{vmatrix} = 0.$$

性质 7.4 行列式中某行(列)的各元素有公因子时,可把公因子提到行列式的符号外面.

推论 7.1 若行列式的某一行(列)的所有元素都是零,那么行列式的值为零.

推论 7.2 若行列式的某两行(列)的对应元素成比例,那么行列式的值为零,即

$$\begin{vmatrix} a_1 & b_1 & c_1 \\ a_2 & b_2 & c_2 \\ ka_2 & kb_2 & kc_2 \end{vmatrix} = k\begin{vmatrix} a_1 & b_1 & c_1 \\ a_2 & b_2 & c_2 \\ a_2 & b_2 & c_2 \end{vmatrix} = 0.$$

性质 7.5 若行列式的某行(列)元素均是两项之和,则此行列式可拆成两个行列式的和,即

$$\begin{vmatrix} a_1 & b_1 & c_1 \\ a_2+a_2' & b_2+b_2' & c_2+c_2' \\ a_3 & b_3 & c_3 \end{vmatrix} = \begin{vmatrix} a_1 & b_1 & c_1 \\ a_2 & b_2 & c_2 \\ a_3 & b_3 & c_3 \end{vmatrix} + \begin{vmatrix} a_1 & b_1 & c_1 \\ a_2' & b_2' & c_2' \\ a_3 & b_3 & c_3 \end{vmatrix}.$$

性质 7.6 将行列式某一行(列)的所有元素同乘数 k 后加到另一行(列)对应元素上,行列式的值保持不变.

例 7.7 利用行列式的性质,计算下列行列式的值.

(1) $\begin{vmatrix} 3 & -1 & -5 \\ 43 & 19 & 65 \\ 4 & 2 & 7 \end{vmatrix}$; (2) $\begin{vmatrix} 1 & 2 & 3 & 4 \\ 2 & 3 & 4 & 1 \\ 3 & 4 & 1 & 2 \\ 4 & 1 & 2 & 3 \end{vmatrix}$.

解 (1) $$\begin{vmatrix} 3 & -1 & -5 \\ 43 & 19 & 65 \\ 4 & 2 & 7 \end{vmatrix} = \begin{vmatrix} 3 & -1 & -5 \\ 40+3 & 20-1 & 70-5 \\ 4 & 2 & 7 \end{vmatrix} = \begin{vmatrix} 3 & -1 & -5 \\ 40 & 20 & 70 \\ 4 & 2 & 7 \end{vmatrix} + \begin{vmatrix} 3 & -1 & -5 \\ 3 & -1 & -5 \\ 4 & 2 & 7 \end{vmatrix} = 0.$$

(2) $$\begin{vmatrix} 1 & 2 & 3 & 4 \\ 2 & 3 & 4 & 1 \\ 3 & 4 & 1 & 2 \\ 4 & 1 & 2 & 3 \end{vmatrix} = \begin{vmatrix} 1 & 2 & 3 & 4 \\ 0 & -1 & -2 & -7 \\ 0 & -2 & -8 & -10 \\ 0 & -7 & -10 & -13 \end{vmatrix} = \begin{vmatrix} 1 & 2 & 3 & 4 \\ 0 & -1 & -2 & -7 \\ 0 & 0 & -4 & 4 \\ 0 & 0 & 4 & 36 \end{vmatrix}$$

$$= \begin{vmatrix} 1 & 2 & 3 & 4 \\ 0 & -1 & -2 & -7 \\ 0 & 0 & -4 & 4 \\ 0 & 0 & 0 & 40 \end{vmatrix} = 1\times(-1)\times(-4)\times 40 = 160.$$

习题 7.1

1. 用对角线法则计算下列行列式的值.

(1) $\begin{vmatrix} 4 & -1 \\ 5 & 6 \end{vmatrix}$; (2) $\begin{vmatrix} a+b & a \\ a & a-b \end{vmatrix}$; (3) $\begin{vmatrix} 2 & -7 & 5 \\ 1 & 3 & 3 \\ -1 & 4 & -2 \end{vmatrix}$; (4) $\begin{vmatrix} 2 & 1 & 3 \\ 3 & 2 & 1 \\ 1 & 3 & 2 \end{vmatrix}$.

2. 用行列式解下列线性方程组.

(1) $\begin{cases} 3x+2y=5, \\ 2x-y=8; \end{cases}$ (2) $\begin{cases} x+y+z=10, \\ 2x+3y-z=1, \\ 3x+2y+z=14. \end{cases}$

3. 利用展开定理或性质计算下列行列式的值.

(1) $\begin{vmatrix} 203 & -199 & 398 \\ 9 & 7 & -5 \\ 3 & 1 & -2 \end{vmatrix}$；(2) $\begin{vmatrix} 2 & 1 & -5 & 6 \\ 1 & -3 & 0 & 4 \\ 0 & 1 & 0 & -3 \\ 1 & 4 & -2 & 0 \end{vmatrix}$；(3) $\begin{vmatrix} 1 & -5 & 3 & -2 \\ -3 & 6 & -1 & 4 \\ 2 & -2 & 1 & 3 \\ -1 & 4 & -2 & 5 \end{vmatrix}$.

【同步训练7.1】答案

1. $A_{12}=-1$，$A_{23}=-12$.

2. (1)11；(2)28；(3)9.

7.2 矩　阵

7.2.1 矩阵的概念

1. 矩阵的定义

在日常生活及工作和学习中,许多实际问题的描述和计算常常会用到一些数的矩形表,如商品的价格表、生产线上产品的产量表、产地到销地的商品运输方案等.

例7.8 从A_1、A_2、A_3三个水泥厂把水泥运往四个销售地B_1、B_2、B_3、B_4,调运方案见表7-1.

表7-1 单位:t

销售地 / 水泥厂	B_1	B_2	B_3	B_4
A_1	80	75	50	87
A_2	36	95	65	84
A_3	45	85	54	90

分析:把表7-1中的数据取出来且不改变数据的相对位置可得一个矩形数表

$$\begin{bmatrix} 80 & 75 & 50 & 87 \\ 36 & 95 & 65 & 84 \\ 45 & 85 & 54 & 90 \end{bmatrix},$$

将其实际背景去掉,由此抽象出矩阵的概念.

定义7.5 由$m\times n$个数$a_{ij}(i=1,2,\cdots,m;j=1,2,\cdots,n)$排成的$m$行$n$列的矩形数表

$$\begin{bmatrix} a_{11} & a_{12} & \cdots & a_{1n} \\ a_{21} & a_{22} & \cdots & a_{2n} \\ \vdots & \vdots & & \vdots \\ a_{m1} & a_{m2} & \cdots & a_{mn} \end{bmatrix} \text{或} \begin{pmatrix} a_{11} & a_{12} & \cdots & a_{1n} \\ a_{21} & a_{22} & \cdots & a_{2n} \\ \vdots & \vdots & & \vdots \\ a_{m1} & a_{m2} & \cdots & a_{mn} \end{pmatrix}$$

称为一个m行n列的矩阵,记为$\boldsymbol{A}_{m\times n}$或$\boldsymbol{A}=(a_{ij})_{m\times n}$,其中元素$a_{ij}$位于矩阵的第$i$行第$j$列.

2. 几种特殊的矩阵

(1)只有一行的矩阵称为**行矩阵**,如$\boldsymbol{A}=[a_{11}\quad a_{12}\quad\cdots\quad a_{1n}]$.

(2)只有一列的矩阵称为**列矩阵**,如 $\boldsymbol{A}=\begin{bmatrix} a_{11} \\ a_{21} \\ \vdots \\ a_{m1} \end{bmatrix}$.

(3)元素全为零的矩阵称为**零矩阵**,记作 $0_{m\times n}$ 或 0.

(4)当 $m=n$ 时,矩阵 $\boldsymbol{A}$ 称为 n 阶**方阵**,即 $\boldsymbol{A}=\begin{bmatrix} a_{11} & a_{12} & \cdots & a_{1n} \\ a_{21} & a_{22} & \cdots & a_{2n} \\ \vdots & \vdots & & \vdots \\ a_{n1} & a_{n2} & \cdots & a_{nn} \end{bmatrix}$.

(5)主对角线下方(上方)的各元素均为零的方阵称为**上三角矩阵**(**下三角矩阵**),即

$$\boldsymbol{A}=\begin{bmatrix} a_{11} & a_{12} & \cdots & a_{1n} \\ 0 & a_{22} & \cdots & a_{2n} \\ \vdots & \vdots & & \vdots \\ 0 & 0 & \cdots & a_{nn} \end{bmatrix} \text{或} \boldsymbol{A}=\begin{bmatrix} a_{11} & 0 & \cdots & 0 \\ a_{21} & a_{22} & \cdots & 0 \\ \vdots & \vdots & & \vdots \\ a_{n1} & a_{n2} & \cdots & 0 \end{bmatrix}.$$

上三角矩阵和下三角矩阵统称为**三角矩阵**.

(6)除主对角线上的元素外,其余元素全为零的方阵称为**对角矩阵**,即 $\boldsymbol{A}=\begin{bmatrix} a_{11} & 0 & \cdots & 0 \\ 0 & a_{22} & \cdots & 0 \\ \vdots & \vdots & & \vdots \\ 0 & 0 & \cdots & a_{nn} \end{bmatrix}$.

(7)主对角线上的元素均为 1 的对角矩阵称为**单位矩阵**,记为 E 或 I,如

$$\boldsymbol{E}_2=\begin{bmatrix} 1 & 0 \\ 0 & 1 \end{bmatrix}, \boldsymbol{E}_3=\begin{bmatrix} 1 & 0 & 0 \\ 0 & 1 & 0 \\ 0 & 0 & 1 \end{bmatrix}.$$

(8)将矩阵 $\boldsymbol{A}=(a_{ij})_{m\times n}$ 的行和列依次互换,所得到的矩阵称为 $\boldsymbol{A}$ 的**转置矩阵**,记为 $\boldsymbol{A}^{\mathrm{T}}$,即

$$\boldsymbol{A}=\begin{bmatrix} a_{11} & a_{12} & \cdots & a_{1n} \\ a_{21} & a_{22} & \cdots & a_{2n} \\ \vdots & \vdots & & \vdots \\ a_{m1} & a_{m2} & \cdots & a_{mn} \end{bmatrix}, \text{则} \boldsymbol{A}^{\mathrm{T}}=\begin{bmatrix} a_{11} & a_{21} & \cdots & a_{m1} \\ a_{12} & a_{22} & \cdots & a_{m2} \\ \vdots & \vdots & & \vdots \\ a_{1n} & a_{2n} & \cdots & a_{mn} \end{bmatrix}.$$

(9)若两矩阵是同型矩阵(具有相同的行数和列数),即 $\boldsymbol{A}=(a_{ij})_{m\times n}$,$\boldsymbol{B}=(b_{ij})_{m\times n}$,且满足 $a_{ij}=b_{ij}(i=1,2,\cdots,m;j=1,2,\cdots,n)$,则称矩阵 $\boldsymbol{A}$ 与矩阵 $\boldsymbol{B}$ 相等,记为 $\boldsymbol{A}=\boldsymbol{B}$.

7.2.2 矩阵的运算

1. 矩阵的加法与减法

例 7.9 某运输公司分两次将某商品(单位:t)从 3 个产地运往 4 个销地,两次调运方案分别用矩阵 $\boldsymbol{A}$ 与矩阵 $\boldsymbol{B}$ 表示:

$$A=\begin{bmatrix}2&4&5&0\\1&2&0&1\\3&3&2&3\end{bmatrix},B=\begin{bmatrix}3&6&7&5\\2&3&1&2\\2&1&3&1\end{bmatrix},$$

求该公司两次从各产地运往各销地的商品运输量.

显然所求商品运输量用矩阵表示为

$$\begin{bmatrix}2+3&4+6&5+7&0+5\\1+2&2+3&0+1&1+2\\3+2&3+1&2+3&3+1\end{bmatrix}=\begin{bmatrix}5&10&12&5\\3&5&1&3\\5&4&5&4\end{bmatrix}.$$

在实际问题中有时需要把两个矩阵的所有对应元素相加,这就是矩阵的加法.

定义 7.6 设矩阵$\boldsymbol{A}=(a_{ij})_{m\times n}$,矩阵$\boldsymbol{B}=(b_{ij})_{m\times n}$,则矩阵$(a_{ij}\pm b_{ij})_{m\times n}$称为 $\boldsymbol{A}$ 与 $\boldsymbol{B}$ 的和与差,记作 $\boldsymbol{A}\pm\boldsymbol{B}$,即 $\boldsymbol{A}\pm\boldsymbol{B}=(a_{ij}\pm b_{ij})_{m\times n}$.

注意:只有同型矩阵才能作加减法运算.

2. 矩阵的数乘运算

在例 7.9 中,若运输公司第三次将这种商品从 3 个产地运往 4 个销地的运输量是第二次的 2 倍,则第三次该商品的运输方案可用矩阵表示为

$$\begin{bmatrix}3\times2&6\times2&7\times2&5\times2\\2\times2&3\times2&1\times2&2\times2\\2\times2&1\times2&3\times2&1\times2\end{bmatrix}=\begin{bmatrix}6&12&14&10\\4&6&2&4\\4&2&6&2\end{bmatrix}.$$

这实际上就是数 2 与矩阵 $\boldsymbol{B}$ 相乘.

定义 7.7 数 k 与矩阵$\boldsymbol{A}=(a_{ij})_{m\times n}$中的所有元素相乘,得到的矩阵$(ka_{ij})_{m\times n}$,称为数 k 与矩阵 $\boldsymbol{A}$ 的**数乘矩阵**,记作 $k\boldsymbol{A}$ 或 $\boldsymbol{A}k$,即

$$k\boldsymbol{A}=\boldsymbol{A}k=(ka_{ij})_{m\times n}.$$

例 7.10 已知 $\boldsymbol{A}=\begin{bmatrix}1&2&3\\0&1&-1\\3&-2&4\end{bmatrix},\boldsymbol{B}=\begin{bmatrix}1&1&4\\2&-3&0\\-1&-3&2\end{bmatrix}$,求 $\boldsymbol{A}-\boldsymbol{B}^{\mathrm{T}},2\boldsymbol{A}+3\boldsymbol{B}$.

解 $$\boldsymbol{A}-\boldsymbol{B}^{\mathrm{T}}=\begin{bmatrix}1&2&3\\0&1&-1\\3&-2&4\end{bmatrix}-\begin{bmatrix}1&2&-1\\1&-3&-3\\4&0&2\end{bmatrix}=\begin{bmatrix}1-1&2-2&3-(-1)\\0-1&1-(-3)&-1-(-3)\\3-4&-2-0&4-2\end{bmatrix}=$$
$$\begin{bmatrix}0&0&4\\-1&4&2\\-1&-2&2\end{bmatrix}.$$

$$2\boldsymbol{A}+3\boldsymbol{B}=2\begin{bmatrix}1&2&3\\0&1&-1\\3&-2&4\end{bmatrix}+3\begin{bmatrix}1&1&4\\2&-3&0\\-1&-3&2\end{bmatrix}=\begin{bmatrix}2&4&6\\0&2&-2\\6&-4&8\end{bmatrix}+\begin{bmatrix}3&3&12\\6&-9&0\\-3&-9&6\end{bmatrix}=$$
$$\begin{bmatrix}5&7&18\\6&-7&-2\\3&-13&14\end{bmatrix}.$$

例 7.11 设矩阵 $A=\begin{bmatrix}4&3&7\\6&1&5\end{bmatrix}$，$B=\begin{bmatrix}4&-1&5\\-2&9&7\end{bmatrix}$，若 $3A-2X=B$，求 X.

解 $X=\frac{1}{2}(3A-B)=\frac{1}{2}\left[3\begin{bmatrix}4&3&7\\6&1&5\end{bmatrix}-\begin{bmatrix}4&-1&5\\-2&9&7\end{bmatrix}\right]=\frac{1}{2}\begin{bmatrix}8&10&16\\20&-6&8\end{bmatrix}=$
$\begin{bmatrix}4&5&8\\10&-3&4\end{bmatrix}$.

3. 矩阵的乘法运算

例 7.12 某地区有三家超市Ⅰ、Ⅱ、Ⅲ同时在销售甲、乙两种商品，矩阵 A 表示一年中各超市销售各种商品的数量，矩阵 B 表示各种商品的单位价格(元)及单位利润(元)，矩阵 C 表示各超市的总收益及总利润.

$$A=\begin{bmatrix}a_{11}&a_{12}\\a_{21}&a_{22}\\a_{31}&a_{32}\end{bmatrix}\begin{matrix}\text{Ⅰ}\\\text{Ⅱ}\\\text{Ⅲ}\end{matrix},\quad B=\begin{bmatrix}b_{11}&b_{12}\\b_{21}&b_{22}\end{bmatrix}\begin{matrix}\text{甲}\\\text{乙}\end{matrix}$$

甲 乙　　单位价格 单位利润

分析：矩阵 A,B,C 的元素之间有下列关系：

$$\begin{bmatrix}a_{11}b_{11}+a_{12}b_{21}&a_{11}b_{12}+a_{12}b_{22}\\a_{21}b_{11}+a_{22}b_{21}&a_{21}b_{12}+a_{22}b_{22}\\a_{31}b_{11}+a_{32}b_{21}&a_{31}b_{12}+a_{32}b_{22}\end{bmatrix}=\begin{bmatrix}c_{11}&c_{12}\\c_{21}&c_{22}\\c_{31}&c_{32}\end{bmatrix}=C,$$

其中 $c_{ij}=a_{i1}b_{1j}+a_{i2}b_{2j}(i=1,2,3;j=1,2)$，即矩阵 C 中第 i 行第 j 列的元素等于矩阵 A 中第 i 行元素与矩阵 B 中第 j 列对应元素乘积之和. 这就是矩阵的乘法.

定义 7.8 设 $A=(a_{ij})_{m\times s}$，$B=(b_{ij})_{s\times n}$，那么定义矩阵 A 和 B 的乘积 AB 是一个 $m\times n$ 矩阵 $C=(c_{ij})_{m\times n}$，其中 $c_{ij}=a_{i1}b_{1j}+a_{i2}b_{2j}+\cdots+a_{is}b_{sj}$，$(i=1,2,\cdots,m;j=1,2,\cdots,n)$，记为 $C=AB$.

从上述矩阵的乘法运算法则中可以看出，两个矩阵相乘应注意以下问题：

(1)只有当前一个矩阵(左矩阵)的列数与后一个矩阵(右矩阵)的行数相等时，两个矩阵才能相乘；

(2)两个矩阵的乘积仍然是一个矩阵，它的行数等于前一个矩阵(左矩阵)的行数，它的列数等于后一个矩阵(右矩阵)的列数.

例 7.13 设 $A=\begin{bmatrix}1&0&2\\4&3&1\end{bmatrix}$，$B=\begin{bmatrix}1&3\\2&1\\3&0\end{bmatrix}$，求 AB 和 BA.

解 $AB=\begin{bmatrix}1&0&2\\4&3&1\end{bmatrix}\begin{bmatrix}1&3\\2&1\\3&0\end{bmatrix}=\begin{bmatrix}1\times1+0\times2+2\times3&1\times3+0\times1+2\times0\\4\times1+3\times2+1\times3&4\times3+3\times1+1\times0\end{bmatrix}=\begin{bmatrix}7&3\\13&15\end{bmatrix}$；

$$BA=\begin{bmatrix}1&3\\2&1\\3&0\end{bmatrix}\begin{bmatrix}1&0&2\\4&3&1\end{bmatrix}=\begin{bmatrix}1\times1+3\times4&1\times0+3\times3&1\times2+3\times1\\2\times1+1\times4&2\times0+1\times3&2\times2+1\times1\\3\times1+0\times4&3\times0+0\times3&3\times2+0\times1\end{bmatrix}=\begin{bmatrix}13&9&5\\6&3&5\\3&0&6\end{bmatrix}.$$

例 7.14 设 $\boldsymbol{A}=\begin{bmatrix}3 & 1\\ -2 & -1\end{bmatrix}$, $\boldsymbol{B}=\begin{bmatrix}-5 & 1\\ 9 & -1\end{bmatrix}$, $\boldsymbol{C}=\begin{bmatrix}0 & 0\\ 1 & 3\end{bmatrix}$,求 $\boldsymbol{AC},\boldsymbol{BC}$.

解 $\boldsymbol{AC}=\begin{bmatrix}1 & 3\\ -1 & -3\end{bmatrix}=\boldsymbol{BC}$.

例 7.15 设 $\boldsymbol{A}=\begin{bmatrix}2 & 4\\ -3 & -6\end{bmatrix},\boldsymbol{B}=\begin{bmatrix}-2 & 4\\ 1 & -2\end{bmatrix}$,求 $\boldsymbol{AB}$.

解 $\boldsymbol{AB}=\begin{bmatrix}2 & 4\\ -3 & -6\end{bmatrix}\begin{bmatrix}-2 & 4\\ 1 & -2\end{bmatrix}=\begin{bmatrix}0 & 0\\ 0 & 0\end{bmatrix}$.

例 7.16 设 $\boldsymbol{A}=\begin{bmatrix}2 & 3\\ 0 & 1\\ 3 & -2\end{bmatrix}$,求 $\boldsymbol{AE},\boldsymbol{EA}$.

解 $\boldsymbol{AE}=\begin{bmatrix}2 & 3\\ 0 & 1\\ 3 & -2\end{bmatrix}\begin{bmatrix}1 & 0\\ 0 & 1\end{bmatrix}=\begin{bmatrix}2 & 3\\ 0 & 1\\ 3 & -2\end{bmatrix}$;

$$\boldsymbol{EA}=\begin{bmatrix}1 & 0 & 0\\ 0 & 1 & 0\\ 0 & 0 & 1\end{bmatrix}\begin{bmatrix}2 & 3\\ 0 & 1\\ 3 & -2\end{bmatrix}=\begin{bmatrix}2 & 3\\ 0 & 1\\ 3 & -2\end{bmatrix}.$$

例 7.17 已知 $\boldsymbol{A}=\begin{bmatrix}2 & 0 & -1\\ 1 & 3 & 2\end{bmatrix},\boldsymbol{B}=\begin{bmatrix}1 & 7 & -1\\ 4 & 2 & 3\\ 2 & 0 & 1\end{bmatrix}$,求$(\boldsymbol{AB})^{\mathrm{T}}$ 和 $\boldsymbol{B}^{\mathrm{T}}\boldsymbol{A}^{\mathrm{T}}$.

解 $\boldsymbol{AB}=\begin{bmatrix}2 & 0 & -1\\ 1 & 3 & 2\end{bmatrix}\begin{bmatrix}1 & 7 & -1\\ 4 & 2 & 3\\ 2 & 0 & 1\end{bmatrix}=\begin{bmatrix}0 & 14 & -3\\ 17 & 13 & 10\end{bmatrix}$, $(\boldsymbol{AB})^{\mathrm{T}}=\begin{bmatrix}0 & 14 & -3\\ 17 & 13 & 10\end{bmatrix}^{\mathrm{T}}$

$=\begin{bmatrix}0 & 17\\ 14 & 13\\ -3 & 10\end{bmatrix}$,

$$\boldsymbol{B}^{\mathrm{T}}\boldsymbol{A}^{\mathrm{T}}=\begin{pmatrix}1 & 4 & 2\\ 7 & 2 & 0\\ -1 & 3 & 1\end{pmatrix}\begin{pmatrix}2 & 1\\ 0 & 3\\ -1 & 2\end{pmatrix}=\begin{pmatrix}0 & 17\\ 14 & 13\\ -3 & 10\end{pmatrix}.$$

由以上例题可以看出:

(1)一般情况下,矩阵乘法不满足交换律(三种情况:交换后不可乘,交换后不同型,交换后不相等);

(2)一般情况下,矩阵乘法不满足消去律,即由 $\boldsymbol{AC}=\boldsymbol{BC}$ 且 $\boldsymbol{C}\neq 0$,不能推出 $\boldsymbol{A}=\boldsymbol{B}$;

(3)一般情况下,$\boldsymbol{AB}=\boldsymbol{O}$,不能推出 $\boldsymbol{A}=\boldsymbol{O}$ 或 $\boldsymbol{B}=\boldsymbol{O}$.

但矩阵乘法满足下列运算律(假定运算都是可以进行的):

(1)结合律:$(\boldsymbol{AB})\boldsymbol{C}=\boldsymbol{A}(\boldsymbol{BC})$;

(2)分配律:$(\boldsymbol{A}+\boldsymbol{B})\boldsymbol{C}=\boldsymbol{AC}+\boldsymbol{BC},\boldsymbol{C}(\boldsymbol{A}+\boldsymbol{B})=\boldsymbol{CA}+\boldsymbol{CB}$;

(3)$k(\boldsymbol{AB})=(k\boldsymbol{A})\boldsymbol{B}=\boldsymbol{A}(k\boldsymbol{B})$;

(4) $A_{m\times s}O_{s\times n}=O_{m\times s}B_{s\times n}=O_{m\times n}, A_{m\times n}E_n=E_mA_{m\times n}=A_{m\times n}$;

(5) $(AB)^T=B^TA^T$(转置矩阵的运算性质).

【同步训练 7.2】

1. 已知 $A+B=\begin{bmatrix}7&5\\3&-3\end{bmatrix}$,其中 $A=\begin{bmatrix}3&1\\-2&0\end{bmatrix}$, $B=\begin{bmatrix}2x&4\\5&-3y\end{bmatrix}$,则 $x=$______, $y=$______.

2. 设矩阵 $A=\begin{bmatrix}3&1\\-2&0\end{bmatrix}$, $B=\begin{bmatrix}2&4\\5&-3\end{bmatrix}$,求 $A+B, 3A-2B^T, AB, BA$.

7.2.3 逆矩阵

1. 逆矩阵的概念

在数的运算中,若 a 是一个非零数,则 a 的倒数(逆)为 $\frac{1}{a}$(或 a^{-1}),且满足关系式 $aa^{-1}=a^{-1}a=1$. 类似的,下面给出逆矩阵的概念.

定义 7.9 设矩阵 A 为 n 阶方阵,若存在一个 n 阶方阵 B,使得 $AB=BA=E$,则称 A 是可逆矩阵,并称 B 是 A 的**逆矩阵**,记为 $B=A^{-1}$.

例如, $A=\begin{bmatrix}1&0\\0&2\end{bmatrix}$, $B=\begin{bmatrix}1&0\\0&\frac{1}{2}\end{bmatrix}$,则 $AB=\begin{bmatrix}1&0\\0&1\end{bmatrix}=BA=E$,即 B 为 A 的逆矩阵.

2. 伴随矩阵求逆

定义 7.10 设 $A=(a_{ij})_{n\times n}$,由行列式 $|A|$ 中元素 a_{ij} 的代数余子式 A_{ij} 构成的矩阵 $\begin{bmatrix}A_{11}&A_{21}&\cdots&A_{n1}\\A_{12}&A_{22}&\cdots&A_{n2}\\\vdots&\vdots&&\vdots\\A_{1n}&a_{2n}&\cdots&A_{nn}\end{bmatrix}$ 称为矩阵 A 的**伴随矩阵**,记为 A^*.

定理 7.2 n 阶方阵 A 可逆的充要条件是 $|A|\neq0$,且当 A 可逆时, $A^{-1}=\frac{1}{|A|}A^*$.

例 7.18 判断矩阵 $A=\begin{bmatrix}1&2&3\\1&1&-1\\0&3&5\end{bmatrix}$ 是否可逆,若可逆,求出 A^{-1}.

解 因为$|\boldsymbol{A}|=\begin{vmatrix}1&2&3\\1&1&-1\\0&3&5\end{vmatrix}=7\neq0$,所以$\boldsymbol{A}$是可逆的.

$A_{11}=(-1)^{1+1}\begin{vmatrix}1&-1\\3&5\end{vmatrix}=8$, $A_{12}=(-1)^{1+2}\begin{vmatrix}1&-1\\0&5\end{vmatrix}=-5$, $A_{13}=(-1)^{1+3}\begin{vmatrix}1&1\\0&3\end{vmatrix}=3$,

$A_{21}=(-1)^{2+1}\begin{vmatrix}2&3\\3&5\end{vmatrix}=-1$, $A_{22}=(-1)^{2+2}\begin{vmatrix}1&3\\0&5\end{vmatrix}=5$, $A_{23}=(-1)^{2+3}\begin{vmatrix}1&2\\0&3\end{vmatrix}=-3$,

$A_{31}=(-1)^{3+1}\begin{vmatrix}2&3\\1&-1\end{vmatrix}=-5$, $A_{32}=(-1)^{3+2}\begin{vmatrix}1&3\\1&-1\end{vmatrix}=4$, $A_{33}=(-1)^{3+3}\begin{vmatrix}1&2\\1&1\end{vmatrix}=-1$,

于是$\boldsymbol{A}^{-1}=\dfrac{1}{|\boldsymbol{A}|}\boldsymbol{A}^*=\dfrac{1}{7}\begin{bmatrix}A_{11}&A_{21}&A_{31}\\A_{12}&A_{22}&A_{32}\\A_{13}&A_{23}&A_{33}\end{bmatrix}=\dfrac{1}{7}\begin{bmatrix}8&-1&-5\\-5&5&4\\3&-3&-1\end{bmatrix}$.

习题7.2

1. 设矩阵$\boldsymbol{A}=\begin{bmatrix}1&0&1\\-1&2&0\end{bmatrix}$,$\boldsymbol{B}=\begin{bmatrix}-2&1&0\\1&0&2\end{bmatrix}$,求$\boldsymbol{A}+\boldsymbol{B}$,$3\boldsymbol{A}-2\boldsymbol{B}$,$\boldsymbol{AB}^{\mathrm{T}}$.

2. 已知$\begin{cases}3\boldsymbol{X}+2\boldsymbol{Y}=\boldsymbol{A}\\\boldsymbol{X}-2\boldsymbol{Y}=\boldsymbol{B}\end{cases}$,其中$\boldsymbol{A}=\begin{bmatrix}7&10&-2\\1&-5&-10\end{bmatrix}$,$\boldsymbol{B}=\begin{bmatrix}5&-2&-6\\-5&-15&-14\end{bmatrix}$,求矩阵$\boldsymbol{X}$和$\boldsymbol{Y}$.

3. 计算下列各题.

(1)$\begin{bmatrix}3&1&2\end{bmatrix}\begin{bmatrix}4\\3\\5\end{bmatrix}$; (2)$\begin{bmatrix}4\\3\\5\end{bmatrix}\begin{bmatrix}3&1&2\end{bmatrix}$; (3)$\begin{bmatrix}4&3&1\\1&-2&3\\2&6&0\end{bmatrix}\begin{bmatrix}6&-1\\2&1\\1&0\end{bmatrix}$;

(4)$\begin{bmatrix}2&-1\\-3&3\end{bmatrix}^2-5\begin{bmatrix}0&6\\-2&1\end{bmatrix}$; (5)$\begin{bmatrix}0&1&0\\1&0&0\\0&0&1\end{bmatrix}\begin{bmatrix}1&2&3&4\\5&6&7&8\\9&10&11&12\end{bmatrix}$.

4. 用伴随矩阵法求下列矩阵的逆矩阵.

(1)$\begin{bmatrix}2&3\\-2&1\end{bmatrix}$; (2)$\begin{bmatrix}1&-2&1\\2&3&0\\1&0&1\end{bmatrix}$.

【同步训练7.2】答案

1. $x=2,y=1$.

2. $\boldsymbol{A}+\boldsymbol{B}=\begin{bmatrix}5&5\\3&-3\end{bmatrix}$,$3\boldsymbol{A}-2\boldsymbol{B}^{\mathrm{T}}=\begin{bmatrix}5&-7\\-14&6\end{bmatrix}$,$\boldsymbol{AB}=\begin{bmatrix}11&9\\-4&-8\end{bmatrix}$,$\boldsymbol{BA}=\begin{bmatrix}-2&2\\21&5\end{bmatrix}$.

7.3 矩阵的初等变换与矩阵的秩

矩阵的初等变换在矩阵的求逆与求秩以及线性方程组的求解过程中起着非常重要的作用,本节主要介绍矩阵的初等变换及矩阵的秩.

7.3.1 矩阵的初等变换

定义 7.11 对矩阵的行(列)施行下列 3 种变换,称为矩阵的初等行(列)变换:

(1)交换矩阵的第 i,j 两行(列),记为 $r_i \leftrightarrow r_j(c_i \leftrightarrow c_j)$;

(2)用非零数 k 乘矩阵的第 i 行(列)的所有元素,记为 $kr_i(kc_i)$;

(3)用非零数 k 乘矩阵的第 j 行(列)的所有元素加到第 i 行(列)的对应元素上,记为 $kr_j+r_i(kc_j+c_i)$.

矩阵的初等行变换与初等列变换统称为矩阵的初等变换.

定义 7.12 若矩阵 $\boldsymbol{A}$ 满足下列两个条件:

(1)矩阵的零行(若存在的话)在矩阵的最下方;

(2)非零行的首非零元素的列标号随着行标号的递增而严格增大,则称矩阵 $\boldsymbol{A}$ 为**阶梯形矩阵**.

例如,$\boldsymbol{A}=\begin{bmatrix}1&2&0\\0&-1&3\\0&0&5\end{bmatrix},\boldsymbol{B}=\begin{bmatrix}1&0&2&1\\0&0&3&5\\0&0&0&0\end{bmatrix},\boldsymbol{C}=\begin{bmatrix}0&3&-1&0&1\\0&0&1&2&-2\\0&0&0&5&0\end{bmatrix}$都是阶梯形矩阵.

定义 7.13 非零行的首非零元素为 1,且首非零元素 1 所在列的其他元素全为零的阶梯形矩阵称为**简化的阶梯形矩阵**.

例如,$\begin{bmatrix}1&0&0&2\\0&1&0&5\\0&0&1&3\end{bmatrix},\begin{bmatrix}0&1&-2&0&1\\0&0&0&1&-2\\0&0&0&0&0\end{bmatrix}$都是简化的阶梯形矩阵.

定理 7.3 任意一个矩阵都可经过有限次的初等行变换化为阶梯形矩阵,且最终可化为简化的阶梯形矩阵.

例 7.19 将矩阵 $\boldsymbol{A}=\begin{bmatrix}1&-1&2&1\\1&1&-1&0\\2&0&1&1\end{bmatrix}$化为阶梯形矩阵和简化的阶梯形矩阵.

解
$$\boldsymbol{A}=\begin{bmatrix}1&-1&2&1\\1&1&-1&0\\2&0&1&1\end{bmatrix}\xrightarrow[-2r_1+r_3]{-r_1+r_2}\begin{bmatrix}1&-1&2&1\\0&2&-3&-1\\0&2&-3&-1\end{bmatrix}\xrightarrow{-r_2+r_3}\begin{bmatrix}1&-1&2&1\\0&2&-3&-1\\0&0&0&0\end{bmatrix}$$

$$\xrightarrow{\frac{1}{2}r_2}\begin{bmatrix}1&-1&2&1\\0&1&-\frac{3}{2}&-\frac{1}{2}\\0&0&0&0\end{bmatrix}\xrightarrow{r_2+r_1}\begin{bmatrix}1&0&\frac{1}{2}&\frac{1}{2}\\0&1&-\frac{3}{2}&-\frac{1}{2}\\0&0&0&0\end{bmatrix},$$

其中$\begin{bmatrix}1&-1&2&1\\0&2&-3&-1\\0&0&0&0\end{bmatrix}$为阶梯形矩阵，$\begin{bmatrix}1&0&\frac{1}{2}&\frac{1}{2}\\0&1&-\frac{3}{2}&-\frac{1}{2}\\0&0&0&0\end{bmatrix}$为简化的阶梯形矩阵．

7.3.2 初等变换求逆

上一节介绍了逆矩阵的概念以及使用伴随矩阵求逆矩阵的方法，但用该法求阶数较高的矩阵的逆矩阵时的计算量会非常大，可利用矩阵的初等变换来求可逆矩阵$\boldsymbol{A}$的逆阵．具体方法是：将矩阵$\boldsymbol{A}$与同阶单位矩阵$\boldsymbol{E}$并排构成一个长方矩阵$[\boldsymbol{A}\vdots\boldsymbol{E}]$，再对这个长方矩阵施行初等行变换，使虚线左边的$\boldsymbol{A}$化为单位矩阵$\boldsymbol{E}$，这时虚线右边的$\boldsymbol{E}$就化成了$\boldsymbol{A}$的逆矩阵$\boldsymbol{A}^{-1}$，即$[\boldsymbol{A}\vdots\boldsymbol{E}]\xrightarrow{\text{初等行变换}}[\boldsymbol{E}\vdots\boldsymbol{A}^{-1}]$．

例 7.20 利用初等行变换求矩阵$\boldsymbol{A}=\begin{bmatrix}1&1&-1\\2&1&0\\1&-1&1\end{bmatrix}$的逆矩阵．

解 $[\boldsymbol{A}\vdots\boldsymbol{E}]=\begin{bmatrix}1&1&-1&1&0&0\\2&1&0&0&1&0\\1&-1&1&0&0&1\end{bmatrix}\xrightarrow[-r_1+r_3]{-2r_1+r_2}\begin{bmatrix}1&1&-1&1&0&0\\0&-1&2&-2&1&0\\0&-2&2&-1&0&1\end{bmatrix}$

$$\xrightarrow[-\frac{1}{2}r_3]{-2r_2+r_3}\begin{bmatrix}1&1&-1&1&0&0\\0&-1&2&-2&1&0\\0&0&1&-\frac{3}{2}&1&-\frac{1}{2}\end{bmatrix}\xrightarrow[r_3+r_1]{-2r_3+r_2}\begin{bmatrix}1&1&0&-\frac{1}{2}&1&-\frac{1}{2}\\0&-1&0&1&-1&1\\0&0&1&-\frac{3}{2}&1&-\frac{1}{2}\end{bmatrix}$$

$$\xrightarrow[-r_2]{-r_2+r_1}\begin{bmatrix}1&0&0&\frac{1}{2}&0&\frac{1}{2}\\0&1&0&-1&1&-1\\0&0&1&-\frac{3}{2}&1&-\frac{1}{2}\end{bmatrix}=[\boldsymbol{E}\vdots\boldsymbol{A}^{-1}]，\text{所以，}\boldsymbol{A}^{-1}=\begin{bmatrix}\frac{1}{2}&0&\frac{1}{2}\\-1&1&-1\\-\frac{3}{2}&1&-\frac{1}{2}\end{bmatrix}.$$

7.3.3 矩阵的秩

定义 7.14 设$\boldsymbol{A}$是$m\times n$矩阵，从$\boldsymbol{A}$中任意取k行k列$(1\leqslant k\leqslant\min(m,n))$，由这些行列交叉处的元素按原来的相对位置所构成的$k$阶行列式，称为矩阵$\boldsymbol{A}$的一个$\boldsymbol{k}$**阶子式**．如果子式不为零，就叫作**非零子式**．

例如，在矩阵$\boldsymbol{A}=\begin{bmatrix}1&3&4&2\\0&1&3&2\\0&0&0&2\end{bmatrix}$中，第1、2行与第1、2列相交处元素构成的二阶子式为$\begin{vmatrix}1&3\\0&1\end{vmatrix}$；第1、2、3行及第1、3、4列相交处元素构成的三阶子式为$\begin{vmatrix}1&4&2\\0&3&2\\0&0&2\end{vmatrix}$．

定义 7.15 矩阵 A 中非零子式的最高阶数称为矩阵 A 的秩,记为秩(A)或 $r(A)$. 特别的,规定零矩阵的秩为0.

例如,在矩阵 $A=\begin{bmatrix}1&3&4&2\\0&1&3&2\\0&0&0&2\end{bmatrix}$中,因为 A 的一个三阶子式$\begin{vmatrix}1&4&2\\0&3&2\\0&0&2\end{vmatrix}=6\neq0$,所以 $r(A)=3$.

由矩阵秩的概念和阶梯形矩阵的定义易知,阶梯形矩阵的秩等于其非零行的行数,因此,可借助阶梯形矩阵的这一特性和初等行变换来求秩,且有以下定理作支撑:

定理 7.4 若矩阵 A 经过初等行变换化为矩阵 B,则 $r(A)=r(B)$.

综上所述,用初等行变换求矩阵秩的方法是:对矩阵施行初等行变换,使其化为阶梯形矩阵,则此阶梯形矩阵的非零行的行数即原矩阵的秩.

例 7.21 求矩阵 $A=\begin{bmatrix}1&-1&1&2\\3&5&-1&2\\5&3&1&6\end{bmatrix}$的秩.

解 $A=\begin{bmatrix}1&-1&1&2\\3&5&-1&2\\5&3&1&6\end{bmatrix}\xrightarrow[-5r_1+r_3]{-3r_1+r_2}\begin{bmatrix}1&-1&1&2\\0&8&-4&-4\\0&8&-4&-4\end{bmatrix}\xrightarrow{-r_2+r_3}\begin{bmatrix}1&-1&1&2\\0&8&-4&-4\\0&0&0&0\end{bmatrix}$,

所以 $r(A)=2$.

习题 7.3

1. 用初等行变换化下列矩阵为简化的阶梯形矩阵.

(1)$\begin{bmatrix}-1&2&1\\1&-1&0\\2&1&1\end{bmatrix}$;(2)$\begin{bmatrix}1&-1&2&2\\-1&-1&2&0\\3&1&-2&2\end{bmatrix}$;(3)$\begin{bmatrix}1&-2&3&-4&4\\0&1&-1&1&-3\\1&3&0&-3&1\\0&-7&3&1&-3\end{bmatrix}$.

2. 用初等变换法求下列矩阵的逆矩阵.

(1)$\begin{bmatrix}1&-2\\3&-3\end{bmatrix}$;(2)$\begin{bmatrix}1&2&-1\\-1&-2&2\\3&8&-1\end{bmatrix}$;(3)$\begin{bmatrix}1&1&1&1\\1&1&-1&-1\\1&-1&1&-1\\1&-1&-1&1\end{bmatrix}$.

3. 求下列矩阵的秩.

(1)$\begin{bmatrix}1&-2&-1&3\\3&-6&-3&9\\-2&4&2&5\end{bmatrix}$;(2)$\begin{bmatrix}1&2&-1&3\\0&0&1&2\\2&4&-1&8\\1&2&0&0\end{bmatrix}$;(3)$\begin{bmatrix}1&-1&2&1&0\\2&-2&4&-2&0\\3&0&6&-1&1\\0&3&0&0&1\end{bmatrix}$.

7.4 线性方程组

在经济管理、计算机科学、自动化控制等科学领域的很多问题中,往往会出现求解方程个数与未知量个数不等的线性方程组的情形,方程组是否有解?有解时怎样求?本节将讨论这些问题.

7.4.1 *n* 元线性方程组

定义 7.16 由 n 个未知量、m 个线性方程组成的线性方程组

$$\begin{cases} a_{11}x_1 + a_{12}x_2 + \cdots + a_{1n}x_n = b_1, \\ a_{21}x_1 + a_{22}x_2 + \cdots + a_{2n}x_n = b_2, \\ \cdots \\ a_{m1}x_1 + a_{m2}x_2 + \cdots + a_{mn}x_n = b_m \end{cases} \tag{7-2}$$

称为 n 元线性方程组,若记

$$\boldsymbol{A} = \begin{bmatrix} a_{11} & a_{12} & \cdots & a_{1n} \\ a_{21} & a_{22} & \cdots & a_{2n} \\ \vdots & \vdots & & \vdots \\ a_{m1} & a_{m2} & \cdots & a_{mn} \end{bmatrix}, \boldsymbol{X} = \begin{bmatrix} x_1 \\ x_2 \\ \vdots \\ x_n \end{bmatrix}, \boldsymbol{B} = \begin{bmatrix} b_1 \\ b_2 \\ \vdots \\ b_m \end{bmatrix},$$

则方程组(7-2)可以写成矩阵形式:

$$\boldsymbol{AX} = \boldsymbol{B},$$

其中矩阵 $\boldsymbol{A}$ 称为方程组(7-2)的系数矩阵,$\boldsymbol{X}$ 称为未知量矩阵,$\boldsymbol{B}$ 称为常数项矩阵,当常数项 $b_1, b_2, \cdots, b_m$ 不全为零时,方程组(7-2)称为**非齐次线性方程组**,当常数项 $b_1, b_2, \cdots, b_m$ 全为零时,方程组(7-2)称为**齐次线性方程组**,即

$$\begin{cases} a_{11}x_1 + a_{12}x_2 + \cdots + a_{1n}x_n = 0, \\ a_{21}x_1 + a_{22}x_2 + \cdots + a_{2n}x_n = 0, \\ \cdots \\ a_{m1}x_1 + a_{m2}x_2 + \cdots + a_{mn}x_n = 0. \end{cases} \tag{7-3}$$

将方程组(7-2)的系数矩阵 $\boldsymbol{A}$ 和常数项矩阵 $\boldsymbol{B}$ 放在一起构成的矩阵

$$\overline{\boldsymbol{A}} = \begin{bmatrix} a_{11} & a_{12} & \cdots & a_{1n} & b_1 \\ a_{21} & a_{22} & \cdots & a_{2n} & b_2 \\ \vdots & \vdots & & \vdots & \vdots \\ a_{m1} & a_{m2} & \cdots & a_{mn} & b_m \end{bmatrix}$$

称为方程组(7-2)的增广矩阵.

7.4.2 线性方程组解的判定

线性方程组的解分三种情况:有唯一解、有无穷多解和无解.下面给出线性方程组解的判定定理.

定理 7.5 非齐次线性方程组(7-2)有解的充分必要条件是 $r(\boldsymbol{A}) = r(\overline{\boldsymbol{A}})$.

(1)当 $r(A)=r(\overline{A})=n$ 时,线性方程组(7-2)有唯一解;

(2)当 $r(A)=r(\overline{A})<n$ 时,线性方程组(7-2)有无穷多个解;

(3)当 $r(A)\neq r(\overline{A})$ 时,线性方程组(7-2)无解.

齐次线性方程组(7-3)可看成非齐次线性方程组(7-2)的一种特殊形式,总是 $r(A)=r(\overline{A})$,故齐次线性方程组一定有解,至少有零解.

定理 7.6 齐次线性方程组(7-3)肯定有解,且

(1)当 $r(A)=n$ 时,齐次线性方程组(7-3)只有零解;

(2)当 $r(A)<n$ 时,齐次线性方程组(7-3)有非零解.

例 7.22 求解非齐次线性方程组

$$\begin{cases} x_1+2x_2+x_3=1, \\ 2x_1+3x_2+x_3=3, \\ x_1-x_2-2x_3=0. \end{cases} \tag{7-4}$$

解 对增广矩阵施以初等行变换:

$$\overline{A}=\begin{bmatrix} 1 & 2 & 1 & 1 \\ 2 & 3 & 1 & 3 \\ 1 & -1 & -2 & 0 \end{bmatrix} \xrightarrow[-r_1+r_3]{-2r_1+r_2} \begin{bmatrix} 1 & 2 & 1 & 1 \\ 0 & -1 & -1 & 1 \\ 0 & -3 & -3 & -1 \end{bmatrix} \xrightarrow{-3r_2+r_3} \begin{bmatrix} 1 & 2 & 1 & 1 \\ 0 & -1 & -1 & 1 \\ 0 & 0 & 0 & -4 \end{bmatrix},$$

可看出 $r(A)=2, r(\overline{A})=3$,即 $r(A)\neq r(\overline{A})$,所以线性方程组(7-4)无解.

例 7.23 求解线性方程组

$$\begin{cases} x_1-2x_2+x_3+x_4=1, \\ x_1-2x_2+x_3-x_4=-1, \\ x_1-2x_2+x_3-5x_4=-5. \end{cases} \tag{7-5}$$

解 对增广矩阵施以初等行变换:

$$\overline{A}=\begin{bmatrix} 1 & -2 & 1 & 1 & 1 \\ 1 & -2 & 1 & -1 & -1 \\ 1 & -2 & 1 & -5 & -5 \end{bmatrix} \xrightarrow[-r_1+r_3]{-r_1+r_2} \begin{bmatrix} 1 & -2 & 1 & 1 & 1 \\ 0 & 0 & 0 & -2 & -2 \\ 0 & 0 & 0 & -6 & -6 \end{bmatrix} \xrightarrow[-r_2+r_1]{\substack{-3r_2+r_3 \\ -\frac{1}{2}r_2}} \begin{bmatrix} 1 & -2 & 1 & 0 & 0 \\ 0 & 0 & 0 & 1 & 1 \\ 0 & 0 & 0 & 0 & 0 \end{bmatrix}.$$

由此可见,$r(A)=(\overline{A})=2<n=4$,故线性方程组(7-5)有无穷多个解.

由上可得原方程组的同解方程组为

$$\begin{cases} x_1-2x_2+x_3=0, \\ x_4=1, \end{cases} \Rightarrow \begin{cases} x_1=2x_2-x_3, \\ x_4=1. \end{cases}$$

方程组(7-5)的解中的未知量 x_2, x_3 可以取任意值,称为**自由未知量**,可用任意常数 k_1、k_2 代替,则方程组(7-5)的全部解为

$$\begin{cases} x_1=2k_1-k_2, \\ x_2=k_1, \\ x_3=k_2, \\ x_4=1. \end{cases} \tag{7-6}$$

用矩阵形式可表述为

$$\begin{bmatrix} x_1 \\ x_2 \\ x_3 \\ x_4 \end{bmatrix} = \begin{bmatrix} 2 \\ 1 \\ 0 \\ 0 \end{bmatrix} k_1 + \begin{bmatrix} -1 \\ 0 \\ 1 \\ 0 \end{bmatrix} k_2 + \begin{bmatrix} 0 \\ 0 \\ 0 \\ 1 \end{bmatrix} \tag{7-7}$$

以上用自由未知量表示其他未知量的表达式(7－6)或(7－7)均称为原方程组(7－5)的**一般解**(或**通解**).

例 7.24 求解线性方程组

$$\begin{cases} x_1 - x_2 - x_3 + x_4 = 0, \\ x_1 - x_2 + x_3 - 3x_4 = 0, \\ x_1 - x_2 - 2x_3 + 3x_4 = 0. \end{cases} \tag{7-8}$$

解 对系数矩阵施以初等行变换：

$$\boldsymbol{A} = \begin{bmatrix} 1 & -1 & -1 & 1 \\ 1 & -1 & 1 & -3 \\ 1 & -1 & -2 & 3 \end{bmatrix} \xrightarrow[-r_1+r_3]{-r_1+r_2} \begin{bmatrix} 1 & -1 & -1 & 1 \\ 0 & 0 & 2 & -4 \\ 0 & 0 & -1 & 2 \end{bmatrix} \xrightarrow[\substack{r_2+r_3 \\ r_2+r_1}]{\frac{1}{2}r_2} \begin{bmatrix} 1 & -1 & 0 & -1 \\ 0 & 0 & 1 & -2 \\ 0 & 0 & 0 & 0 \end{bmatrix}.$$

由此可见，$r(\boldsymbol{A}) = 2 < n = 4$，故线性方程组有无穷多个解.

由上可得原方程组的同解方程组为

$$\begin{cases} x_1 - x_2 - x_4 = 0, \\ x_3 - 2x_4 = 0, \end{cases} \Rightarrow \begin{cases} x_1 = x_2 + x_4, \\ x_3 = 2x_4, \end{cases} \Rightarrow \begin{cases} x_1 = x_2 + x_4, \\ x_2 = x_2, \\ x_3 = 2x_4, \\ x_4 = x_4. \end{cases}$$

取未知量 x_2, x_4 为自由未知量，用任意常数 k_1、k_2 代替，则线性方程组(7－8)的通解为

$$\begin{bmatrix} x_1 \\ x_2 \\ x_3 \\ x_4 \end{bmatrix} = \begin{bmatrix} 1 \\ 1 \\ 0 \\ 0 \end{bmatrix} k_1 + \begin{bmatrix} 1 \\ 0 \\ 2 \\ 1 \end{bmatrix} k_2.$$

习题 7.4

1. 求下列非齐次线性方程组的解.

(1) $\begin{cases} x_1 - x_2 + 3x_3 - x_4 = 1, \\ 2x_1 - x_2 - x_3 + 4x_4 = 2, \\ 3x_1 - 2x_2 + 2x_3 + 3x_4 = 3, \\ x_1 - 4x_3 + 5x_4 = -1; \end{cases}$ (2) $\begin{cases} 2x_1 - x_2 + 3x_3 = 3, \\ 3x_1 + x_2 - 5x_3 = 0, \\ 4x_1 - x_2 + x_3 = 3, \\ x_1 + 3x_2 - 13x_3 = -6; \end{cases}$

(3) $\begin{cases} x_1 - x_2 + x_3 - x_4 = 1, \\ x_1 - x_2 - x_3 + x_4 = 0, \\ x_1 - x_2 - 2x_3 + 2x_4 = -\dfrac{1}{2}; \end{cases}$　(4) $\begin{cases} 5x_1 - x_2 + 2x_3 + x_4 = 7, \\ 2x_1 + x_2 + 4x_3 - 2x_4 = 1, \\ x_1 - 3x_2 - 6x_3 + 5x_4 = 0. \end{cases}$

2. 求下列齐次线性方程组的解．

(1) $\begin{cases} x_1 - x_2 + 4x_3 - 2x_4 = 0, \\ x_1 - x_2 - x_3 + 2x_4 = 0, \\ 3x_1 + x_2 + 7x_3 - 2x_4 = 0, \\ x_1 - 3x_2 - 12x_3 + 6x_4 = 0; \end{cases}$　(2) $\begin{cases} x_1 - x_2 + 5x_3 - x_4 = 0, \\ x_1 + 3x_2 - 9x_3 + 7x_4 = 0, \\ 2x_1 - 2x_2 + 10x_3 - 2x_4 = 0, \\ 3x_1 - x_2 + 8x_3 + x_4 = 0; \end{cases}$

(3) $\begin{cases} 2x_1 - 4x_2 + 5x_3 + 3x_4 = 0, \\ 3x_1 - 6x_2 + 4x_3 + 2x_4 = 0, \\ 4x_1 - 8x_2 + 17x_3 + 11x_4 = 0; \end{cases}$　(4) $\begin{cases} x_1 - 2x_2 + 4x_3 - 7x_4 = 0, \\ 2x_1 + x_2 - 2x_3 + x_4 = 0, \\ 3x_1 - x_2 + 2x_3 - 4x_4 = 0. \end{cases}$

3. k 取何值时，齐次线性方程组

$$\begin{cases} kx + y - z = 0, \\ x + ky - z = 0, \\ 2x - y + z = 0 \end{cases}$$

仅有零解？

4. k 取何值时，齐次线性方程组

$$\begin{cases} kx + y + z = 0, \\ x + ky - z = 0, \\ 2x - y + z = 0 \end{cases}$$

有非零解？

5. 设有线性方程组 $\begin{cases} \lambda x_1 + x_2 + x_3 = 1, \\ x_1 + \lambda x_2 + x_3 = \lambda, \\ x_1 + x_2 + \lambda x_3 = \lambda^2, \end{cases}$ 问 λ 取何值时，该方程组有唯一解、无解、有无穷多个解，并在有无穷多解时求出其一般解．

7.5　n 维向量及其线性关系

为了揭示线性方程组的解的结构，有必要引入 n 维向量，而 n 维向量本身在理论研究和应用上也很重要．

7.5.1　n 维向量及其线性表示

$1\times n$ 矩阵 $(a_1,\cdots,a_n)$ 称为 n 维行向量；$n\times 1$ 矩阵 $\begin{pmatrix} b_1 \\ \vdots \\ b_n \end{pmatrix}$ 称为 n 维列向量．n 维实向量全体称为 n 维向量空间，记为 $\mathbb{R}^n$．元素全为零的向量称为零向量．多个同型向量一起构成一个向

量组．向量的运算符合矩阵的运算规则．

定义 7.17 设有 n 维向量组$\boldsymbol{\alpha}_1,\cdots,\boldsymbol{\alpha}_m,\boldsymbol{\beta}$，若存在一组数$k_1,\cdots,k_m$，使得$\boldsymbol{\beta}=k_1\boldsymbol{\alpha}_1+\cdots+k_m\boldsymbol{\alpha}_m$，则称向量$\boldsymbol{\beta}$能由向量组$\boldsymbol{\alpha}_1,\cdots,\boldsymbol{\alpha}_m$线性表示，也称$\boldsymbol{\beta}$是向量组$\boldsymbol{\alpha}_1,\cdots,\boldsymbol{\alpha}_m$的线性组合，其中$k_1,\cdots,k_m$称为组合系数．

例 7.25 $\boldsymbol{\beta}=\begin{pmatrix}2\\1\\1\end{pmatrix},\boldsymbol{\alpha}_1=\begin{pmatrix}1\\0\\1\end{pmatrix},\boldsymbol{\alpha}_2=\begin{pmatrix}1\\1\\0\end{pmatrix},\boldsymbol{\alpha}_3=\begin{pmatrix}0\\0\\0\end{pmatrix}$，则$\boldsymbol{\beta}=\boldsymbol{\alpha}_1+\boldsymbol{\alpha}_2+\lambda\boldsymbol{\alpha}_3(\forall\lambda)$，说明$\boldsymbol{\beta}$能由$\boldsymbol{\alpha}_1,\boldsymbol{\alpha}_2,\boldsymbol{\alpha}_3$线性表示，且表示法不唯一．

例 7.26 设 n 维向量组$\boldsymbol{\varepsilon}_1=(1,0,\cdots,0),\boldsymbol{\varepsilon}_2=(0,1,\cdots,0),\cdots,\boldsymbol{\varepsilon}_n=(0,0,\cdots,1)$，则任意 n 维向量$\boldsymbol{\alpha}=(a_1,a_2,\cdots,a_n)$均为$\boldsymbol{\varepsilon}_1,\boldsymbol{\varepsilon}_2,\cdots,\boldsymbol{\varepsilon}_n$的线性组合：$\boldsymbol{\alpha}=a_1\boldsymbol{\varepsilon}_1+\cdots+a_n\boldsymbol{\varepsilon}_n$.

向量组$\boldsymbol{\varepsilon}_1,\boldsymbol{\varepsilon}_2,\cdots,\boldsymbol{\varepsilon}_n$称为 n 维基本单位向量组或 n 维单位坐标向量组．

性质 7.7 (1)n 维零向量是任何 n 维向量组的线性组合；

(2)一个向量能由任何包含该向量在内的向量组线性表示．

定理 7.7 列向量$\boldsymbol{\beta}$能由列向量组$\boldsymbol{\alpha}_1,\cdots,\boldsymbol{\alpha}_s$线性表示⇔线性方程组$\boldsymbol{Ax}=\boldsymbol{\beta}$有解⇔$r(\boldsymbol{A})=r(\boldsymbol{A}|\boldsymbol{\beta})$，其中$\boldsymbol{A}=(\boldsymbol{\alpha}_1\quad\boldsymbol{\alpha}_2\quad\cdots\quad\boldsymbol{\alpha}_s)$.

由该定理知，列向量$\boldsymbol{\beta}$能否由向量组$\boldsymbol{\alpha}_1,\cdots,\boldsymbol{\alpha}_s$线性表示的问题等价于方程组$\boldsymbol{Ax}=\boldsymbol{\beta}$是否有解以及解是否唯一的问题．

对于行向量和行向量组，只需讨论$\boldsymbol{A}^{\mathrm{T}}\boldsymbol{x}=\boldsymbol{\beta}^{\mathrm{T}}$的解的情况即可，其中$\boldsymbol{A}=\begin{pmatrix}\boldsymbol{\alpha}_1\\\vdots\\\boldsymbol{\alpha}_s\end{pmatrix}$.

例 7.27 讨论$\boldsymbol{\beta}$是否能由向量组$\boldsymbol{\alpha}_1,\boldsymbol{\alpha}_2,\boldsymbol{\alpha}_3$线性表示，若能表示，则写出其线性表示式．

(1)$\boldsymbol{\beta}=\begin{pmatrix}0\\-2\\7\end{pmatrix},\boldsymbol{\alpha}_1=\begin{pmatrix}1\\3\\-5\end{pmatrix},\boldsymbol{\alpha}_2=\begin{pmatrix}2\\-1\\4\end{pmatrix},\boldsymbol{\alpha}_3=\begin{pmatrix}-3\\0\\-3\end{pmatrix}$；

(2)$\boldsymbol{\beta}=(0,0,1),\boldsymbol{\alpha}_1=(1,1,0),\boldsymbol{\alpha}_2=(2,1,3),\boldsymbol{\alpha}_3=(1,0,1)$.

解 (1)$(\boldsymbol{\alpha}_1\quad\boldsymbol{\alpha}_2\quad\boldsymbol{\alpha}_3\mid\boldsymbol{\beta})\to\begin{pmatrix}1&2&-3&0\\0&-7&9&-2\\0&0&0&3\end{pmatrix}$，不能线性表示；

(2)$(\boldsymbol{\alpha}_1^{\mathrm{T}}\quad\boldsymbol{\alpha}_2^{\mathrm{T}}\quad\boldsymbol{\alpha}_3^{T}\mid\boldsymbol{\beta}^{\mathrm{T}})\to\begin{pmatrix}1&0&0&-\frac{1}{2}\\0&1&0&\frac{1}{2}\\0&0&1&-\frac{1}{2}\end{pmatrix}$，故能唯一表示：$\boldsymbol{\beta}=-\frac{1}{2}\boldsymbol{\alpha}_1+\frac{1}{2}\boldsymbol{\alpha}_2-\frac{1}{2}\boldsymbol{\alpha}_3$.

7.5.2 向量组的等价和线性相关

1. 向量组的等价

定义 7.18 设 $\boldsymbol{S}$ 和 $\boldsymbol{T}$ 是两个 n 维向量组，若向量组 $\boldsymbol{S}$ 中的任一向量能由向量组 $\boldsymbol{T}$ 线性表

示,则称向量组 $\boldsymbol{S}$ 能由向量组 $\boldsymbol{T}$ 线性表示．若向量组 $\boldsymbol{S}$ 能由向量组 $\boldsymbol{T}$ 线性表示,向量组 $\boldsymbol{T}$ 也能由向量组 $\boldsymbol{S}$ 线性表示,则称向量组 $\boldsymbol{S}$ 与向量组 $\boldsymbol{T}$ 等价.

不难验证,这种关系也是一种等价关系(即反身性、对称性、传递性).

定理 7.8 设矩阵 $\boldsymbol{A}$ 经有限次初等行(列)变换变成 $\boldsymbol{B}$,则行(列)向量组 $\boldsymbol{A}$ 与 $\boldsymbol{B}$ 等价.

2. 向量组的线性相关性

定义 7.19 给定一组 n 维向量 $\boldsymbol{\alpha}_1,\cdots,\boldsymbol{\alpha}_m(m\geqslant 1)$,若存在一组不全为零的数 $k_1,\cdots,k_m$,使 $k_1\boldsymbol{\alpha}_1+\cdots+k_m\boldsymbol{\alpha}_m=\boldsymbol{0}$,则称向量组 $\boldsymbol{\alpha}_1,\cdots,\boldsymbol{\alpha}_m$ 线性相关;如果仅当 $k_1=k_2=\cdots=k_m=0$ 时才能使 $k_1\boldsymbol{\alpha}_1+\cdots+k_m\boldsymbol{\alpha}_m=\boldsymbol{0}$,则称向量组 $\boldsymbol{\alpha}_1,\cdots,\boldsymbol{\alpha}_m$ 线性无关.

注 (1)单个向量 $\boldsymbol{\alpha}$ 线性相关 $\Leftrightarrow \boldsymbol{\alpha}=\boldsymbol{0}$;

(2)两个非零向量 $\boldsymbol{\alpha},\boldsymbol{\beta}$ 线性相关 $\Leftrightarrow \boldsymbol{\alpha},\boldsymbol{\beta}$ 的分量对应成比例(也称为 $\boldsymbol{\alpha}$ 与 $\boldsymbol{\beta}$ 平行);

(3)三个向量线性相关的几何意义:共面(简要说明,不证明).

定理 7.9 向量组 $\boldsymbol{\alpha}_1,\cdots,\boldsymbol{\alpha}_m(m\geqslant 2)$ 线性相关 $\Leftrightarrow$ 在该向量组中至少存在一个向量能由其余 $m-1$ 个向量线性表示.

定理 7.10 向量组 $\boldsymbol{\alpha}_1,\cdots,\boldsymbol{\alpha}_m$ 线性相关 $\Leftrightarrow$ 齐次线性方程组 $\boldsymbol{Ax}=\boldsymbol{x}_1\boldsymbol{\alpha}_1+\boldsymbol{x}_2\boldsymbol{\alpha}_2+\cdots+\boldsymbol{x}_m\boldsymbol{\alpha}_m=\boldsymbol{0}$ 有非零解 $\Leftrightarrow r(\boldsymbol{A})<m$,其中 $A=(\boldsymbol{\alpha}_1 \ \cdots \ \boldsymbol{\alpha}_m)$.

推论 7.3 向量组 $\boldsymbol{\alpha}_1,\cdots,\boldsymbol{\alpha}_m$ 线性无关 $\Leftrightarrow$ 齐次线性方程组 $\boldsymbol{Ax}=\boldsymbol{x}_1\boldsymbol{\alpha}_1+\boldsymbol{x}_2\boldsymbol{\alpha}_2+\cdots+\boldsymbol{x}_m\boldsymbol{\alpha}_m=\boldsymbol{0}$ 仅有零解 $\Leftrightarrow r(\boldsymbol{A})=m$.

推论 7.4 n 个 n 维向量组成的向量组 $\boldsymbol{\alpha}_1,\cdots,\boldsymbol{\alpha}_n$ 线性相关 $\Leftrightarrow |\boldsymbol{A}|=0$,其中 $\boldsymbol{A}$ 是由 $\boldsymbol{\alpha}_1,\cdots,\boldsymbol{\alpha}_n$ 组成的 n 阶方阵.

例 7.28 已知 $\boldsymbol{\alpha}_1=\begin{pmatrix}1\\1\\1\end{pmatrix},\boldsymbol{\alpha}_2=\begin{pmatrix}0\\2\\5\end{pmatrix},\boldsymbol{\alpha}_3=\begin{pmatrix}2\\4\\7\end{pmatrix}$,讨论向量组 $\boldsymbol{\alpha}_1,\boldsymbol{\alpha}_2,\boldsymbol{\alpha}_3$ 及 $\boldsymbol{\alpha}_1,\boldsymbol{\alpha}_2$ 的线性相关性.

解 $\boldsymbol{A}=\begin{pmatrix}1&0&2\\1&2&4\\1&5&7\end{pmatrix}\to\begin{pmatrix}1&0&2\\0&2&2\\0&5&5\end{pmatrix}\to\begin{pmatrix}1&0&2\\0&2&2\\0&0&0\end{pmatrix}$,$r(\boldsymbol{A})=2<3$,线性相关;

$\boldsymbol{B}^{\mathrm{T}}=\begin{pmatrix}1&0\\1&2\\1&5\end{pmatrix}^{\mathrm{T}}=\begin{pmatrix}1&1&1\\0&2&5\end{pmatrix}$,$r(\boldsymbol{B})=r(\boldsymbol{B}^{\mathrm{T}})=2$,线性无关.

例 7.29 已知 $\boldsymbol{\alpha}_1,\boldsymbol{\alpha}_2,\boldsymbol{\alpha}_3$ 线性无关,$\boldsymbol{\beta}_1=\boldsymbol{\alpha}_1+\boldsymbol{\alpha}_2,\boldsymbol{\beta}_2=\boldsymbol{\alpha}_2+\boldsymbol{\alpha}_3,\boldsymbol{\beta}_3=\boldsymbol{\alpha}_3+\boldsymbol{\alpha}_1$,讨论 $\boldsymbol{\beta}_1,\boldsymbol{\beta}_2,\boldsymbol{\beta}_3$ 的线性相关性.

解 设 $k_1\boldsymbol{\beta}_1+k_2\boldsymbol{\beta}_2+k_3\boldsymbol{\beta}_3=\boldsymbol{0}$,可以推得 $k_1=k_2=k_3=0$,故线性无关.

例 7.30 (1)求 $\boldsymbol{\alpha}_1=\begin{pmatrix}2\\4\\2\end{pmatrix},\boldsymbol{\alpha}_2=\begin{pmatrix}1\\1\\0\end{pmatrix},\boldsymbol{\alpha}_3=\begin{pmatrix}2\\3\\1\end{pmatrix},\boldsymbol{\alpha}_4=\begin{pmatrix}3\\5\\2\end{pmatrix}$ 的极大无关组,并将其余向量用该极大无关组线性表示.

解 $\boldsymbol{A}=\begin{pmatrix}2&1&2&3\\4&1&3&5\\2&0&1&2\end{pmatrix}\to\begin{pmatrix}1&0&1/2&1\\0&1&1&1\\0&0&0&0\end{pmatrix}=\boldsymbol{A}'=(\boldsymbol{\beta}_1 \ \ \boldsymbol{\beta}_2 \ \ \boldsymbol{\beta}_3 \ \ \boldsymbol{\beta}_4)$.

显然在向量组 $\boldsymbol{\beta}_1,\boldsymbol{\beta}_2,\boldsymbol{\beta}_3,\boldsymbol{\beta}_4$ 中，$\boldsymbol{\beta}_1,\boldsymbol{\beta}_2$ 为极大无关组，$\boldsymbol{\beta}_3=\dfrac{1}{2}\boldsymbol{\beta}_1+\boldsymbol{\beta}_2,\boldsymbol{\beta}_4=\boldsymbol{\beta}_1+\boldsymbol{\beta}_2$.

从而，在原向量组中 $\boldsymbol{\alpha}_1,\boldsymbol{\alpha}_2$ 为极大无关组，$\boldsymbol{\alpha}_3=\dfrac{1}{2}\boldsymbol{\alpha}_1+\boldsymbol{\alpha}_2,\boldsymbol{\alpha}_4=\boldsymbol{\alpha}_1+\boldsymbol{\alpha}_2$.

结论：(1)部分组线性相关，则向量组也线性相关；等价地，向量组线性无关，则部分组也线性无关.

(2)向量组线性无关，则添加分量后的向量组仍线性无关；等价地，向量组线性相关，则减少分量后的向量组仍线性相关.

(3)向量个数大于向量维数时，向量组线性相关.

(4)设向量组 $\boldsymbol{\alpha}_1,\cdots,\boldsymbol{\alpha}_m$ 线性无关，而 $\boldsymbol{\alpha}_1,\cdots,\boldsymbol{\alpha}_m,\boldsymbol{\beta}$ 线性相关，则向量 $\boldsymbol{\beta}$ 必可由唯一地表示成向量组 $\boldsymbol{\alpha}_1,\cdots,\boldsymbol{\alpha}_m$ 的线性组合.

证明　(1)设 $k_1\boldsymbol{\alpha}_1+\cdots+k_s\boldsymbol{\alpha}_s=\mathbf{0}$，则 $k_1\boldsymbol{\alpha}_1+\cdots+k_s\boldsymbol{\alpha}_s+0\boldsymbol{\alpha}_{s+1}+\cdots=\mathbf{0}$.

(2)m 个向量组成的向量组线性无关，则必有 $r(\boldsymbol{A})=m$，于是存在 m 阶子式不为零. 但这同时也是添加分量后的向量组对应的矩阵的 m 阶子式，故新矩阵的秩仍为 m，从而新向量组线性无关.

(3)此时矩阵的秩不超过向量的维数，从而必小于向量的个数，故线性相关.

(4)由已知，存在不全为零的数$k_1,\cdots,k_m,k$，使得 $k_1\boldsymbol{\alpha}_1+\cdots+k_m\boldsymbol{\alpha}_m+k\boldsymbol{\beta}=\mathbf{0}$. 若 $k=0$，则矛盾，故 $k\neq0$，从而 $\boldsymbol{\beta}=-\dfrac{1}{k}(k_1\boldsymbol{\alpha}_1+\cdots+k_m\boldsymbol{\alpha}_m)$. 若又有 $\boldsymbol{\beta}=\lambda_1\boldsymbol{\alpha}_1+\cdots+\lambda_m\boldsymbol{\alpha}_m$，则$\mathbf{0}=\left(\lambda_1+\dfrac{k_1}{k}\right)\boldsymbol{\alpha}_1+\cdots+\left(\lambda_m+\dfrac{k_m}{k}\right)\boldsymbol{\alpha}_m$，即$\lambda_i=-\dfrac{k_i}{k}$.

推论 7.5　含有零向量的向量组必线性相关.

7.5.3　向量组的秩

定义 7.20　设向量组 $\boldsymbol{S}$ 的部分组$\boldsymbol{\alpha}_1,\boldsymbol{\alpha}_2,\cdots,\boldsymbol{\alpha}_r$满足：(1)$\boldsymbol{\alpha}_1,\boldsymbol{\alpha}_2,\cdots,\boldsymbol{\alpha}_r$线性无关；(2) $\forall\boldsymbol{\alpha}\in\boldsymbol{S}$，有$\boldsymbol{\alpha}_1,\boldsymbol{\alpha}_2,\cdots,\boldsymbol{\alpha}_r,\boldsymbol{\alpha}$ 线性相关，则称$\boldsymbol{\alpha}_1,\boldsymbol{\alpha}_2,\cdots,\boldsymbol{\alpha}_r$为向量组 $\boldsymbol{S}$ 的极大线性无关向量组，简称极大无关组.

若向量组中只含有零向量，则称向量组没有极大无关组.

注：极大无关组存在时，未必唯一，如向量组$\begin{pmatrix}1\\0\end{pmatrix},\begin{pmatrix}0\\1\end{pmatrix},\begin{pmatrix}1\\1\end{pmatrix}$中任两个均构成极大无关组.

思考：如何求向量组的一个极大无关组？（方法一：穷举法）

定理 7.11　一个向量组线性无关⇔其极大无关组即本身.

由定义可知，显然成立.

定理 7.12　设 $\boldsymbol{\alpha}_1,\boldsymbol{\alpha}_2,\cdots,\boldsymbol{\alpha}_r$ 是向量组 $\boldsymbol{A}$ 的极大无关组，则 $\boldsymbol{A}$ 中的任意向量均能由 $\boldsymbol{\alpha}_1,\boldsymbol{\alpha}_2,\cdots,\boldsymbol{\alpha}_r$ 线性表示，且表示法唯一.

定理 7.13　向量组与其极大无关组等价.

推论 7.6　向量组的任意两个极大无关组等价.

推论 7.7　向量组 $\boldsymbol{A}$ 与 $\boldsymbol{B}$ 等价⇔$\boldsymbol{A},\boldsymbol{B}$ 的极大无关组等价.

定理 7.14　设向量组$\boldsymbol{\alpha}_1,\boldsymbol{\alpha}_2,\cdots,\boldsymbol{\alpha}_r$ 线性无关，且它能由向量组$\boldsymbol{\beta}_1,\boldsymbol{\beta}_2,\cdots,\boldsymbol{\beta}_s$ 线性表示，则 $r\leqslant s$.

推论 7.8 一个向量组的任意两个极大无关组所含向量的个数相等.

定义 7.21 向量组的极大无关组所含向量的个数称为向量组的秩.

定理 7.15 矩阵的秩等于它的列向量组的秩,也等于它的行向量组的秩.

由以上定理可知,求列向量组的极大无关组,只需找其一个 r 阶非零子式(r 为向量组的秩),其所在的列就是极大无关组,而这可以通过初等行变换得到.

例 7.31 设矩阵 $\boldsymbol{A}=\begin{pmatrix}2&-1&-1&1&2\\1&1&-2&1&4\\4&-6&2&-2&4\\3&6&-9&7&9\end{pmatrix}$,求矩阵 $\boldsymbol{A}$ 的列向量组的一个极大无关组,并把不属于极大无关组的列向量用极大无关组线性表示.

解 $\boldsymbol{A}\to\begin{pmatrix}1&1&-2&1&4\\0&-3&3&-1&-6\\0&-4&4&-4&0\\0&3&-3&4&-3\end{pmatrix}\to\begin{pmatrix}1&1&-2&1&4\\0&1&-1&1&0\\0&0&0&2&-6\\0&0&0&3&-9\end{pmatrix}\to\begin{pmatrix}1&1&-2&1&4\\0&1&-1&1&0\\0&0&0&1&-3\\0&0&0&0&0\end{pmatrix}=$

$\boldsymbol{B}, r(\boldsymbol{A})=3$.

由于初等行变换不改变列的位置,因此 $\boldsymbol{B}$ 的列极大无关组所在列,即 $\boldsymbol{A}$ 的列极大无关组所在列,而显然 $\boldsymbol{B}$ 的第一、二、四列线性无关,为 $\boldsymbol{B}$ 的列极大无关组,故 $\boldsymbol{A}$ 的列向量组的极大无关组为第一、二、四列. 记 $\boldsymbol{A}$ 的第 i 列为 $\boldsymbol{\alpha}_i$. 将 $\boldsymbol{A}$ 继续作初等行变换,化为行最简形矩阵.

$$\boldsymbol{A}\to\boldsymbol{B}\to\begin{pmatrix}1&0&-1&0&4\\0&1&-1&0&3\\0&0&0&1&-3\\0&0&0&0&0\end{pmatrix},$$

即有 $(\boldsymbol{\alpha}_1\quad\boldsymbol{\alpha}_2\quad\boldsymbol{\alpha}_4\,|\,\boldsymbol{\alpha}_3)\xrightarrow{\text{行}}\begin{pmatrix}1&0&0&-1\\0&1&0&-1\\0&0&1&0\\0&0&0&0\end{pmatrix}$,故 $\boldsymbol{\alpha}_3=-\boldsymbol{\alpha}_1-\boldsymbol{\alpha}_2$. 同理,有 $\boldsymbol{\alpha}_5=4\boldsymbol{\alpha}_1+3\boldsymbol{\alpha}_2-3\boldsymbol{\alpha}_4$.

注:(1)极大无关组未必是唯一的. 如该例中也可以取 $\boldsymbol{\alpha}_1,\boldsymbol{\alpha}_3,\boldsymbol{\alpha}_4$;$\boldsymbol{\alpha}_1,\boldsymbol{\alpha}_2,\boldsymbol{\alpha}_5$;$\boldsymbol{\alpha}_1,\boldsymbol{\alpha}_3,\boldsymbol{\alpha}_5$ 作为极大无关组,当然线性表示亦需作相应改动(最简形也要作变化),比如以 $\boldsymbol{\alpha}_1,\boldsymbol{\alpha}_3,\boldsymbol{\alpha}_4$ 为极大无关组,则行最简形需化为 $\begin{pmatrix}1&-1&0&0&1\\0&-1&1&0&-3\\0&0&0&1&-3\\0&0&0&0&0\end{pmatrix}$,线性表示为 $\boldsymbol{\alpha}_2=-\boldsymbol{\alpha}_1-\boldsymbol{\alpha}_3$,$\boldsymbol{\alpha}_5=\boldsymbol{\alpha}_1-3\boldsymbol{\alpha}_3-3\boldsymbol{\alpha}_4$,等等.

(2)求向量组的秩和求极大无关组的方法与思路一致.

例 7.32 求向量组 $\boldsymbol{\alpha}_1=(1,-2,2,1)$,$\boldsymbol{\alpha}_2=(-1,3,2,5)$,$\boldsymbol{\alpha}_3=(2,-5,0,-4)$,$\boldsymbol{\alpha}_4=(-3,4,1,-3)$,$\boldsymbol{\alpha}_5=(1,-5,5,-5)$ 的秩和一个极大无关组,并把其余向量表示为这个极大无关组的线性组合.

解 $A=\begin{pmatrix}1&-1&2&-3&1\\-2&3&-5&4&-5\\2&2&0&1&5\\1&5&-4&-3&-5\end{pmatrix}\xrightarrow{行}\begin{pmatrix}1&-1&2&-3&1\\0&1&-1&-2&-3\\0&5&-5&5&0\\0&6&-6&0&-6\end{pmatrix}\to$

$\begin{pmatrix}1&-1&2&-3&1\\0&1&-1&-2&-3\\0&0&0&15&15\\0&0&0&12&12\end{pmatrix}\to\begin{pmatrix}1&-1&2&-3&1\\0&1&-1&-2&-3\\0&0&0&1&1\\0&0&0&0&0\end{pmatrix}$

$(r=3)\to\begin{pmatrix}1&0&1&0&3\\0&1&-1&0&-1\\0&0&0&1&1\\0&0&0&0&0\end{pmatrix}$，一个极大无关组：$\boldsymbol{\alpha}_1,\boldsymbol{\alpha}_2,\boldsymbol{\alpha}_4$，且有$\boldsymbol{\alpha}_3=\boldsymbol{\alpha}_1-\boldsymbol{\alpha}_2,\boldsymbol{\alpha}_5=3\boldsymbol{\alpha}_1-\boldsymbol{\alpha}_2+\boldsymbol{\alpha}_4$.

习题 7.5

1. $\boldsymbol{\alpha}=\begin{pmatrix}x & xy & \dfrac{y}{x}\end{pmatrix},\boldsymbol{\beta}=(1\quad 1\quad 1)$，求 x,y.

2. $\boldsymbol{\alpha}_1=(-1,0,2)^{\mathrm{T}},\boldsymbol{\alpha}_2=(2,1,-3)^{\mathrm{T}}$ 且 $2\boldsymbol{\alpha}_1+3(\boldsymbol{\alpha}_2-\boldsymbol{\beta})=\boldsymbol{0}$，求 $\boldsymbol{\beta}$.

3. 判定下列向量组是否线性相关.

(1)$\boldsymbol{\alpha}_1=\begin{pmatrix}1\\-1\\2\end{pmatrix},\boldsymbol{\alpha}_2=\begin{pmatrix}0\\1\\3\end{pmatrix},\boldsymbol{\alpha}_3=\begin{pmatrix}2\\1\\4\end{pmatrix}$；

(2)$\boldsymbol{\alpha}_1=(1,2,-1,5),\boldsymbol{\alpha}_2=(2,-1,1,1),\boldsymbol{\alpha}_3=(4,3,-1,1)$；

(3)$\boldsymbol{\alpha}_1=(-1,3,1),\boldsymbol{\alpha}_2=(2,1,0),\boldsymbol{\alpha}_3=(1,4,1)$.

4. 判断下列向量组是否线性相关，若是，求出其极大无关组，并且将剩余向量用极大无关组线性表示.

(1)$\boldsymbol{\alpha}_1=(1,-1,2,4),\boldsymbol{\alpha}_2=(0,3,1,2),\boldsymbol{\alpha}_3=(3,0,7,4),\boldsymbol{\alpha}_4=(1,-1,2,0),\boldsymbol{\alpha}_5=(2,1,5,6)$；

(2)$\boldsymbol{\alpha}_1=(1,4,11,-2),\boldsymbol{\alpha}_2=(3,-6,3,8),\boldsymbol{\alpha}_3=(2,-1,7,3)$；

(3)$\boldsymbol{\alpha}_1=(1,0,0,0),\boldsymbol{\alpha}_2=(1,1,0,0),\boldsymbol{\alpha}_3=(1,1,1,,0),\boldsymbol{\alpha}_4=(1,1,1,1)$.

5. 已知$\boldsymbol{\alpha}_1=\begin{pmatrix}\lambda+1\\4\\6\end{pmatrix},\boldsymbol{\alpha}_2=\begin{pmatrix}1\\0\\\lambda\end{pmatrix},\boldsymbol{\alpha}_3=\begin{pmatrix}2\\2\\\lambda\end{pmatrix}$，$\lambda$ 为何值时$\boldsymbol{\alpha}_1,\boldsymbol{\alpha}_2,\boldsymbol{\alpha}_3$线性相关？将$\boldsymbol{\alpha}_1$用$\boldsymbol{\alpha}_2,\boldsymbol{\alpha}_3$线性表示.

第 8 章 概率论基础

8.1 随机事件与概率的定义

8.1.1 随机事件

1. 随机现象与随机试验

在现实生活中,存在着两类不同的现象,在一定条件下,必然发生或必然不发生的现象叫作**确定性现象**(或**必然现象**),例如:

(1)向上抛一枚硬币,必然落下;

(2)在标准大气压下,纯水加热到100℃必然沸腾.

确定性现象的特点是:每次试验或观察它的结果总是确定的.

在一定条件下具有多种可能结果,哪一种结果将会发生,事先不能确定的现象叫作**随机现象**(或**偶然现象**),例如:

(1)向上抛一枚硬币,落下后可能正面向上,也可能正面向下;

(2)某运动员投篮一次,可能投中,也可能投不中;

(3)从一装有白球和黑球的袋中任取一球,取出的可能是白球,也可能是黑球.

随机现象,从表面上看,由于人们事先不知道会出现哪一种结果,似乎是不可捉摸的,其实不然,人们通过实践观察到,在相同的条件下,对随机现象进行大量的重复试验(观察),其结果总能呈现出某种规律性. 例如,多次重复抛一枚硬币,正面朝上和反面朝上的次数几乎相等;对某个靶进行多次射击,虽然各次弹着点不完全相同,但这些点却按一定的规律分布,等等. 把随机现象的这种规律性称为**统计规律性**.

为了研究随机现象的统计规律性,把各种科学试验和对某一事物的观测统称为**试验**. 如果试验具有以下特点:

(1)试验可以在相同条件下重复进行;

(2)每次试验的所有可能结果都是明确可知的,并且不止一个;

(3)每次试验之前不能预知将会出现哪一个结果,

则称这种试验为**随机试验**(简称**试验**).

2. 随机事件与样本空间

在一定条件下,对随机现象进行试验的每一可能的结果称为**随机事件**,通常用字母 $A,B,C,\cdots$ 表示. 例如:在抛硬币试验中,"出现正面""出现反面"都是随机事件,可记为:$A=\{$出现正面$\}$,$B=\{$出现反面$\}$.

如果事件一定发生,称为**必然事件**;相反,如果事件一定不发生,则称为**不可能事件**. 随机试验的每一个可能的结果称为**样本点**，记作 $\omega_1,\omega_2,\cdots$；随机试验的所有样本点组成的集合称为**样本空间**，记作 Ω，即 $\Omega=\{\omega_1,\omega_2,\cdots\}$.

3. 随机事件的关系与运算

1)事件的包含

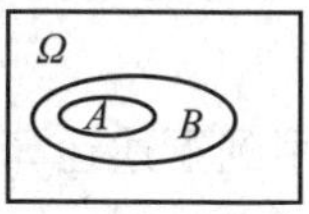

图 8－1

若事件 A 发生必导致事件 B 发生，则称**事件 B 包含事件 A**，或称**事件 A 包含于事件 B**，记作 $B\supset A$ 或 $A\subset B$(图 8－1).

例 8.1 一批产品中有合格品 100 件、次品 5 件，在合格品中有 2% 是一级品．从这些产品中任取一件，令 A 表示“取得一等品”，令 B 表示“取得合格品”，则 $A\subset B$.

2)事件的相等

若事件 B 包含事件 A，且事件 A 包含事件 B，即 $B\supset A$ 且 $A\subset B$，则称**事件 A 与事件 B 相等**，记作 $A=B$.

3)事件的并(和事件)

两个事件 A 与 B 至少有一个发生，这一新事件称为**事件 A 与 B 的并**，记作 $A\cup B$(图 8－2).

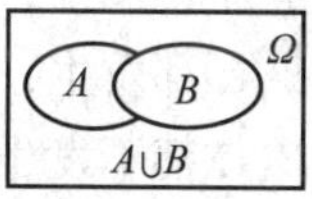

图 8－2

例 8.2 袋中有 5 个白球、3 个黑球，从中任取 3 个球，令 A 表示“取出的全是黑球”，B 表示“取出的全是白球”，C 表示“取出的球颜色相同”，则 $C=A\cup B$.

例 8.3 甲、乙两人向同一目标射击，令 A 表示“甲射中目标”，令 B 表示“乙射中目标”，令 C 表示“目标被击中”，则 $C=A\cup B$.

4)事件的交(积事件)

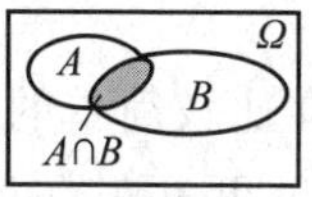

图 8－3

两个事件 A 与 B 同时发生，这一新事件称为**事件 A 与 B 的交**，记作 $A\cap B$ 或 AB(图 8－3).

掷一枚色子，观察其出现的点数，令 A 表示“出现偶数点”，令 B 表示“出现的点数小于 3”，则 AB 表示“出现 2 点”.

5)差事件

事件 A 发生而事件 B 不发生，这一新事件称为**事件 A 与 B 的差事件**，记作 $A-B$ 或 $A\overline{B}$(图 8－4).

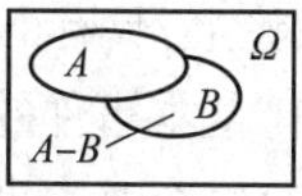

图 8－4

掷一枚色子，观察其出现的点数，令 A 表示“出现偶数点”，令 B 表示“出现的点数小于 5”，则 $A-B$ 表示“出现 6 点”.

6)互不相容事件(互斥事件)

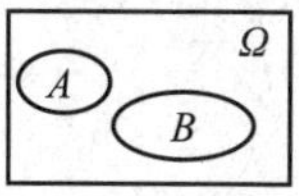

图 8－5

若事件 A 与 B 不能同时发生，即 $AB=\varnothing$，则称事件 A 与 B 是**互不相容的(互斥的)**(图 8－5).

掷一枚色子，观察其出现的点数，令 A 表示“出现偶数点”，令 B 表示“出现 1 点”，显然 A 与 B 不能同时发生，即互不相容.

可以将其推广到多个事件互不相容．对于 n 个事件 $A_1,A_2,\cdots A_n$，如果它们两两之间互不相容，即 $A_iA_j=\varnothing(i\neq j;i,j=1,2,\cdots n)$，则称 $A_1,A_2,\cdots,A_n$ 互不相容．

7）对立事件

若两个互斥的事件 A 与 B 中必有一个事件发生，即 $AB=\varnothing$ 且 $A+B=\Omega$，则称**事件 A 与 B 是对立的**，并称事件 B 是事件 A 的对立事件（或逆事件）；同样，事件 A 也是事件 B 的对立事件，记作 $B=\overline{A}$ 或 $A=\overline{B}$（图 8－6）．

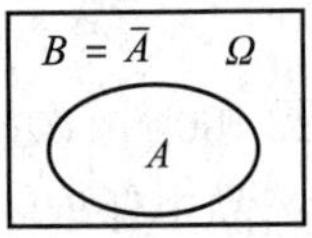

图 8－6

在进行事件运算时，经常要用到下述运算律，设 A,B,C 为事件，则有：

（1）交换律：$A\cup B=B\cup A,A\cap B=B\cap A$；

（2）结合律：$A\cup(B\cup C)=(A\cup B)\cup C,A\cap(B\cap C)=(A\cap B)\cap C$；

（3）分配率：$A\cup(B\cap C)=(A\cup B)\cap(A\cup C),A\cap(B\cup C)=(A\cap B)\cup(A\cap C)$；

（4）对偶率：$\overline{A\cup B}=\overline{A}\,\overline{B},\overline{AB}=\overline{A}\cup\overline{B}$.

例 8.4　设 A,B,C 是三个随机事件，试以 A,B,C 的运算来表示以下事件：

（1）仅事件 A 发生；

（2）A,B,C 都发生；

（3）A,B,C 都不发生；

（4）A,B,C 不全发生；

（5）A,B,C 恰有一个发生．

解　（1）$A\overline{BC}$；（2）ABC；（3）$\overline{A}\,\overline{B}\,\overline{C}$；（4）$\overline{ABC}$；（5）$\overline{A}\,\overline{B}\,\overline{C}\cup\overline{A}B\overline{C}\cup\overline{A}\,\overline{B}C$.

8.1.2　概率的定义

1. 古典概型

古典概型是概率论发展史上首先被人们研究的概率模型，它出现在比较简单的一类随机试验中，这类试验中只有有限个不同的结果可能出现，并且各种不同的结果出现的机会均等．例如抛一枚硬币，只有两种结果，而且两种结果出现的可能性相同．同样，抛一颗质地均匀的骰子，它只有 6 种不同的结果，而且出现 6 种结果的可能性相同．

理论上，具有下面两个特点的随机试验的概率模型称为**古典概型**：

（1）基本事件的总数是有限的，即样本空间仅含有有限个样本点；

（2）每个基本事件发生的可能性相同．

下面介绍古典概型事件概率的计算公式．设 Ω 为随机试验 E 的样本空间，其中所含样本点总数是 n，A 为一随机事件，其中所含样本点数为 r，则有

$$p(A)=\frac{r}{n}=\frac{\text{事件 }A\text{ 中包含的基本事件个数}}{\text{试验基本事件总数}}.$$

例 8.5　从 1～10 这 10 个自然数中任取一数．

（1）设事件 A 为“任取的一数是奇数”，求 $P(A)$；

（2）设事件 B 为“任取的一数是 4 的倍数”，求 $P(B)$.

解 (1)事件 $A=\{1,3,5,7,9\}$,含有 5 个样本点,所以 $P(A)=\dfrac{5}{10}=\dfrac{1}{2}$.

(2)事件 $B=\{4,8\}$,含有 2 个样本点,所以 $P(B)=\dfrac{2}{10}=\dfrac{1}{5}$.

例 8.6 盒中有 5 个球,其中 3 个白球、2 个黑球,从中任取 2 个,求:恰有一个白球的概率;至少有一个白球的概率.

解 设事件 $A=\{$恰有一个白球$\}$,事件 $B=\{$至少有一个白球$\}$,则

$$p(A)=\frac{C_3^2C_2^1}{C_5^2}=\frac{3}{5};$$

$$p(B)=\frac{C_3^1C_2^1+C_3^2}{C_5^2}=\frac{9}{10}.$$

例 8.7 已知 10 件产品中有 3 件次品,从中抽取 2 次,每次任取 1 件,试求在下列情况下取出的两件都是正品的概率.

(1)每次随机取出 1 件,检验后放回,再继续随机抽取下一件;

(2)每次随机取出 1 件,检验后不放回,再继续随机抽取下一件.

解 (1)这种抽样称为**放回抽样**,因为每次检验后放回,故每次随机取 1 件,有 $C_{10}^1=10$ 种取法,接连 2 次,共有10^2 种取法,于是

$$P=\frac{7^2}{10^2}=0.49.$$

(2)这种抽样称为**不放回抽样**,因为每次检验后不放回,所以每抽取一次产品总数就减少 1 件,因而样本空间所含的样本总数为 $C_{10}^1C_9^1=10\times9$,于是

$$P=\frac{7\times6}{10\times9}=0.467.$$

2. 概率的定义与性质

定义 8.1 设 Ω 为随机试验 E 的样本空间,对 E 的每个事件 A 赋予一个实数,记为$P(A)$,称 $P(A)$ 为事件 A 的**概率**,如果它满足下列条件:

(1)$P(A)\geqslant0$(非负性);

(2)$P(\Omega)=1$;(规范性);

(3)设事件 $A_1,A_2,\cdots A_n,\cdots$是一列互不相容的事件,则有

$$P(\bigcup_{k=1}^{\infty}A_k)=\sum_{k=1}^{\infty}P(A_k).$$

由概率的定义,可以推得概率的一些重要性质.

性质 8.1 $0\leqslant P(A)\leqslant1,P(\varnothing)=0.$

性质 8.2 对于任意事件 A,B,有

$$P(A\cup B)=P(A)+P(B)-P(AB)(\text{概率的加法公式}).$$

特别的,当事件 A 与 B 互不相容时,$P(A\cup B)=P(A)+P(B)$.

性质 7.2 可推广到多个事件.

性质 8.3 $P(B-A)=P(B)-P(AB).$

特别地,当 $A\subset B$ 时,$P(B-A)=P(B)-P(A)$,且 $P(A)\leqslant P(B)$

性质 8.4 $P(\overline{A})=1-P(A)$.

例 8.8 已知 12 件产品中有 2 件次品,从中任意抽取 4 件产品,求至少取得 1 件次品的概率.

解 设 A 表示"至少取得 1 件次品",B 表示"未抽到次品",则 $B=\overline{A}$,由题意可得

$$P(B)=\frac{C_{10}^4}{C_{12}^4}=\frac{14}{33},P(A)=1-P(\overline{A})=1-P(B)=\frac{19}{33}.$$

也可直接求事件 A 的概率:

$$P(A)=\frac{C_2^1C_{10}^3+C_2^2C_{10}^2}{C_{12}^4}=\frac{19}{33}.$$

例 8.9 设 A,B 为两个随机事件,$P(A)=0.5,P(A\cup B)=0.8,P(AB)=0.3$,求 $P(B)$.

解 由 $P(A\cup B)=P(A)+P(B)-P(AB)$,得

$$P(B)=P(A\cup B)-P(A)+P(AB)=0.8-0.5+0.3=0.6.$$

例 8.10 在 1~100 这 100 个自然数中任取一数,则它能被 2 或 5 整除的概率是多少?

解 设事件 $A=\{$取出的数能被 2 整除$\}$,$B=\{$取出的数能被 5 整除$\}$,则 $A+B=\{$取出的数能被 2 或 5 整除$\}$,$AB=\{$取出的数既能被 2 又能被 5 整除$\}$,所以

$$P(A)=\frac{50}{100}=\frac{1}{2},P(B)=\frac{20}{100}=\frac{1}{5},P(AB)=\frac{10}{100}=\frac{1}{10},$$

则

$$P(A+B)=P(A)+P(B)-P(AB)=\frac{1}{2}+\frac{1}{5}-\frac{1}{10}=\frac{6}{10}=0.6.$$

【同步训练 8.1】

1. 指出下列事件哪些是必然事件?哪些是不可能事件?哪些是随机事件?

(1)$A=\{$在一副扑克中随机抽取 2 张,恰好同花色$\}$

(2)$B=\{$掷两枚骰子,出现点数之和不大于 12$\}$

(3)$C=\{$一段时间,某公交站的候车人数不超过 5 人$\}$

(4)$D=\{$实系数一元二次方程判别式 $\Delta>0$ 时,方程无实根$\}$

(5)$E=\{$从含有次品的零件中,任取一件为合格品$\}$

2. 设 $A\subset B,P(A)=0.2,P(B)=0.3$,求:

(1)$P(\overline{A}),P(\overline{B})$;(2)$P(A\cup B)$;(3)$P(AB)$;(4)$P(\overline{B}A)$.

3. 10 个产品中有 7 个正品、3 个次品.

(1)不放回地每次从中任取 1 个,共取 3 次,求取到 3 个次品的概率;

(2)每次从中任取 1 个,有放回地取 3 次,求取到 3 个次品的概率.

4. 将 3 个球随机地放入 4 个杯子,求 3 个球在同一个杯子中的概率.

习题 8.1

1. 从 1,2,3,4,5 五个数中,任取 3 个不同的数码排成一个三位数,求:

(1)所得的三位数为偶数的概率;

(2)所得的三位数为奇数的概率.

2. 10 把钥匙中有 3 把能打开房门,今任取 2 把,求能打开门的概率.

3. 从一批含 7 件正品、3 件次品的产品中:

(1)接连抽取 2 件,取后不放回,求第一次取得次品且第二次取得正品的概率;

(2)接连抽取 2 件,取后放回,求第一次取得次品且第二次取得正品的概率;

(3)从中任取 2 件,求取得 1 件正品,1 件次品的概率.

4. 口袋中有 10 个球,分别标有号码 1 ~10,现从中选 3 只,记下取出球的号码,求:

(1)最小号码为 5 的概率;

(2)最大号码为 5 的概率.

5. 某单位有 50% 的订户订日报,有 67% 的订户订晚报,有 85% 的订户至少订这两种报纸中的一种,求同时订这两种报纸的订户的概率.

【同步训练 8.1】答案

1. (1)随机事件;(2)必然事件;(3)随机事件;(4)不可能事件;(5)随机事件.

2. (1)$P(\overline{A})=0.8$,$P(\overline{B})=0.7$;(2)$P(A\cup B)=0.3$;

(3)$P(AB)=0.2$;(4)$P(\overline{B}A)=0.1$.

3. (1)$P=\frac{1}{120}$,(2)$P=\frac{27}{1\ 000}$.

4. $P=\frac{1}{16}$.

8.2 条件概率

8.2.1 条件概率与乘法公式

在实际问题中,除了要考虑事件 A 的概率,还要考虑在已知事件 B 发生的条件下事件 A 发生的概率,其称为在事件 B 发生的条件下事件 A 的**条件概率**,记作 $P(A|B)$. 例如,在一批产品中任取一件,已知是合格品,问它是一等品的概率;在人群中任选一人,被选中的人为男性,问他是色盲的概率等,这些问题都是求条件概率问题.

例 8.11 某工厂有职工 400 名,其中男、女职工各一半,男、女职工中技术优秀的分别为 20 人与 40 人,从中任选一名职工,问:

(1)该职工技术优秀的概率是多少?

(2)已知选出的是男职工,他技术优秀的概率是多少?

解 设 A 表示“选出的职工技术优秀”,B 表示“选出的职工为男职工”,按古典概型的计算方法,得

$$P(A)=\frac{60}{400}=\frac{3}{20};P(A|B)=\frac{20}{200}=\frac{1}{10}.$$

显然 $P(A)\neq P(A|B)$,一般情况下,$P(A)$ 与 $P(A|B)$ 是不同的. 另外,$P(AB)$ 与 $P(A|B)$ 也不相同,$P(AB)$ 是 A 发生且 B 也发生,即 A 与 B 同时发生的概率. 在本例中 AB 表示“选出的职工为男职工而且技术优秀”,则

$$P(AB)=\frac{20}{400}=\frac{1}{20}.$$

但 $P(AB)$ 与 $P(A|B)$ 又有着密切的联系,进一步计算可得:

$$P(A|B)=\frac{1}{10}=\frac{20/400}{200/400}=\frac{P(AB)}{P(B)}.$$

由此,可建立条件概率的一般定义.

定义 8.2 设 A,B 是两个事件,且 $P(B)>0$,称

$$P(A|B)=\frac{P(AB)}{P(B)}$$

为在事件 B 发生条件下事件 A 发生的**条件概率**.

条件概率公式揭示了条件概率与事件概率 $P(B)$,$P(AB)$ 三者之间的关系.

显然,当 $P(A)>0$ 时,$P(B|A)=\dfrac{P(AB)}{P(A)}$.

例 8.12 在全部产品中有 4% 是废品,有 72% 为一等品. 现从其中任取一件为合格品,求它是一等品的概率.

解 设 A 表示“任取一件为合格品”,B 表示“任取一件为一等品”,$P(A)=96\%$,$P(AB)=P(B)=72\%$,注意 $B\subset A$,则所求概率为

$$P(B|A)=\frac{P(AB)}{P(A)}=\frac{72\%}{96\%}=0.75.$$

由条件概率的定义,可以得到一个非常有用的公式,这就是概率的乘法公式:

(1)若 $P(A)>0$,则 $P(AB)=P(A)P(B|A)$;

(2)若 $P(B)>0$,则 $P(AB)=P(B)P(A|B)$.

乘法公式还可以推广到 n 个事件的情形:

(1)若 $P(AB)>0$,则

$$P(ABC)=P(A)P(B|A)P(C|AB);$$

(2)若 $P(A_1A_2\cdots A_{n-1})>0$,则

$$P(A_1A_2\cdots A_{n-1})=P(A_1)P(A_2|A_1)\cdots P(A_n|A_1A_2\cdots A_{n-1}).$$

乘法公式的作用在于利用条件概率计算积事件的概率,在概率计算中有着广泛的应用.

例 8.13 100 台计算机中有 3 台次品,其余都是正品,无放回地从中连续取 2 台,试求:(1)两次都取得正品的概率;(2)第二次取得正品的概率.

解 设事件 A 表示"第一次取得正品",B 表示"第二次取得正品".

(1)两次都取得正品即事件 AB,依题意有:

$$P(A)=\frac{97}{100},P(B|A)=\frac{96}{99},P(AB)=P(A)P(B|A)=\frac{97}{100}\times\frac{96}{99}\approx 0.94.$$

(2)第二次才取得正品,意味着第一次取得次品,即事件 $\overline{A}B$,则

$$P(\overline{A}B)=P(\overline{A})P(B|\overline{A})=[1-P(A)]P(B|\overline{A})=\frac{3}{100}\times\frac{97}{99}\approx 0.03.$$

8.2.2 全概率公式与贝叶斯公式

设 $B_1,B_2,\cdots,B_n$ 是一组互不相容事件,且 $B_1+B_2+\cdots+B_n=\Omega$,那么,具有以上条件的事件组叫作完备事件组.

一般的,如果事件 $B_1,B_2,\cdots,B_n$ 是一完备事件组,那么对任一事件 A,有

$$P(A)=\sum_{i=1}^{n}P(AB_i)=\sum_{i=1}^{n}P(B_i)P(A|B_i)\text{(全概率公式)}.$$

例 8.14 盒子中有 5 个白球、3 个黑球,连续不放回地从其中取两次球,每次取一个,求第二次取到白球的概率.

解 设 A 表示"第一次取到白球",B 表示"第二次取到白球",则

$$P(A)=\frac{5}{8},P(\overline{A})=\frac{3}{8},P(B|A)=\frac{4}{7},P(B|\overline{A})=\frac{5}{7}.$$

$$P(B)=P(A)P(B|A)+P(\overline{A})P(B|\overline{A})=\frac{5}{8}\times\frac{4}{7}+\frac{3}{8}\times\frac{5}{7}=\frac{5}{8}.$$

例 8.15 两台机床加工同样的零件,第一台出现废品的概率为 0.03,第二台出现废品的概率为 0.02,加工出来的零件放在一起,并且已知第一台加工的零件比第二台加工的零件多 1 倍,求任意取出的零件是合格品的概率.

解 任取一零件,设事件 $B_1=\{$第一台机床加工的零件$\}$,$B_2=\{$第二台机床加工的零件$\}$,$A=\{$取出的零件为合格品$\}$.

显然,B_1,B_2 为一完备事件组,且

$$P(B_1)=\frac{2}{3},P(B_2)=\frac{1}{3},P(A\ \ B_1)=1-0.03=0.97,P(A\ \ B_2)=1-0.02=0.98,$$

所以

$$P(A)=P(AB_1)+P(AB_2)=P(B_1)P(A\ B_1)+P(B_2)P(A\ B_2)$$
$$=\frac{2}{3}\times 0.97+\frac{1}{3}\times 0.98=0.973.$$

有一类问题在实际中更为常见,它所求的条件概率,是在已知某结果发生的条件下,各原因发生的可能性的大小. 这就是贝叶斯公式.

设试验 E 的样本空间为 Ω,A 为 E 的事件,且 $P(A)>0$,$B_1,B_2,\cdots,B_n$ 是 Ω 的一个划分,且 $P(B_i)>0(i=1,2,\cdots,n)$,则

$$P(B_i|A)=\frac{P(A|B_i)P(B_i)}{\sum_{j=1}^{n}P(A|B_j)P(B_j)}(i=1,2,\cdots,n).$$

此称为**贝叶斯公式**.

例 8.16 某电子元件由三家元件制造厂提供,根据以往的记录有以下的数据(表 8-1):

表 8-1

元件制造厂	次品率	提供元件的份额
1	0.02	0.15
2	0.01	0.80
3	0.03	0.05

现在仓库中随机取 1 个元件,若已知取到的是次品,为分析此次品出自哪个厂,需求出此次品由三家工厂生产的概率分别是多少,并分析此次品的来源.

解 设 A 表示"取到的是一件次品",$B_i(i=1,2,3)$ 表示"取到的产品是由第 i 家提供的",则 B_1,B_2,B_3 是样本空间 Ω 的一个划分,且

$$P(B_1)=0.15,P(B_2)=0.80,P(B_3)=0.05,$$
$$P(A|B_1)=0.02,P(A|B_2)=0.01,P(A|B_3)=0.03.$$

由贝叶斯公式得

$$P(B_1|A)=\frac{P(A|B_1)P(B_1)}{P(A)}=\frac{0.02\times 0.15}{0.0125}=0.24,$$
$$P(B_2|A)=\frac{P(A|B_2)P(B_2)}{P(A)}=0.64,$$
$$P(B_3|A)=\frac{P(A|B_3)P(B_3)}{P(A)}=0.12.$$

故这件次品来自第 2 家工厂的可能性最大.

【同步训练 8.2】

1. 一批产品中有 4% 废品,而合格品中一等品占 55%,从这批产品中任选 1 件,求这件产品是一等品的概率.

2. 10 个零件中有 3 个次品、7 个合格品,每次从中任取一个零件,共取 3 次,取后不放回,求:

(1)这3次都取到次品的概率；

(2)这3次中至少有1次取到合格品的概率.

3. 设某光学仪器厂制造的透镜,第一次落下时打破的概率为$\frac{1}{2}$,若第一次落下未打破,第二次落下未打破的概率为$\frac{7}{10}$,若前两次落下未打破,第三次落下打破的概率为$\frac{9}{10}$,试求透镜落下3次而未打破的概率.

习题 8.2

1. 已知$P(A)=0.5$,$P(B)=0.4$,$P(AB)=0.1$,试求：

(1)$P(A\cup B)$;(2)$P(A|B)$;(3)$P(B|A)$;(4)$P(A|\overline{B})$.

2. 50件商品有3件次品,其余都是正品,每次取一件,无放回地从中抽取3件,试求：

(1)3件商品都是正品的概率；

(2)第3次才抽到次品的概率.

3. 某人有5把钥匙,但分不清哪一把能打开房间的门,逐把试开,试求：

(1)第2次才打开房门的概率；

(2)3次内打开房门的概率.

4. 设在n张彩票中有一张奖券,有3个人参加抽奖,求第3个人摸到奖券的概率.

5. 设某厂有甲、乙、丙3个车间,生产同一规格的产品,每个车间的产量依次占总量的20%、30%和50%,各车间的次品率依次为8%、6%和4%,试求：

(1)从成品中任取1件产品是合格品的概率；

(2)抽到的合格品恰好由乙车间生产的概率.

6. 两台车床加工同样的零件,第一台出现废品的概率为0.03,第二台出现废品的概率为0.02,加工出来的零件放在一起,并且已知第一台加工的零件比第二台加工的零件多1倍,求任取1件是合格品的概率.

7. 已知男性中有5%是色盲患者,女性中有0.25%是色盲患者,今从男、女人数相等的人群中随机挑选1人,恰好是色盲患者,问此人是男性的概率是多少?

【同步训练8.2】答案

1. 0.528.

2. (1)$P=\frac{1}{120}$；　(2)$1-\frac{1}{120}=\frac{119}{120}$.

3. $P=\frac{3}{200}$.

8.3 事件的独立性

8.3.1 事件的独立性

在上节引入条件概率的定义时，分析了一般情况下，$P(A) \neq P(A|B)$，这表明事件 B 的发生对事件 A 发生的概率是有影响的，只有这种影响不存在时才会有 $P(A)=P(A|B)$，这时有

$$P(AB)=P(B)P(A|B)=P(B)P(A).$$

那么，在现实中，有没有某些事件的发生互不影响呢？答案是肯定的．例如抛两枚硬币，观察出现正、反面的情况，设 A 表示“第一枚硬币出现正面”，B 表示“第二枚硬币出现正面”，很明显事件 A 与 B 之间没有必然的联系，其中一件事情是否发生，都不影响另外一件事情是否发生，即 A 与 B 是相互独立的．下面给出两个事件相互独立的严格定义．

定义 8.3 设 A,B 是两个随机事件，若

$$P(AB)=P(A)P(B),$$

则称事件 A 与 B 是**相互独立**的，简称 A,B **独立**．

性质 8.5 设 $P(A)>0$，A 与 B 相互独立$\Leftrightarrow P(B)=P(B|A)$；

设 $P(B)>0$，A 与 B 相互独立$\Leftrightarrow P(A)=P(A|B)$.

性质 8.6 若 A 与 B 相互独立，则 A 与 $\overline{B}$，$\overline{A}$ 与 $\overline{B}$，$\overline{A}$ 与 B 都相互独立．

在实际应用中，事件的独立性根据实际意义来判断．若事件 A（或 B）的发生与否对事件 B（或 A）发生的概率不产生影响，则 A 与 B 相互独立．

例 8.17 有甲、乙两批种子，发芽率分别为 0.8 和 0.7．在两批种子中随机抽一粒，求下列事件的概率：(1)两粒种子都能发芽；(2)至少有一粒能发芽；(3)恰好有一粒能发芽．

解 $A=\{$甲批种子发芽$\}$，$B=\{$乙批种子发芽$\}$，显然 A 与 B 相互独立．

(1) $P(AB)=P(A)P(B)=0.8\times 0.7=0.56$；

(2) $P(A\cup B)=1-P(\overline{A\cup B})=1-P(\overline{A}\,\overline{B})=1-P(\overline{A})P(\overline{B})=1-0.2\times 0.3=0.94$；

(3) 因为 $\overline{A}B$ 与 $\overline{A}B$ 互不相容，所以

$$P(\overline{A}B\cup \overline{A}B)=P(\overline{A}B)+P(\overline{A}B)=P(A)P(\overline{B})+P(\overline{A})P(B)=0.38.$$

定义 8.4 设 A、B、C 三个事件，若满足

$$P(AB)=P(A)P(B),P(AC)=P(A)P(C),P(BC)=P(B)P(C),P(ABC)=P(A)P(B)P(C),$$

则称 A、B、C 相互独立．

例 8.18 三人独立地破译一个密码，他们能单独译出的概率分别为$\frac{1}{5},\frac{1}{3},\frac{1}{4}$，求此密码被译出的概率．

解 设 A、B、C 分别表示三人能单独译出密码，则所求概率为 $P(A\cup B\cup C)$，且 $P(A)=\frac{1}{5}$，$P(B)=\frac{1}{3}$，$P(C)=\frac{1}{4}$，于是

$$P(A\cup B\cup C)=1-P(\overline{A\cup B\cup C})$$

$$=1-P(\overline{A})P(\overline{B})P(\overline{C})$$
$$=1-[1-P(A)][1-P(B)][1-P(C)]$$
$$=1-\frac{4}{5}\times\frac{2}{3}\times\frac{3}{4}=\frac{3}{5}.$$

8.3.2 *n* 重贝努利试验

对于许多随机试验，人们关心的是某事件 A 是否发生．例如抛硬币时注意的是正面是否朝上；产品检验时，注意的是抽出的产品是否是次品；射手向目标射击时，注意的是目标是否被命中，等等．这类试验有其共同点：试验只有两个结果 $A,\overline{A}$，而且已知 $P(A)=p(0<p<1)$，将试验独立重复进行 n 次，则称为 **n 重贝努利试验**．此试验的概率模型称为**贝努利概型**．

对于 n 重贝努利试验，人们最关心的是在 n 次独立重复试验中，事件 A 恰好发生 $k(1\leqslant k\leqslant n)$ 次的概率 $P_n(k)$．

定理 8.1 在 n 重贝努利试验中，设每次试验中事件 A 发生的概率为 $p(0<p<1)$，则事件 A 恰好发生 k 次的概率为

$$P_n(k)=C_n^k p^k(1-p)^{n-k}(k=0,1,2,\cdots n).$$

例 8.19 一射手对一目标独立射击 4 次，每次射击的命中率为 0.8，求：

(1) 恰好命中 2 次的概率；

(2) 至少命中 1 次的概率．

解 因每次射击是相互独立的，故此问题可看作 4 重贝努利试验，$p=0.8$．

(1) 设事件 A_2 表示“4 次射击恰好命中 2 次”，则所求概率为

$$P(A_2)=P_4(2)=C_4^2(0.8)^2(0.2)^2=0.153\,6.$$

(2) 设事件 B 表示“4 次射击至少命中 1 次”，又 A_0 表示“4 次射击都未命中”，则 $B=\overline{A}_0=1-P(A_0)=1-P_4(0)$，故所求概率为

$$1-P_4(0)=C_4^0(0.8)^0(0.2)^4=0.998\,4.$$

【同步训练 8.3】

1. 某人连续向同一目标射击，每次命中目标的概率为 $\frac{3}{4}$，他连续射击直到命中为止，则射击次数为 3 的概率是(　　)．

A. $\left(\frac{3}{4}\right)^3$　　B. $\left(\frac{3}{4}\right)^2\times\frac{1}{4}$　　C. $\left(\frac{1}{4}\right)^2\times\frac{3}{4}$　　D. $C_3^2\left(\frac{1}{4}\right)^2\times\frac{3}{4}$

2. 掷一枚不均匀的硬币，正面朝上的概率为 $\frac{2}{3}$，将此硬币连掷 4 次，则恰好 3 次正面朝上的概率是(　　)．

A. $\frac{8}{81}$　　B. $\frac{8}{27}$　　C. $\frac{32}{81}$　　D. $\frac{3}{4}$

3. 设随机事件 A 与 B 互不相容，$P(A)=0.2$，$P(A\cup B)=0.5$，则 $P(B)=$ ______．

4. 某射手的命中率为 $\frac{2}{3}$，他独立地向目标射击 4 次，则至少命中一次的概率为 ______．

习题 8.3

1. 甲、乙两人独立地向同一目标各射击一次,其命中率分别为 0.6 和 0.7,求目标被命中的概率. 若已知目标被命中,求它是甲射中的概率.

2. 加工某一零件共需要经过三道工序,设第一、二、三道工序的次品率分别是 2%、3%、5%. 假定各道工序互不影响,求加工出来的零件的次品率.

3. 产品中有 30% 的一级品,进行重复抽样调查,共取 5 个样品,求:

(1)取出的 5 个样品中恰有 2 个一级品的概率;

(2)取出的 5 个样品中至少有 2 个一级品的概率.

4. 一射手对一目标独立地射击 4 次,若至少命中一次的概率为$\frac{80}{81}$,求射手射击一次命中目标的概率是多少?

【同步训练 8.3】答案

1. C　2. C

3. 0.3

4. $P=\frac{80}{81}$.

8.4　随机变量及其分布

8.4.1　随机变量的概念

本章第一节引进了随机现象、随机试验、随机事件等概念,讨论随机事件的关系与运算以及随机事件的概念,在刻画随机事件时,采用语言描述比较烦琐,为了深入全面地研究随机现象,充分认识随机现象的统计规律性,使定量的数学处理成为可能,必须将随机试验的结果数量化. 把随机试验的结果与实数对应起来,建立类似实函数的映射,这是数量结果化的有效可行的简单方法,这种随机试验结果与实数的对应关系,称为**随机变量**.

定义 8.5　设 E 是随机试验,样本空间为 Ω,如果对于每一个可能结果(样本点)$\omega\in\Omega$,有一个实数 $X(\omega)$ 与之对应,这样就得到一个定义在 Ω 上的实值函数 $X=X(\omega)$,称为**随机变量**. 随机变量通常用 X、Y、Z,…或 X_1、X_2,…来表示.

引入随机变量后,就可以用随机变量描述事件,例如,在掷硬币的试验中,$\{X=1\}$ 表示事件“出现正面”,且 $P\{X=1\}=\frac{1}{2}$. 在掷骰子试验中,$\{X=6\}$ 表示事件“出现 6 点”,且 $P\{X=6\}=\frac{1}{6}$,$\{X\geqslant4\}$ 表示“出现 4 点,5 点,或 6 点”,即 $\{X\geqslant4\}=\{4,5,6\}$,$P\{X\geqslant4\}=\frac{1}{2}$.

用随机变量描述事件,可以摆脱只是孤立地研究一个或几个事件,而是通过随机事件把各个事件联系起来,进而研究随机试验的全貌. 随机变量是研究随机试验的有效工具. 随机变量根据变量的取值分为离散型随机变量和连续型随机变量.

8.4.2 离散型随机变量及其分布

1. 离散型随机变量及其分布律

有些随机变量的取值可能是有限多个或可列无限多个．例如掷骰子出现的点数 X，取值范围为$\{1,2,3,4,5,6\}$；110 报警台一天接到的报警次数 Z，取值范围为0，$\{1,2,\cdots\}$等，这类随机变量称为**离散型随机变量**．

定义 8.6 若随机变量 X 只取有限多个或可列无限多个值，则称 X 为**离散型随机变量**．

对于离散型随机变量 X，只知道全部可能取值是不够的，要掌握 X 的统计规律，还需要知道 X 取每一个可能值的概率．设 X 的所有可能取值按照一定顺序(通常是从小到大)排列起来，表示为 $x_1,x_2,\cdots x_k,\cdots$，可为有限多个或可列无限多个，统一这样表示，$X$ 取各个可能值的概率，即事件$\{X=x_k\}$的概率为 $P(X=x_k)=p_k(k=1,2\cdots)$．

定义 8.7 设 X 为离散型随机变量，可能取值为 $x_1,x_2,\cdots x_k,\cdots$，且

$$P(X=x_k)=p_k(k=1,2\cdots),$$

则称$\{p_k\}$为 X 的分布律(或分布列，或概率分布)．

分布律也可用表格的形式来表示：

X	x_1	x_2	$\cdots$	x_k	$\cdots$
P	p_1	p_2	$\cdots$	p_k	$\cdots$

分布律$\{p_k\}$具有以下性质：

(1) $p_k \geqslant 0(k=1,2\cdots)$； (2) $\sum\limits_{k=1}^{\infty} p_k = 1.$

例 8.20 设离散型随机变量 X 的分布律为

X	0	1	2
P	0.2	c	0.5

求常数 c.

解 由分布律的性质知，

$$0.2+c+0.5=1,$$

解得 $c=0.3$.

在求离散型随机变量的分布律时，首先要找出其所有可能的取值，然后再求出取每个值的相应概率．

例 8.21 袋子中有 5 个同样大小的球，编号为 1,2,3,4,5. 从中同时取出 3 个球，记 X 为取出球的最大编号，求 X 的分布律．

解 X 的取值为 3,4,5，由古典概型的概率计算方法，得

$P\{X=3\}=\dfrac{1}{C_5^3}=\dfrac{1}{10}$(三个球的编号为 1,2,3)；

$P\{X=4\}=\dfrac{C_3^2}{C_5^3}=\dfrac{3}{10}$(最大编号为 4,其他两个球是编号为 1,2,3 的球中的两个);

$P\{X=5\}=\dfrac{C_4^2}{C_5^3}=\dfrac{6}{10}$(最大编号为 5,其他两个球是编号为 1,2,3,4 的球中的两个),

则 X 的分布律为

X	3	4	5
P	$\frac{1}{10}$	$\frac{3}{10}$	$\frac{6}{10}$

例 8.22 已知一批零件共 10 个,其中有 3 个不合格. 现任取 1 个,若取到不合格零件,则丢弃,再重新抽取一个,如此下去,试求取到合格零件之前取出的不合格零件个数 X 的分布律.

解 X 的取值为 0,1,2,3. 设 $A_i(i=1,2,3,4)$ 表示"第 i 次取出的零件是不合格的",利用概率乘法公式计算,得

$$P\{X=0\}=P(\overline{A}_1)=\frac{7}{10},$$

$$P\{X=1\}=P(A_1\overline{A}_2)=P(A_1)P(\overline{A}_2|A_1)=\frac{3}{10}\cdot\frac{7}{9}=\frac{7}{30},$$

$$P\{X=2\}=P(A_1A_2\overline{A}_3)=P(A_1)P(A_2|A_1)P(\overline{A}_3|A_1A_2)=\frac{3}{10}\cdot\frac{2}{9}\cdot\frac{7}{8}=\frac{7}{120},$$

$$\begin{aligned}P\{X=3\}&=P(A_1A_2A_3\overline{A}_4)\\&=P(A_1)P(A_2|A_1)P(A_3|A_1A_2)P(\overline{A}_4|A_1A_2A_3)=\frac{3}{10}\cdot\frac{2}{9}\cdot\frac{1}{8}\cdot\frac{7}{7}=\frac{1}{120},\end{aligned}$$

则 X 的分布律为

X	0	1	2	3
P	$\frac{7}{10}$	$\frac{7}{30}$	$\frac{7}{120}$	$\frac{1}{120}$

2. 常用离散型随机变量的分布

现在介绍三种重要的、常用的离散型随机变量的分布,它们是 0-1 分布、二项分布与泊松分布.

1)0-1 分布

如果随机变量 X 只可能取 0 和 1 两个值,其概率分布为

$$P(X=1)=p,P(X=0)=1-p=q,$$

其中,$0<p<1,q=1-p$,则称随机变量 X 服从 0-1 分布,也称为两点分布.

0-1 分布的概率分布可写成

X	1	0
P	p	q

注:凡是试验只有两个可能结果的,都可用服从 0 - 1 分布的随机变量来描述. 如检查产品的质量是否合格、婴儿的性别为男或女、播种中一粒种子的发芽与否、掷硬币试验等,都可用服从 0 - 1 分布的随机变量来描述.

例 8.23 100 件产品中,有 98 件正品、2 件次品,现从中随机抽取 1 件,如抽取每一件的机会相等,那么可以定义随机变量 X 如下:

$$X=\begin{cases}1, & \text{当取得正品},\\ 0, & \text{当取得次品},\end{cases}$$

这时随机变量 X 的概率分布为

$$P(X=1)=0.98,P(X=0)=0.02.$$

2)二项分布

二项分布产生于重复独立试验,是应用最广泛的离散型随机变量.

设随机变量 X 的概率函数为

$$P_n(x)=C_n^k p^k q^{n-k}(k=0,1,2,\cdots,n),$$

其中 n 为正整数,$0<p<1$,$q=1-p$,则称随机变量 X 服从**二项分布**,记作 $X\sim B(n,p)$,其中 n,p 是分布参数.

例如,设一批产品共 N 件,其中有 M 件次品,即次品率 $p=\dfrac{M}{N}$. 从这批产品中放回抽样依次取 n 件产品,则样品中的次品数 $X\sim B(n,p)$.

更一般的,在伯努里概型中,设事件 A 在每次试验中发生的概率为 p,则事件 A 在 n 次独立试验中发生的次数 $X\sim B(n,p)$.

特别的,当 $n=1$ 时,二项分布化为 $p(x)=p^k q^{1-k}(k=0,1)$,这就是 0 - 1 分布.

例 8.24 设种子的发芽率是 80%,种下 5 粒,用 X 表示发芽的粒数,求 X 的概率分布.

解 种下 5 粒种子可以看作同样条件下的 5 次重复独立试验,故 $X\sim B(5,0.8)$. 有

$$P_n(X=k)=C_5^k\,0.8^k\,0.2^{5-k}(k=0,1,2,3,4,5).$$

算出具体数值列表如下:

X	0	1	2	3	4	5
$p(x_i)$	0.000 32	0.006 4	0.051 2	0.204 8	0.409 6	0.327 68

例 8.25 某人进行射击,设每次射击的命中率为 0.02,独立射击 400 次,试求至少击中两次的概率.

解 将一次射击看成一次试验,设击中的次数为 X,则 $X\sim B(400,0.02)$,X 的概率分布为

$$P_n(X=k)=C_{400}^k 0.02^k 0.98^{400-k}(k=0,1,2,\cdots,400),$$

于是所求概率为

$$\begin{aligned}p(X\geqslant 2)&=1-p(X=0)-p(X=1)\\&=1-(0.98)^{400}-400(0.02)(0.98)^{399}=0.997.\end{aligned}$$

注:本例中的概率很接近 1,这说明小概率事件虽不易发生,但重复次数多了,就成了大概率事件,这也告诉人们绝不能轻视小概率事件.

在计算涉及二项分布有关事件的概率时,有时计算会很烦琐,例如 $n=1\ 000,p=0.005$ 时要计算类似 $C_{1\ 000}^{10}(0.005)^{10}(0.995)^{990}$ 等就很困难,这就要寻求其他方法,下面给出二项分布的泊松逼近.

泊松(Poisson)定理 设 $\lambda>0$ 是常数,n 是任意正整数,且 $np_n=\lambda$,则对任意取定的非负整数 k,有

$$\lim_{n\to\infty} C_n^k p_n^k(1-p_n)^{n-k}=\frac{\lambda^k}{k!}e^{-\lambda}.$$

由泊松定理,当 n 很大,p 很小时,有近似公式

$$C_n^k p_n^k q^{n-k}\approx\frac{\lambda^k}{k!}e^{-\lambda}(其中\ \lambda=np).$$

在实际计算中,当 $n\geqslant20,p\leqslant0.05$ 时用上述近似公式效果更好.

例 8.26 一个工厂中生产的产品中废品率为 0.005,任取 1 000 件,计算:

(1)其中至少有两件是废品的概率;

(2)其中不超过 5 件废品的概率.

解 设 X 表示任取得 1 000 件产品中的废品数,则 $X\sim B(1\ 000,0.005)$,$\lambda=1\ 000\times 0.005=5$.

$$\begin{aligned}(1)P(X\geqslant2)&=1-P(X=0)-P(X=1)\\&=1-C_{1\ 000}^{0}(0.005)^0(0.995)^{1\ 000}-C_{1\ 000}^{1}(0.005)^1(0.995)^{999}\\&=1-e^{-5}-5e^{-5}\approx0.959\ 6.\end{aligned}$$

$$\begin{aligned}(2)\ P(X\leqslant5)&=\sum_{k=0}^{5}P\{X=k\}=\sum_{k=0}^{5}C_{1\ 000}^{k}(0.005)^k(0.995)^{1\ 000-k}\\&\approx\sum_{k=0}^{5}\frac{5^k}{k!}e^{-5}=1-\sum_{k=6}^{\infty}\frac{5^k}{k!}e^{-5}\approx0.616\ 0.\end{aligned}$$

3)泊松分布

定义 8.8 设随机变量 X 的可能取值为 $0,1,2,\cdots n,\cdots$,而 X 的分布律为

$$P(X=k)=\frac{\lambda^k e^{-\lambda}}{k!}(k=0,1,2,\cdots),$$

其中 $\lambda>0$,则称随机变量 X 服从参数为 λ 的**泊松(Poisson)分布**,记作 $X\sim p(\lambda)$.

具有泊松分布的随机变量在实际应用中有很多,例如,某一时段进入某商店的顾客数、某地区某一时间间隔内发生的交通事故的次数、一天内 110 报警台接到报警的次数等,都服从泊松分布.

例 8.27 设随机变量 X 服从泊松分布,且已知 $P\{X=1\}=P\{X=2\}$,求 $P\{X=4\}$.

解 设 X 服从参数为 λ 的泊松分布,则

$$P(X=1)=\frac{\lambda^1e^{-\lambda}}{1!},P(X=2)=\frac{\lambda^2e^{-\lambda}}{2!}.$$

由已知得 $\frac{\lambda^1e^{-\lambda}}{1!}=\frac{\lambda^2e^{-\lambda}}{2!}$,解得 $\lambda=2$,则

$$P(X=4)=\frac{2^4e^{-2}}{4!}=\frac{2}{3}e^{-2}.$$

对于非离散型的随机变量,无法用分布律来描述它,因为不能将其可能的取值一一列举出

来．在实际应用中,测量物理量的误差 ε,测量灯泡的寿命 T 等随机变量,不会考虑取某一特定值的概率,而是考虑误差落在某个区间的概率．对于随机变量 X,人们关心诸如事件 $\{X\leqslant x\}$,$\{x_1\leqslant X\leqslant x_2\}$ 等的概率．下面给出随机变量分布函数的定义．

定义 8.9 设 X 为随机变量,称函数

$$F(x)=P\{X\leqslant x\},x\in(-\infty,+\infty)$$

为 X 的分布函数．

分布函数有以下性质：

(1)$0\leqslant F(x)\leqslant 1$；

(2)$F(x)$是不减函数,即对于任意的 $x_1<x_2$,有 $F(x_1)<F(x_2)$；

(3)$F(-\infty)=0,F(+\infty)=1$；

(4)$F(x)$右连续．

【同步训练 8.4】

1. 已知随机变量 X 的分布律为

X	1	2	3	4	5
P	$2a$	0.1	0.3	a	0.3

求常数 a.

2. 将一颗骰子连掷 2 次,以 X 表示两次出现的最小点数,求 X 的分布律．

8.4.3 连续型随机变量及其分布

1. 连续型随机变量及其概率密度

定义 8.10 若对于随机变量 X 的分布函数 $F(x)$,存在非负函数 $f(x)$,使得对任意实数 x 有

$$F(x)=\int_{-\infty}^{x}f(t)\,\mathrm{d}t,$$

则称 X 为连续型随机变量,并且称 $f(x)$ 为 X 的**概率密度函数**,简称**概率密度**．

由定义 7.5 及分布函数的性质可得下列概率密度的性质：

(1) $f(x)\geqslant 0$.

(2) $\int_{-\infty}^{+\infty}f(x)\,\mathrm{d}x=1$.

(3) $P(a<x<b)=F(b)-F(a)=\int_{a}^{b}f(x)\,\mathrm{d}x\ (a\leqslant b)$.

(4) 设 x 为 $f(x)$ 的连续点,则 $F'(x)$ 存在,且 $F'(x)=f(x)$.

例 8.28 设随机变量 ξ 有分布密度

$$p(x)=\begin{cases}kx, & 0<x<1,\\ 0, & 其他.\end{cases}$$

试求:(1)待定常数 k;(2)分布函数 $F(x)$;(3)概率 $P\{1/3\leqslant\xi<2\}$.

解 (1)由 $\int_{-\infty}^{+\infty}f(x)\,\mathrm{d}x=1$,得 $\int_0^1 kx\mathrm{d}x=\frac{k}{2}x^2\Big|_0^1=\frac{k}{2}=1$,即 $k=2$.

(2) $F(x)=\int_{-\infty}^{x}f(t)\,\mathrm{d}t$,

当 $x<0$ 时,$F(x)=\int_{-\infty}^{x}0\mathrm{d}t=0$;

当 $0\leqslant x<1$ 时,$F(x)=\int_{-\infty}^{x}f(t)\,\mathrm{d}t=\int_{-\infty}^{0}0\mathrm{d}t+\int_0^x 2t\mathrm{d}t=x^2$;

当 $x\geqslant 1$ 时,$F(x)=\int_{-\infty}^{x}f(t)\,\mathrm{d}t=\int_{-\infty}^{0}0\mathrm{d}t+\int_0^1 2t\mathrm{d}t+\int_1^x 0\mathrm{d}t=1$,

故 $F(x)=\begin{cases}0, & x<0,\\ x^2, & 0\leqslant x<1,\\ 1, & x\geqslant 1.\end{cases}$

(3) $P\{1/3\leqslant\xi<2\}=\int_{1/3}^{2}f(x)\,\mathrm{d}x=\int_{1/3}^{1}2x\mathrm{d}x+\int_1^2 0\mathrm{d}x=\frac{8}{9}$.

或

$$P\{1/3\leqslant\xi<2\}=F(2)-F(1/3)=1-(1/3)^2=\frac{8}{9}.$$

应该指出的是,连续型随机变量 ξ 取任一指定实数 a 的概率为0,即 $P\{\xi=a\}=0$,从而当计算连续型随机变量落在某一区间内的概率时,不必区分该区间是否包含端点,即有 $P\{\xi=a\}=0$;当计算连续型随机变量落在某一区间内的概率时,不必区分该区间是否包含端点,即有

$$P\{a\leqslant\xi\leqslant b\}=P\{a\leqslant\xi<b\}=P\{a<\xi\leqslant b\}=P\{a<\xi<b\}=\int_a^b f(x)\,\mathrm{d}x.$$

连续型随机变量取个别值得概率为零,这是与离散型随机变量截然不同的一个重要特点.

2. 常用连续型随机变量的分布

1)均匀分布

定义 8.11 设随机变量 X 在有限区间 $[a,b]$ 上取值,其分布密度为

$$f(x)=\begin{cases}\dfrac{1}{b-a}, & a\leqslant x\leqslant b,\\ 0, & \text{其他},\end{cases}$$

其中 $b>a$ 为常数,则称 X 服从以 a、b 为参数的**均匀分布**,记作 $X\sim U(a,b)$.

服从指数分布的变量的分布函数为

$$F(x)=\begin{cases}0, & x<a,\\ \dfrac{x-a}{b-a}, & a\leqslant x<b,\\ 1, & x\geqslant b.\end{cases}$$

若随机变量 X 在区间 $[a,b]$ 上服从均匀分布,则 X 落在该区间上长度相等的任何子区间内的可能性是相同的,也就是说,X 落在任何子区间内的概率仅依赖于子区间的长度而与子区间的位置无关.

例8.29 （候车问题）11路公共汽车站每隔6分钟有一辆汽车通过．乘客到达该汽车站的任一时刻是等可能的，求乘客等车时间不超过2分钟的概率．

解 由题意知，等车时间 X 是一个均匀分布的随机变量，$X\sim U(0,6)$，它的密度函数为

$$f(x)=\begin{cases}\dfrac{1}{6}, & 0\leqslant x\leqslant 6,\\ 0, & \text{其他}.\end{cases}$$

由此 $P(x\leqslant 2)=\int_0^2\frac{1}{6}\mathrm{d}x=\frac{2}{6}=\frac{1}{3}$，即乘客等车时间不超过2分钟的概率为33%.

2）指数分布

定义8.12 设随机变量 X 有分布密度

$$f(x)=\begin{cases}\lambda \mathrm{e}^{-\lambda}, & x\geqslant 0,\\ 0, & x<0,\end{cases}$$

其中 $\lambda>0$ 为常数，则称 X 服从以 λ 为参数的**指数分布**，记作 $X\sim E(\lambda)$.

服从指数分布的变量的分布函数为

$$F(x)=\int_{-\infty}^{x}p(t)\,\mathrm{d}t=\begin{cases}1-\mathrm{e}^{-\lambda x}, & x\geqslant 0,\\ 0, & x<0.\end{cases}$$

指数分布也称为寿命分布，如电子元件的寿命、电话通话时间、随机服务系统的服务时间等都可近似看作服从指数分布．

例8.30 已知某厂生产的电子元件的寿命 $X(h)$ 服从指数分布 $E(3\,000)$，该厂规定寿命低于300h的元件可以退换，问该厂被退换元件的数量大约占总产量的百分之几？

解 因为 X 的概率密度为

$$f(x)=\frac{1}{3\,000}\mathrm{e}^{-x/3\,000}\ (x>0),$$

因而有

$$P(x<300)=\int_0^{300}\frac{1}{3\,000}\mathrm{e}^{-x/3\,000}\mathrm{d}x=1-\mathrm{e}^{-0.1}\approx 0.095.$$

所以该厂被退换元件的数量大约占总产量的9.5%.

3）正态分布

定义8.13 设随机变量 X 有分布密度

$$p(x)=\frac{1}{\sqrt{2\pi}\sigma}\mathrm{e}^{-\frac{(x-\mu)2}{2\sigma^2}}\ (-\infty<x<+\infty),$$

其中 μ,σ 为常数，且 $\sigma>0$，则称 X 服从以 μ,σ 为参数的**正态分布**，记作 $X\sim N(\mu,\sigma^2)$.

正态分布是概率论中最重要的一个分布，其图像如图8－7所示．

特别的，参数 $\mu=0,\sigma=1$ 的正态分布 $N(0,1)$ 叫作标准正态分布（图8－8）．为了与一般的正态分布区别，将标准正态分布的分布密度和分布函数专门分别记为 $\varphi(x)$ 与 $\Phi(x)$，即

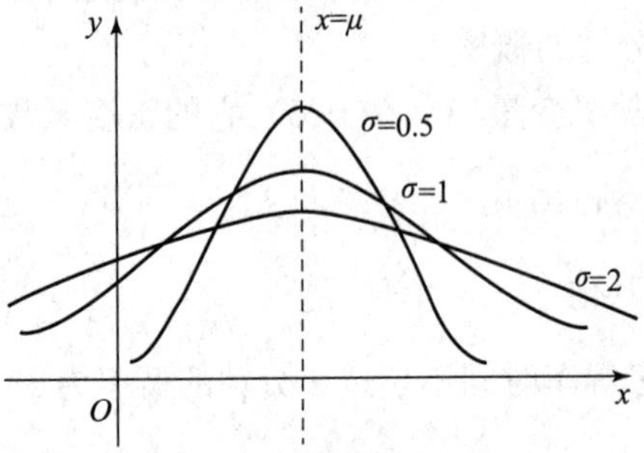

图 8－7

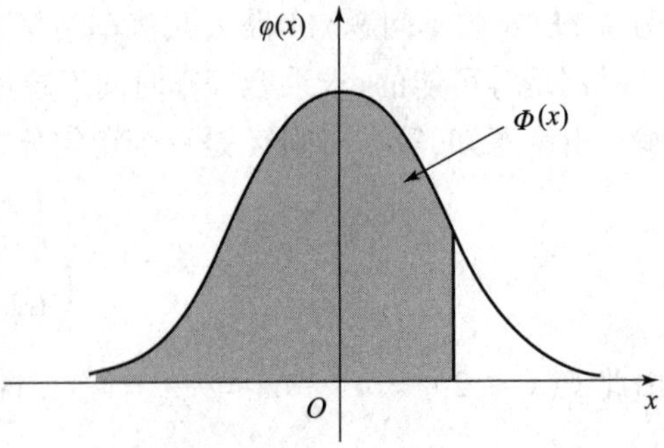

图 8－8

$$\varphi(x) = \frac{1}{\sqrt{2\pi}}e^{-\frac{x^2}{2}}(-\infty < x < +\infty),$$

$$\Phi(x) = \int_{-\infty}^{x}\varphi(t)\,dt = \frac{1}{\sqrt{2\pi}}\int_{-\infty}^{x}e^{-\frac{x^2}{2}}dt.$$

在自然现象和社会现象中，大量的随机变量都服从正态分布，例如仪器测量误差、人的身高、射击的偏差、某个年级某学科考试成绩等．

服从标准正态分布 $N(0,1)$ 的随机变量 X 落在某个区间内的概率可查本书附录 2 的标准正态分布函数 $\Phi(x)$ 的数值表．查表的方法如下：

(1) 当 $x\in[0,3.09)$ 时，可从表中直接查出 $\Phi(x)$ 的数值；

(2) 当 $x\geqslant 3.09$ 时，$\Phi(x)\approx 1$；

(3) 当 $x<0$ 时，可按公式 $\Phi(-x)=1-\Phi(x)$ 来计算 $\Phi(x)$ 的值．

例 8.31 设 $\xi\sim N(0,1)$，计算：

(1) $P\{\xi<2.35\}$；(2) $P\{\xi<-1.24\}$；(3) $P\{|\xi|\leqslant 1.54\}$．

解 (1) $P\{\xi<2.35\}=\Phi(2.35)=0.9906$；

(2) $P\{\xi<-1.24\}=\Phi(-1.24)=1-\Phi(1.24)=1-0.8925=0.1075$；

(3) $P\{|\xi|\leqslant 1.54\}=P\{-1.54\leqslant\xi\leqslant 1.54\}=\Phi(1.54)-\Phi(-1.54)=2\Phi(1.54)-1=0.8764$．

对于一般正态分布的概率计算，有

$$F(x)=\Phi\left(\frac{x-\mu}{\sigma}\right).$$

由于

$$F(x) = \frac{1}{\sqrt{2\pi}\sigma}\int_{-\infty}^{x}e^{-\frac{(t-\mu)^2}{2\sigma^2}}dt\left(令\ u=\frac{t-\mu}{\sigma}\right)$$

$$= \frac{1}{\sqrt{2\pi}}\int_{-\infty}^{\frac{x-\mu}{\sigma}}e^{-\frac{u^2}{2}}du = \Phi\left(\frac{x-\mu}{\sigma}\right),$$

所以

$$P\{\xi\leqslant x\}=F(x)=\Phi\left(\frac{x-\mu}{\sigma}\right).$$

例 8.32 设 $\xi\sim N(1,2^2)$，计算：(1) $P\{\xi>3\}$；(2) $P\{0.5<\xi<9.2\}$．

解 (1)$P\{\xi>3\}=1-P\{\xi\leqslant3\}=1-F(3)=1-\Phi\left(\frac{3-1}{2}\right)=0.1587$.

(2)$P\{0.5<\xi<9.2\}=F(9.2)-F(0.5)=\Phi\left(\frac{9.2-1}{2}\right)-\Phi\left(\frac{0.5-1}{2}\right)$

$=\Phi(4.1)-\Phi(-0.25)=\Phi(4.1)+\Phi(0.25)-1=0.5987$.

【同步训练 8.5】

1. 设 X 是连续型随机变量,c 是一个常数,则 $P\{X=c\}=$______.

2. 如果函数 $f(x)=\begin{cases}x, & a\leqslant x\leqslant b,\\ 0, & 其他\end{cases}$ 是某连续型随机变量 X 的概率密度,则区间 $[a,b]$ 可以是( ).

A. $[0,1]$ B. $[0,2]$ C. $[0,\sqrt{2}]$ D. $[1,2]$

习题 8.4

1. 设随机变量 X 的分布律为

$$P\{X=k\}=\frac{a}{N}(k=1,2,\cdots,N),$$

求常数 a.

2. 设在 15 个同类型的零件中有 2 个是次品,从中任取 3 次,每次取一个,取后不放回,以 X 表示取出次品的个数,求 X 的分布律.

3. 抛掷一枚质地不均匀的硬币,每次出现正面的概率为 $\frac{2}{3}$,连续抛掷 8 次,以 X 表示出现正面的次数,求 X 的分布律.

4. 设事件 A 在每一次试验中发生的概率分别为 0.3,当 A 发生不少于 3 次时,指示灯发出信号,求:(1)进行 5 次独立试验,指示灯发出信号的概率;(2)进行 7 次独立试验,指示灯发出信号的概率.

5. 有一繁忙的汽车站,每天有大量的汽车经过,设每辆汽车在一天的某段时间内出事故的概率为 0.000 2,在某天的该段时间内有 1 000 辆汽车经过,问出事故的次数不小于 2 的概率是多少?(利用泊松定理计算)

6. 设连续型随机变量 ξ 的密度函数为 $f(x)=\begin{cases}A(5+3x), & 0\leqslant x\leqslant2,\\ 0, & 其他,\end{cases}$ 试求:(1)系数 A;(2)$P(1<X<4)$.

7. 已知 $\xi\sim N(0,1)$,试求:

(1)$P(\xi\leqslant2.2)$; (2)$P(0.5<\xi\leqslant1.29)$;

(3)$P(\xi>1.5)$; (4)$P(|\xi|<1.5)$.

8. 已知 $\xi\sim N(3,2^2)$,求:

(1)$P(2<\xi\leqslant5)$; (2)$P(-4<\xi<10)$;

(3)$P(|\xi|>2)$; (4)$P(\xi>3)$.

【同步训练8.4】答案

1. $a=0.1$

2.

X	1	2	3	4	5	6
P	$\frac{11}{36}$	$\frac{9}{36}$	$\frac{7}{36}$	$\frac{5}{36}$	$\frac{3}{36}$	$\frac{1}{36}$

【同步训练8.5】答案

1. $c=0$.　2. C.

8.5 随机变量的数字特征

随机变量的分布函数完整地描述了它取值的概率规律,然而,找出随机变量的分布函数并不是一件非常容易的事.在实际问题中有时仅需知道随机变量的某个侧面(或某些特征).这些能反映随机变量某些特征的数字在概率论中叫作随机变量的数字特征.

8.5.1 随机变量的数学期望

1. 离散型随机变量的数学期望

定义8.14 如果级数 $\sum_{k=1}^{\infty} x_k p_k$ 绝对收敛,则称级数和为随机变量 X 的**数学期望**(简称**期望**或**均值**),记作 $E(X)$,即 $E(X) = \sum_{k=1}^{\infty} x_k p_k$.

例8.33 甲、乙两人打靶,所得分数分别记为 X,Y,它们的分布律分别为

X	0	1	2
P	0	0.2	0.8

Y	0	1	2
P	0.1	0.8	0.1

试比较二人成绩的好坏.

解 分别计算 X,Y 的数学期望:

$$E(X)=0\times0+1\times0.2+2\times0.8=1.8(\text{分});$$

$$E(Y)=0\times0.1+1\times0.8+2\times0.1=1(\text{分}).$$

这意味着,如果进行多次射击,甲所得分数的平均值接近1.8,而乙所得分数的均值接近1,很明显甲的成绩好于乙.

定理8.2 设离散型随机变量 X 的分布律为

$$P\{X=x_k\}=p_k(k=1,2,\cdots).$$

令 $Y=g(X)$,若级数 $\sum_{k=1}^{\infty}g(x_k)p_k$ 绝对收敛,则随机变量 Y 的数学期望为

$$E(Y)=E(g(X))=\sum_{k=1}^{\infty}g(x_k)p_k.$$

例 8.34 设随机变量 X 的分布律为

X	-1	0	1	2
P	0.3	0.2	0.4	0.1

令 $Y=2X+1$,求 $E(Y)$.

解 由题意可得随机变量 Y 的分布律为

Y	-1	1	3	5
P	0.3	0.2	0.4	0.1

则 $E(Y)=-1\times0.3+1\times0.2+3\times0.4+5\times0.1=1.6$.

2. 连续型随机变量的数学期望

定义 8.15 设连续型随机变量 X 的分布密度为 $f(x)$,如果广义积分 $\int_{-\infty}^{+\infty}xf(x)\mathrm{d}x$ 绝对收敛(即 $\int_{-\infty}^{+\infty}|x|f(x)\mathrm{d}x$ 收敛),则称此积分值为 X 的数学期望,记作 $E(X)$,即

$$E(X)=\int_{-\infty}^{+\infty}xf(x)\mathrm{d}x.$$

当广义积分 $\int_{-\infty}^{+\infty}|x|f(x)\mathrm{d}x$ 发散时,则称 X 不存在数学期望.

显然,连续型随机变量的数学期望由它的分布密度唯一确定.

例 8.35 设随机变量 X 在区间 $[a,b]$ 上服从均匀分布,求数学期望 $E(X)$.

解 由题意可得 X 的概率密度为

$$f(x)=\begin{cases}\dfrac{1}{b-a}, & a\leqslant x\leqslant b,\\ 0, & \text{其他},\end{cases}$$

由期望公式得

$$E(X)=\int_{-\infty}^{+\infty}xf(x)\mathrm{d}x=\int_a^b\frac{x}{b-a}\mathrm{d}x=\frac{a+b}{2}.$$

定理 8.3 设 X 是连续型随机变量,其概率密度为 $f(x)$,又随机变量 $Y=g(X)$,则当 $\int_{-\infty}^{+\infty}|g(x)|f(x)\mathrm{d}x$ 收敛时,有

$$E(Y)=E[g(x)]=\int_{-\infty}^{+\infty}g(x)f(x)\mathrm{d}x.$$

3. 数学期望的性质

(1)如果 C 为常数,则 $E(C)=C$.

(2)设 X 为随机变量,C 为常数,则 $E(CX)=CE(X)$.

(3)设 X 为随机变量,a、b 为常数,则 $E(aX+b)=aE(X)+b$.

(4)设 X,Y 为两个随机变量,则 $E(X\pm Y)=E(X)\pm E(Y)$.

(5)设随机变量 X,Y 相互独立,则 $E(XY)=E(X)E(Y)$.

8.5.2 随机变量的方差

数学期望是非常重要的数字特征,但是在实际问题中只知道随机变量的数学期望往往是不够的,还需要弄清随机变量的取值与其数学期望的偏离程度.

1. 随机变量的方差

定义 8.16 设随机变量 $(X-E(X))^2$ 的期望存在,则称 $E(X-E(X))^2$ 为随机变量 X 的方差,记作 $D(X)$,即

$$D(X)=E(X-E(X))^2.$$

称 $\sqrt{D(X)}$ 为 X 的标准差(或均方差).

按数学期望的性质,由于 $E(X)$ 是一个常数,因此

$$D(X)=E(X^2)-[E(X)]^2,$$

由方差的定义可知,当随机变量的取值相对集中在期望附近时,方差较小;取值相对分散时,方差较大,并且总有 $D(X)\geqslant 0$.

若 X 为离散型随机变量,其分布律为 $P\{X=x_k\}=p_k(k=1,2,\cdots)$,则

$$D(X)=\sum_{i=1}^{n}(x_i-E(X))^2p_i.$$

若 X 为连续型随机变量,其概率密度为 $f(x)$,则

$$D(X)=\int_{-\infty}^{+\infty}(x-E(X))^2f(x)\mathrm{d}x.$$

例 8.36 设随机变量 X 在区间 $[a,b]$ 上服从均匀分布,求方差 $D(X)$.

解 由例 8.35 可知,$E(X)=\dfrac{a+b}{2}$.

$$E(X^2)=\int_{-\infty}^{+\infty}x^2f(x)\mathrm{d}x=\int_a^b\frac{x^2}{b-a}\mathrm{d}x=\frac{a^2+ab+b^2}{3}.$$

再由方差计算公式,得

$$D(X)=E(X^2)-[E(X)]^2=\frac{(b-a)^2}{12}.$$

2. 方差的性质

(1)如果 C 为常数,则 $D(C)=0$.

(2)设 X 为随机变量,C 为常数,则 $D(CX)=C^2D(X)$.

(3)设随机变量 X、Y 相互独立,则 $D(X\pm Y)=D(X)+D(Y)$.

几种重要的随机变量的分布及其数字特征汇总于表 8-2.

表 8-2

分布及数字特征 / 随机变量	分布	分布律或概率密度	期望	方差
离散型	X 服从参数为 p 的 0-1 分布	$P(X=1)=p, P(X=0)=1-p=q$, $0<p<1, q=1-p$	p	pq
	X 服从二项分布：$X\sim B(n,p)$	$P_n(x)=C_n^k p^k q^{n-k}$, $k=0,1,2,\cdots,n; 0<p<1, q=1-p$	np	npq
	X 服从参数为 λ 的泊松分布：$X\sim p(\lambda)$	$P(X=k)=\frac{\lambda^k e^{-\lambda}}{k!}$, $k=0,1,2,\cdots;\lambda>0$	λ	λ
连续型	X 服从均匀分布：$X\sim U(a,b)$	$f(x)=\begin{cases}\frac{1}{b-a}, & a\leqslant x\leqslant b,\\ 0, & 其他\end{cases}$	$\frac{a+b}{2}$	$\frac{(b-a)^2}{12}$
	X 服从指数分布：$X\sim E(\lambda)$	$F(x)=\int_{-\infty}^{x}p(t)\mathrm{d}t=\begin{cases}1-e^{-\lambda x}, & x\geqslant 0,\\ 0, & x<0\end{cases}$	$\frac{1}{\lambda}$	$\frac{1}{\lambda^2}$
	X 服从正态分布：$X\sim N(\mu,\sigma^2)$	$p(x)=\frac{1}{\sqrt{2\pi}\sigma}e^{-\frac{(x-\mu)^2}{2\sigma^2}}(-\infty<x<+\infty)$	μ	σ^2

【同步训练 8.6】

1. 设随机变量 X 的分布律为

X	-1	0	1
P	0.3	0.4	0.3

求 $E(X), E(X^2), D(X)$.

2. 设连续型随机变量 X 的密度函数为 $f(x)=\begin{cases}x^2, & 0\leqslant\leqslant x\leqslant\sqrt[3]{x},\\ 0, & 其他,\end{cases}$ 求 $E(X), D(X)$.

习题 8.5

1. 设离散型随机变量 X 的分布律为

X	-1	0	1
P	0.3	0.4	0.3

求 $E(X), E(X^2), D(X)$.

2. 盒中有 5 个球，其中 3 个白球、2 个黑球，从中任取 2 个球，求取出白球数 X 的期望和方差.

3. 设连续型随机变量 ξ 的密度函数为 $f(x)=\begin{cases}3x^2/8, & 0\leqslant x\leqslant 2,\\ 0, & \text{其他},\end{cases}$ 求 $E(\xi)$, $E(2\xi-1)$, $D(\xi)$.

4. 设随机变量 ξ 的密度函数为 $f(x)=\begin{cases}a+bx, & 0<x<1,\\ 0, & \text{其他},\end{cases}$ 已知 $E(\xi)=0.6$，求 a 和 b 的值.

5. 设随机变量 ξ 的密度函数为 $f(x)=\begin{cases}(x+1)/4, & 0\leqslant x<2,\\ 0, & \text{其他},\end{cases}$ 求 $D(\xi)$.

6. 设 $\xi\sim U(a,b)$，$\eta\sim N(4,3)$，ξ 和 η 有相同的期望和方差，求 a 和 b 的值.

【同步训练 8.6】答案

1. 0, 0.6, 0.6. 2. $\frac{3\sqrt[3]{9}}{4}$, $\frac{3\sqrt[3]{9}}{80}$.

习题参考答案

习题 1.1

1. (1) $(-\infty,1]\cup[3,+\infty)$； (2) $[-1,2]$； (3) $(1,+\infty)$.

2. $f(0)=3, f(2)=3, f(-x)=x^2+2x+3, f\left(\frac{1}{x}\right)=\frac{1}{x^2}-\frac{2}{x}+3$.

3. $f(x)$的定义域为$(-\infty,+\infty)$，$f(-1)=1, f(2)=3$.

4. (1) $y=(1+\sqrt{x^3+2})^2$； (2) $y=\sqrt{2+\sin^2 x}$.

5. (1) $y=\sqrt{u}, u=4x+3$； (2) $y=\frac{1}{u}, u=2-3x$； (3) $y=e^u, u=-3x$；

(4) $y=\ln u, u=\cos t, t=3x$； (5) $y=\sin u, u=\frac{1}{t}, t=3x-1$；

(6) $y=\ln u, u=\ln t, t=5x+1$； (7) $y=u^2, u=\sin t, t=2x^2+1$；

(8) $y=5^u, u=\ln t, t=\sin x$； (9) $y=u^2, u=\cos v, v=\sin t, t=3x$.

6. $C(10)=100+\frac{10^2}{4}=125, \overline{C}(10)=12.5$.

7. 利润函数 $L(Q)=R(Q)-C(Q)=5Q-2\ 000, L(600)=1\ 000$，无盈亏产量 $Q=400$.

8. (1) 成本函数为 $C(Q)=60\ 000+20Q$；

(2) 收益函数为 $R(Q)=QP(Q)=60Q-\frac{Q^2}{1\ 000}$；

(3) 利润函数为 $L(Q)=R(Q)-C(Q)=-\frac{Q^2}{1\ 000}+40Q-60\ 000$.

习题 1.2

1. (1) $x_n\to 0$； (2) $x_n\to 1$； (3) 极限不存在； (4) 极限不存在.

2. (1) 0； (2) 7； (3) 0； (4) 0； (5) 0； (6) 极限不存在.

3. $x\to 1$ 时，极限存在；$x\to 2$ 时，极限不存在.

4. (1) 无穷小量； (2) 无穷大量； (3) 无穷小量； (4) 无穷大量.

5. (1) 0； (2) 0.

习题 1.3

1. (1) 20； (2) -6； (3) $\frac{2}{3}$； (4) $\frac{2}{7}$；

(5) $\frac{5}{6}$； (6) $-\frac{1}{4}$； (7)3； (8)2.

2. $k=-3$.

3. (1) $\frac{3}{5}$； (2) $\frac{2}{3}$； (3)1； (4) $e^{-\frac{5}{3}}$； (5) e^{-2}； (6) e^2.

习题 1.4

1. (1) $x=-1$； (2) $x=3$； (3) $x=0$.
2. $f(2+0)=2+2=4, f(2-0)=2^2=2=f(2)$，函数在 $x=2$ 处连续.
3. $f(2+0)=5, f(2-0)=f(2)=1$，函数在 $x=2$ 处不连续.

习题 2.1

1. $y'=4x, y=-4x-2, y=\frac{1}{4}x+\frac{9}{4}$. 2. $\left(\frac{\sqrt{2}}{2},\sqrt{2}\right)$或$\left(-\frac{\sqrt{2}}{2},-\sqrt{2}\right)$. 3. 证明略.

习题 2.2

1. (1) $y'=18x^2+6x+\frac{4}{x^3}$；
(2) $y'=\frac{1}{2}x^{-\frac{1}{2}}+\frac{1}{2}x^{-\frac{3}{2}}$；
(3) $y'=x^{-\frac{2}{3}}+\frac{3}{4}x^{-\frac{5}{2}}$；
(4) $y'=3\cos x+\frac{2}{x}$；
(5) $y'=\sec x\tan x(\tan x+1)+\sec^3 x$；
(6) $y'=5x^4+5^x\ln 5$；
(7) $y'=-\frac{1}{1+\sin x}$；
(8) $y'=2x\sin x+x^2\cos x$；
(9) $y'=\left(\arccos x-\frac{x}{\sqrt{1-x^2}}\right)\ln x+\arccos x$；
(10) $y'=3x^2\ln x+x^2$；
(11) $y'=\frac{2+2x^2}{(1-x^2)^2}$；
(12) $y'=\sec x(1+x\tan x+\sec x)$；
(13) $y'=2e^x\sin x$；
(14) $y'=\frac{1-\ln x}{x^2}$；
(15) $y'=-csc^2 x$；
(16) $y'=\frac{1}{1+\cos x}$；
(17) $y'=\frac{1-2\ln x}{x^3}-\frac{3}{2}x^{-\frac{5}{2}}$；
(18) $y'=\frac{1+\sin x+\cos x}{(1+\cos x)^2}$；
(19) $y'=(2x+3)(\cos x+1)-(x^2+3x)\sin x$；
(20) $y'=2e^x(\cos x-\sin x)$.

2. (1)6,18； (2) $-e^{\pi}$； (3)4(3ln2+1)； (4) $-\frac{1}{4}$； (5) $\frac{5}{16}$； (6) $n!$；
(7) $\frac{\pi^2+2\pi+12}{\pi},\frac{2\pi^2+3}{\pi}$； (8) $-\frac{4}{\pi^2},-\frac{12}{\pi^2}$； (9)3, 4ln2+6.

3. $(-1,0)$，$\left(\frac{1}{3},-\frac{32}{27}\right)$. 4. $\left(\frac{1}{2},-1\right)$. 5. $y=1$.

6. $y=\frac{1}{24}(x-8)$，$y=-24(x-8)$.

习题 2.3

1. (1) $y'=18(3x+5)^5$； (2) $y'=2\sin(6-2x)$；

(3) $y'=-6xe^{-3x^2}$； (4) $y'=\frac{1}{x\ln x\ln(\ln x)}$；

(5) $y'=\frac{x}{x^2+1+\sqrt{x^2+1}}$； (6) $y'=\frac{2x}{1+(x^2+1)^2}$；

(7) $y'=5^{\arcsin x^2}\frac{2x\ln 5}{\sqrt{1-x^4}}$； (8) $y'=-4\sin(2\sin 4x)\cos 4x$；

(9) $y'=\frac{3}{2\ln 3}\frac{\log_3^2 x}{x\sqrt{\log_3^3 x+1}}$； (10) $y'=8x\tan(1+2x^2)\sec^2(1+2x^2)$.

2. (1) $y'=-\frac{4}{(e^x-e^{-x})^2}$；

(2) $y'=2\tan x\sec^2 x\sin\frac{3}{x^2}-\frac{6}{x^3}\tan^2 x\cos\frac{3}{x^2}$；

(3) $y'=\arcsin(3x)+\frac{3x}{\sqrt{1-9x^2}}+\frac{x}{\sqrt{4-x^2}}$；

(4) $y'=\frac{1}{\sec 4x}\left(\frac{1+6x^2}{3x+6x^3}-4\ln\sqrt[3]{2x+4x^3}\tan 4x\right)$.

习题 2.4

1. (1) $y'=\frac{y^2-4xy}{2x^2-2xy+3y^2}$； (2) $y'=\frac{e^{x+y}-y}{x-e^{x+y}}$；

(3) $y'=\frac{-(1+xy)e^{xy}}{1+x^2e^{xy}}$； (4) $y'=-\frac{\sin(x+y)+y\cos x}{\sin(x+y)+\sin x}$.

2. $\left.\frac{dy}{dx}\right|_{\substack{x=2\\y=0}}=-\frac{1}{2}$.

3. 切线方程：$y=\frac{e}{3}x+1$，法线方程：$y=-\frac{3}{e}x+1$.

4. (1) $y'=x^{\sqrt{x}-\frac{1}{2}}\left(1+\frac{1}{2}\ln x\right)$； (2) $y'=(1+x)^x\left[\frac{x}{1+x}+\ln(1+x)\right]$；

(3) $y'=\frac{\sqrt{x+1}}{\sqrt[3]{2x-1}(x+3)^2}\left(\frac{1}{2(x+1)}-\frac{2}{3(2x-1)}-\frac{2}{x+3}\right)$；

(4) $y' = \frac{(x+1)^2(x-2)^3}{x(x-1)^4(x+3)}\left(\frac{2x+2}{x(x-2)} - \frac{2x+6}{x^2-1} - \frac{1}{x+3}\right)$.

习题 2.5

1. (1) $2\cos x - x\sin x$;　　(2) $2e^{-x}\sin x$;

(3) $\frac{6-2x^2}{(x^2+3)^2}$;　　(4) $25e^{5x-3}$;

(5) $12x + \frac{1}{x^2}$;　　(6) $\frac{1}{\sqrt{1+x^2}(1+x^2)}$.

2. (1) $(-2)^n e^{-2x}$;　　(2) $(n+x)e^x$;

(3) $y' = \ln x + 1, y^{(n)} = (-1)^n (n-2)! \frac{1}{x^{n-1}} (n \geqslant 2)$;

(4) $2^{n-1}\cos\left(2x + n \cdot \frac{\pi}{2}\right)$.

习题 2.6

1. (1) $dy = (12x+4)dx$;　　(2) $dy = 35(7e^x - 3)^4 e^x dx$;

(3) $dy = -e^x[\cos(5x-1) + 5\sin(5x-1)]dx$;

(4) $dy = \frac{2\cos x(1+\cos 2x) + 4\sin x\sin 2x}{(1+\cos 2x)^2}dx$;

(5) $dy = \left(\frac{4\ln x}{x} - \frac{3}{2\sqrt{10-x}}\right)dx$;

(6) $dy = \sec x dx$;

(7) $dy = (3x^2 4^x \cos x + x^3 4^x \ln 4\cos x - x^3 4^x \sin x)dx$;

(8) $dy = -\frac{5e^{5x}}{1+e^{10x}}dx$.

2. 565.2 cm^3.

3. (1) 1.003 3;　(2) 0.507 6;　(3) 0.02.

习题 3.1

1. (1) 1;　(2) 1;　(3) 1;　(4) $\frac{1}{2}$;　(5) $\frac{1}{2}$;

(6) $-\frac{1}{3}$;　(7) -1;　(8) 1;　(9) 1;　(10) ~ (12) 略.

2. 由于 $\lim\limits_{x\to\infty}(1-\sin x)$ 不存在,故不满足洛必达法则的条件.

3. (1) $\frac{1}{3}$;　(2) $\frac{1}{2}$;　(3) e^{-1}.

习题 3.2

1. (1) $(-\infty,3)$单调递减，$(3,+\infty)$单调递增；

(2) $(-\infty,-2)\cup(0,2)$单调递减，$(-2,0)\cup(2,+\infty)$单调递增；

(3) $\left(0,\frac{1}{2}\right)$单调递减，$\left(\frac{1}{2},+\infty\right)$单调递增；

(4) $(-\sqrt{2},\sqrt{2})$单调递减，$(-\infty,-\sqrt{2})\cup(\sqrt{2},+\infty)$单调递增.

2. (1) 极大值$f(0)=0$，极小值$f(1)=-1$；

(2) 极大值$f(-1)=17$，极小值$f(3)=-47$；

(3) 极大值$f\left(-\frac{1}{2}\right)=\frac{15}{4}$，极小值$f(1)=-3$；

(4) 极大值$f(2)=-3$，极小值$f(-1)=-\frac{3}{2}$；

(5) 极小值$f(1)=2-4\ln 2$；

(6) 极大值$f(0)=0$，极小值$f(2)=\frac{4}{e^2}$.

3. (1) 最大值$f(-1)=3$，最小值$f(-2)=-1$；

(2) 最大值$f(1)=2$，最小值$f(-1)=-10$；

(3) 最大值$f(\pm 2)=13$，最小值$f(\pm 1)=4$；

(4) 最小值$f(1)=\frac{1}{2}$，最小值$f\left(\frac{1}{2}\right)=\frac{1}{6}$；

(5) 最大值$f(3)=18-\ln 3$，最小值$f\left(\frac{1}{2}\right)=\ln 2$.

4. 小正方形边长为$\frac{a}{6}$时方盒子容量最大.

5. 底半径和高之比为1∶2时用料最省.

习题 3.3

1. $C(900)=1\ 775$，$\overline{C}(900)=1.97$，$C'(900)=1.5$.

2. $R'(50)=199$.

3. 平均成本为14元，边际成本为4元，边际成本低于14元，还可以继续提高产量.

4. $E(3)=-\frac{3}{4}$，$E(4)=-1$，$E(5)=-\frac{5}{4}$.

5. $Q=80$，$\overline{C}(80)=100$元/单位.

6. $Q=40$.

7. (1) $R(20)=120$，$R(30)=120$，$\overline{R}(20)=6$，$\overline{R}(30)=4$，$R'(20)=2$，$R'(30)=-2$；

(2) 25.

8. $Q=250, L(250)=425$.

9. $R(Q)=P(Q)Q=14Q-0.01Q^2, L(Q)=R(Q)-C(Q)=-20+10Q-0.02Q^2, Q\in(0,+\infty)$,

$Q=250$(台)时利润最大,最大利润为 $L(250)=1\ 230$(元).

10. $Q=100+\frac{5-P}{0.2}\times 20=600-100P$,即 $P=\frac{600-Q}{100}$, $Q=150, P=4.5, L(150)=225$.

习题 4.1

1. (1)是; (2)否; (3)否; (4)否.

2. $y=\frac{3}{2}x^2-5$.

3. (1)175m;(2)20s.

4. (1) $\frac{2}{7}x^{\frac{7}{2}}-\frac{10}{3}x^{\frac{3}{2}}+C$; (2) $e^x-3\sin x+C$; (3) $\frac{1}{2}x^2-3x+3\ln|x|+\frac{1}{x}+C$;

(4) $\frac{2^x}{\ln 2}+3\arcsin x+C$; (5) $\frac{90^t}{\ln 90}+C$; (6) $x-4\ln|x|-\frac{4}{x}+C$;

(7) $\frac{1}{3}x^3-\arctan x+C$; (8) $\tan x-\sec x+C$; (9) $\sin x+\cos x+C$;

(10) $-\cot x-x+C$; (11) $2\tan x+x+C$; (12) $\frac{1}{2}(\tan x+x)+C$.

习题 4.2

1. (1) $\frac{1}{3}$; (2) $-\frac{1}{2}$; (3) $\frac{1}{6}$; (4) $-\frac{1}{x}$; (5) -1; (6) $\sin x$.

2. (1) $-\frac{1}{6}\cos 6x+C$; (2) $-e^{-x}+C$; (3) $\frac{1}{3}\ln|3x-2|+C$;

(4) $-\frac{1}{3}(1-2x)^{\frac{3}{2}}+C$; (5) $-\frac{1}{4}(1+2x)^{-2}+C$; (6) $\sqrt{x^2+3}+C$;

(7) $-e^{\frac{1}{x}}+C$; (8) $x-\ln(1+e^x)+C$ 或 $-\ln(1+e^{-x})+C$;

(9) $\frac{1}{3}\ln|2+3\ln x|+C$; (10) $2\sqrt{\sin x}+C$; (11) $\frac{1}{2}\sin(2e^x+1)+C$;

(12) $-e^{\cos x}+C$; (13) $\frac{3}{8}x+\frac{1}{4}\sin 2x+\frac{1}{32}\sin 4x+C$; (14) $-\frac{\cos^3 x}{3}+\frac{\cos^5 x}{5}+C$;

(15) $\frac{1}{2}\sin x+\frac{1}{10}\sin 5x+C$; (16) $\ln|x^3-2x+1|+C$; (17) $\frac{1}{3}\arcsin\frac{3}{2}x+C$;

(18) $\frac{1}{10}\arctan\frac{5}{2}x+C$.

3. (1) $\sqrt{2x}-\ln\left|1+\sqrt{2x}\right|+C$; (2) $\frac{3}{2}\sqrt[3]{x^2}-3\sqrt[3]{x}+3\ln\left|1+\sqrt[3]{x}\right|+C$;

(3) $x-2\sqrt{1+x}+2\ln(1+\sqrt{1+x})+C$； (4) $6(\sqrt[6]{x}-\arctan\sqrt[6]{x})+C$；

(5) $\frac{1}{2}\arcsin x-\frac{1}{2}x\sqrt{1-x^2}+C$； (6) $\frac{1}{2}\ln\left|\frac{x}{\sqrt{x^2+4}+2}\right|+C$；

(7) $\frac{\sqrt{x^2-1}}{x}+C$； (8) $\ln\left|\frac{x}{1+\sqrt{1-x^2}}\right|+C$；

(9) $\sqrt{x^2-2}-\sqrt{2}\arccos\frac{\sqrt{2}}{x}+C$； (10) $\frac{1}{2a^3}\arctan\frac{x}{a}+\frac{x}{2a^2(a^2+x^2)}+C$.

习题 4.3

1. (1) $\frac{1}{4}\sin 2x-\frac{x\cos 2x}{2}+C$； (2) $-e^{-x}(x+1)+C$；

(3) $\frac{1}{2}(x+4)\sin 2x+\frac{1}{4}\cos 2x+C$； (4) $x\ln\frac{x}{3}-x+C$；

(5) $\frac{1}{4}(2x^2-1)\arcsin x+\frac{x}{4}\sqrt{1-x^2}+C$； (6) $x\,\text{arccot}\,x+\frac{1}{2}\ln(1+x^2)+C$；

(7) $\frac{1}{13}e^{3x}(3\cos 2x+2\sin 2x)+C$； (8) $x\tan x+\ln|\cos x|+C$.

2. (1) $\frac{2}{9}(3\sqrt{x}-1)e^{3\sqrt{x}}+C$； (2) $x\ln\sqrt{x}-\frac{x}{2}+C$；

(3) $\frac{2}{3}x^{\frac{3}{2}}\ln x-\frac{4}{9}x^{\frac{3}{2}}+C$； (4) $\frac{1}{4}(2x+2\sqrt{x}\cdot\sin 2\sqrt{x}+\cos 2\sqrt{x})+C$.

习题 5.1

1. (1)正； (2)负.

2. (1) $\int_0^1 x^2\mathrm{d}x<\int_0^1 x\mathrm{d}x$； (2) $\int_1^2 2^{-x}\mathrm{d}x>\int_1^2 3^{-x}\mathrm{d}x$.

3. (1) $1\leqslant\int_0^1(1+x^2)\mathrm{d}x\leqslant 2$； (2) $\frac{\pi}{2}\leqslant\int_0^{\frac{\pi}{2}}e^{\sin x}\mathrm{d}x\leqslant\frac{\pi}{2}e$.

习题 5.2

1. (1) $\frac{1}{5}$； (2) $-\sqrt{2}$.

2. (1) 0； (2) $-\frac{1}{2e}$.

3. (1) $\frac{5}{6}+\frac{4\sqrt{2}}{3}$； (2) 1； (3) $\frac{76}{15}$； (4) $\frac{5}{2}$； (5) $1-\frac{\sqrt{3}}{3}-\frac{\pi}{12}$；

(6) $\sqrt{2}-1$； (7) $\frac{3}{2\ln 2}-\frac{10}{\ln 6}+\frac{4}{\ln 3}$； (8) $-\frac{2}{3}+\frac{\pi}{4}$； (9) 1； (10) 2.

习题 5.3

1. (1)1；　(2)$\frac{\pi}{6}-\frac{\sqrt{3}}{8}$；　(3)$\frac{5}{2}$；　(4)$\frac{1}{4}$；　(5)$\frac{15}{8}$；

(6)$2(e^2-e)$；　(7)1；　(8)$1-\frac{1}{\sqrt{e}}$；　(9)$\frac{\pi^2}{36}$；　(10)2ln3；

(11)4－2arctan2；　(12)$\sqrt{3}-\frac{\pi}{3}$；　(13)$\frac{3}{2}+3\ln\frac{3}{2}$；　(14)$2+\ln\frac{3}{2}$.

2. (1)$1-2e^{-1}$；　(2)$-\frac{2}{9}$；　(3)$\frac{1}{2}$；

(4)$\frac{\sqrt{3}}{12}\pi+\frac{1}{2}$；　(5)2；　(6)$\frac{1}{4}(e^2+1)$.

习题 5.4

1. $\frac{9}{2}$.　2. $\frac{26}{3}-\ln 3$.　3. $\frac{4}{3}$.　4. $4-3\ln 3$.

5. $\frac{96}{5}\pi$.　6. 8π.　7. $C(q)=20e^{0.1q}+30$.　8. $R(Q)=-\frac{8}{1+Q}+8$.

9. $C(Q)=\frac{2}{3}Q^3-\frac{5}{2}Q^2+200Q+205.5$.

10. $L(Q)=8Q-Q^2+88$，当 $Q=4$ 时，最大利润 $L(4)=104$.

11. 2 450π(J).　12. 0.75(J).　13. 1.47×10^5(N).

习题 6.1

1. (1)$\frac{5}{3}$，-2；(2)$3\sqrt{2}$；(3)$\frac{1}{2}x(x-y)$.

2. (1)$D=\{(x,y)\mid xy>0\}$；

(2)$D=\{(x,y)\mid x^2+y^2\leqslant 1\}$；

(3)$D=\{(x,y)\mid x\leqslant -2$ 或 $x\geqslant 2$ 且 $-2\leqslant y\leqslant 2\}$；

(4)$D=\{(x,y)\mid -2\leqslant x\leqslant 2$ 且 $xy\geqslant 0\}$.

3. (1) $-\frac{1}{4}$；(2)$\frac{\pi}{2}$.

习题 6.2

1. (1)1，2；(2)$\frac{\partial z}{\partial x}=-2x\sin(x^2+y^2)$；(3)1 .

2. (1) $\frac{\partial z}{\partial x}=3x^2-6xy,\frac{\partial z}{\partial y}=3y^2-3x^2$; (2) $\frac{\partial z}{\partial x}=ye^{xy},\frac{\partial z}{\partial y}=xe^{xy}$;

(3) $\frac{\partial z}{\partial x}=\frac{-2}{x^3y^3},\frac{\partial z}{\partial y}=\frac{-3}{x^2y^4}$; (4) $\frac{\partial z}{\partial x}=\frac{y^2}{(x^2+y^2)^{\frac{3}{2}}},\frac{\partial z}{\partial y}=\frac{-xy}{(x^2+y^2)^{\frac{3}{2}}}$;

(5) $\frac{\partial z}{\partial x}=\frac{-2x}{y}\sin x^2,\frac{\partial z}{\partial y}=-\frac{1}{y^2}\cos x^2$; (6) $\frac{\partial z}{\partial x}=2y^{2x}\ln y,\frac{\partial z}{\partial y}=2xy^{2x-1}$.

3.

(1) $f''_{xx}(x,y)=y^2e^{xy},f''_{xy}(x,y)=f''_{yx}(x,y)=e^{xy}(1+xy),f''_{yy}(x,y)=x^2e^{xy}$;

(2) $f''_{xx}=e^{x+y^2},f''_{xy}=f''_{yx}=2ye^{x+y^2},f''_{yy}=(4y^2+2)e^{x+y^2}$.

4. (1) $dz=\frac{2}{x^2+y^2}(xdx+ydy)$;

(2) $dz=e^{x+y}[\sin(x-y)+\cos(x-y)]dx+e^{x+y}[\sin(x-y)-\cos(x-y)]dy$.

习题 6.3

1. $\frac{dz}{dx}=\frac{\partial z}{\partial x}\cdot\frac{dx}{dt}+\frac{\partial z}{\partial y}\cdot\frac{dy}{dt}=3\sin^2 t\cdot\cos t-2t\sin t^2$.

2. $\frac{\partial z}{\partial x}=6x(4x+2y)(3x^2+y^2)^{4x+2y-1}+4\,(3x^2+y^2)^{4x+2y}\ln(3x^2+y^2)$;

$\frac{\partial z}{\partial y}=2y(4x+2y)(3x^2+y^2)^{4x+2y-1}+2\,(3x^2+y^2)^{4x+2y}\ln(3x^2+y^2)$.

3. $\frac{\partial z}{\partial x}=\frac{\partial z}{\partial u}\cdot\frac{\partial u}{\partial x}+\frac{\partial z}{\partial v}\cdot\frac{\partial v}{\partial x}=1\cdot\frac{y}{1+x^2y^2}+\frac{1}{v}\cdot 2x=\frac{2x+y}{1+x^2y^2}$;

$\frac{\partial z}{\partial y}=\frac{\partial z}{\partial u}\cdot\frac{\partial u}{\partial y}+\frac{\partial z}{\partial v}\cdot\frac{\partial v}{\partial y}=1\cdot\frac{x}{1+x^2y^2}+\frac{1}{v}\cdot 2y=\frac{x+2y}{1+x^2y^2}$.

4. $\frac{\partial z}{\partial x}=y\,(x+y)^{xy-1}[x+(x+y)\ln(x+y)]$;

$\frac{\partial z}{\partial y}=x\,(x+y)^{xy-1}[y+(x+y)\ln(x+y)]$.

5. $\frac{\partial z}{\partial x}=f'_1+yf'_2,\frac{\partial z}{\partial y}=f'_1+xf'_2,\frac{\partial^2 z}{\partial x^2}=f''_{11}+2yf''_{12}+y^2f''_{22}$,

$\frac{\partial^2 z}{\partial x\partial y}=f''_{11}+(x+y)f''_{12}+f'_2+xyf''_{22},\frac{\partial^2 z}{\partial y^2}=f''_{11}+2xf''_{12}+x^2f''_{22}$.

习题 6.4

1. (1) 极小值 $f\left(\frac{1}{2},-1\right)=-\frac{e}{2}$;

(2) 极大值 $f(0,0)=0$，极小值 $f(2,2)=-8$.

2. 最大值 $Z|_{(\frac{1}{2},\frac{1}{2})}=\frac{1}{4}$.

3. 长为2m,宽为2m,高为3m.

习题6.5

1. (1)$\frac{1}{3}$;(2)$\frac{45}{8}$;(3)$\frac{32}{3}$;(4) -2;(5)0;(6)$\frac{32}{9}$.

2. (1) $\int_0^1 dy \int_{\sqrt{y}}^{\sqrt[3]{y}} f(x,y)\,dx$;(2) $\int_0^1 dx \int_x^1 f(x,y)\,dy$;

(3) $\int_0^1 dy \int_{e^y}^{e} f(x,y)\,dx$;(4) $\int_0^1 dy \int_y^{2-y} f(x,y)\,dx$.

习题7.1

1. (1)29;(2) $-b^2$;(3)6;(4)18.
2. (1)$x=3, y=-2$;(2)$x=1, y=2, z=7$.
3. (1) $-7\ 200$;(2) -47;(3) -56.

习题7.2

1. $\boldsymbol{A}+\boldsymbol{B}=\begin{bmatrix}-1 & 1 & 1\\ 0 & 2 & 2\end{bmatrix}$,$3\boldsymbol{A}-2\boldsymbol{B}=\begin{bmatrix}7 & -2 & 3\\ -5 & 6 & -4\end{bmatrix}$,$\boldsymbol{A}\boldsymbol{B}^{\mathrm{T}}=\begin{bmatrix}-2 & 3\\ 4 & -1\end{bmatrix}$.

2. $\boldsymbol{X}=\begin{bmatrix}3 & 2 & -2\\ -1 & -5 & -6\end{bmatrix}$,$\boldsymbol{Y}=\begin{bmatrix}-1 & 2 & 2\\ 2 & 5 & 4\end{bmatrix}$.

3. (1)[25];(2)$\begin{bmatrix}12 & 4 & 8\\ 9 & 3 & 6\\ 15 & 5 & 10\end{bmatrix}$;(3)$\begin{bmatrix}31 & -1\\ 5 & -3\\ 24 & 4\end{bmatrix}$;(4)$\begin{bmatrix}7 & -35\\ -5 & 7\end{bmatrix}$;

(5)$\begin{bmatrix}5 & 6 & 7 & 8\\ 1 & 2 & 3 & 4\\ 9 & 10 & 11 & 12\end{bmatrix}$.

4. (1)$\begin{bmatrix}\frac{1}{8} & -\frac{3}{8}\\ \frac{1}{4} & \frac{1}{4}\end{bmatrix}$;(2)$\frac{1}{4}\begin{bmatrix}3 & 2 & -3\\ -2 & 0 & 2\\ -3 & -2 & 7\end{bmatrix}$.

习题7.3

1. (1)$\begin{bmatrix}1 & 0 & 0\\ 0 & 1 & 0\\ 0 & 0 & 1\end{bmatrix}$;(2)$\begin{bmatrix}1 & 0 & 0 & 1\\ 0 & 1 & -2 & -1\\ 0 & 0 & 0 & 0\end{bmatrix}$;(3)$\begin{bmatrix}1 & 0 & 0 & 0 & -8\\ 0 & 1 & 0 & -1 & 3\\ 0 & 0 & 1 & -2 & 6\\ 0 & 0 & 0 & 0 & 0\end{bmatrix}$.

2. (1) $\begin{bmatrix}-1 & \frac{2}{3}\\ -1 & \frac{1}{3}\end{bmatrix}$;(2) $\begin{bmatrix}7 & 3 & -1\\ -\frac{5}{2} & -1 & \frac{1}{2}\\ 1 & 1 & 0\end{bmatrix}$;(3) $\frac{1}{4}\begin{bmatrix}1 & 1 & 1 & 1\\ 1 & 1 & -1 & -1\\ 1 & -1 & 1 & -1\\ 1 & -1 & -1 & 1\end{bmatrix}$.

3. (1)2;(2)3;(3)3.

习题 7.4

1. (1)无解;(2) $x_1=1, x_2=2, x_3=1$;

(3) $\begin{bmatrix}x_1\\x_2\\x_3\\x_4\end{bmatrix}=\begin{bmatrix}1\\1\\0\\0\end{bmatrix}k_1+\begin{bmatrix}0\\0\\1\\1\end{bmatrix}k_2+\begin{bmatrix}\frac{1}{2}\\0\\\frac{1}{2}\\0\end{bmatrix}$($k_1,k_2$为任意常数);(4)无解.

2. (1)零解;(2) $\begin{bmatrix}x_1\\x_2\\x_3\\x_4\end{bmatrix}=\begin{bmatrix}-\frac{3}{2}\\\frac{7}{2}\\1\\0\end{bmatrix}k_1+\begin{bmatrix}-1\\-2\\0\\1\end{bmatrix}k_2$($k_1,k_2$为任意常数);

(3) $\begin{bmatrix}x_1\\x_2\\x_3\\x_4\end{bmatrix}=\begin{bmatrix}2\\1\\0\\0\end{bmatrix}k_1+\begin{bmatrix}\frac{2}{7}\\0\\-\frac{5}{7}\\1\end{bmatrix}k_2$($k_1,k_2$为任意常数);(4) $\begin{bmatrix}x_1\\x_2\\x_3\\x_4\end{bmatrix}=\begin{bmatrix}0\\2\\1\\0\end{bmatrix}k_1$($k_1$为任意常数).

3. $k\neq-2$ 且 $k\neq1$.

4. $k=-1$ 或 $k=4$.

5. $\lambda\neq1$ 且 $\lambda\neq-2$ 时,有唯一解;$\lambda=-2$ 时无解;$\lambda=1$ 时,有无穷多个解: $\begin{bmatrix}x_1\\x_2\\x_3\end{bmatrix}=\begin{bmatrix}-1\\1\\0\end{bmatrix}k_1+\begin{bmatrix}-1\\0\\1\end{bmatrix}k_2+\begin{bmatrix}1\\0\\0\end{bmatrix}$($k_1,k_2$为任意常数).

习题 7.5

1. 由 $\alpha=\beta$，有 $\begin{cases} x=1 \\ xy=1 \\ \dfrac{y}{x}=1 \end{cases} \Rightarrow \begin{cases} x=1 \\ y=1 \end{cases}$.

2. $2\boldsymbol{\alpha}_1+3(\boldsymbol{\alpha}_2-\boldsymbol{\beta})=0 \Rightarrow \boldsymbol{\beta}=\dfrac{1}{3}(2\boldsymbol{\alpha}_1+3\boldsymbol{\alpha}_2)=\dfrac{1}{3}(4,3,-5)$.

3. (1)线性无关； (2)线性相关； (3)线性相关.

4. (1)$\boldsymbol{\alpha}_3=3\boldsymbol{\alpha}_1+\boldsymbol{\alpha}_2, \boldsymbol{\alpha}_5=\boldsymbol{\alpha}_1+\boldsymbol{\alpha}_2+\boldsymbol{\alpha}_4$；

(2)$\boldsymbol{\alpha}_2=-\boldsymbol{\alpha}_1+2\boldsymbol{\alpha}_2, \boldsymbol{\alpha}_5=\boldsymbol{\alpha}_1+\boldsymbol{\alpha}_2+\boldsymbol{\alpha}_4$；

(3)该向量组线性无关.

5. $\begin{pmatrix} 1 & 2 & \lambda+1 \\ 0 & 2 & 4 \\ \lambda & \lambda & 6 \end{pmatrix} \rightarrow \begin{pmatrix} 1 & 0 & \lambda-3 \\ 0 & 1 & 2 \\ 0 & 0 & 6-\lambda^2+\lambda \end{pmatrix}$（化成最简阶梯型矩阵的形式）.

要使 $\boldsymbol{\alpha}_1, \boldsymbol{\alpha}_2, \boldsymbol{\alpha}_3$ 线性相关，需要 $r(\boldsymbol{A})<3$，则 $6-\lambda^2+\lambda=0 \Rightarrow \lambda=-2$ 或 $\lambda=3$.

$\lambda=-2$ 时，$\boldsymbol{\alpha}_1=-5\boldsymbol{\alpha}_2+2\boldsymbol{\alpha}_3$；$\boldsymbol{\lambda}=3$ 时，$\boldsymbol{\alpha}_1=0\cdot\boldsymbol{\alpha}_2+2\boldsymbol{\alpha}_3$.

习题 8.1

1. (1)$P=\dfrac{2}{5}$； (2)$\dfrac{3}{5}$.

2. $P=\dfrac{24}{45}=\dfrac{8}{15}$.

3. (1)$P=\dfrac{7}{30}$； (2)$P=\dfrac{21}{100}$； (3)$P=\dfrac{21}{45}=\dfrac{7}{15}$.

4. (1)$\dfrac{C_5^2}{C_{10}^3}=\dfrac{1}{12}$； (2)$\dfrac{C_4^2}{C_{10}^3}=\dfrac{1}{20}$. 5. 0.32.

习题 8.2

1. (1)0.8；(2)0.25；(3)0.2；(4)$\dfrac{2}{3}$.

2. (1)$P=0.8273$；(2)$P=0.05523$.

3. (1)$P=0.2$；(2)$P=0.6$.

4. $P=\dfrac{1}{n}$.

5. (1)由全概率公式得 $P(A)=0.946$；

(2)由贝叶斯公式得 $P(B_2|A)=\dfrac{P(A|B_2)P(B_2)}{P(A)}=0.3$.

6. 0.973.

7. $\frac{20}{21}$.

习题 8.3

1. 0.68　2. 0.097　3. (1)0.308 7；　(2)0.471 8.　4. $p=\frac{2}{3}$.

习题 8.4

1. $\frac{a}{N}\times N=1\Rightarrow a=1$.

2.

X	0	1	2
P	$\frac{22}{35}$	$\frac{12}{35}$	$\frac{1}{35}$

3. $P_n(X)=P(X=k)=C_8^k\left(\frac{2}{3}\right)^k\left(\frac{1}{3}\right)^{8-k}(k=0,1,2,\cdots,8)$.

4. (1)0.163 08；　(2)0.352 93.

5. 0.017 5.

$\lambda=np=0.000\,2\times 1\,000=0.2$;

$$P(X\geqslant 2)=1-P(X<2)=1-P(X=0)-P(X=1)$$
$$=1-\frac{0.2^0\mathrm{e}^{-0.2}}{0!}-\frac{0.2^1\mathrm{e}^{-0.2}}{1!}.$$

6. (1)$A=\frac{1}{16}$；　(2)$P(1<X<4)=\frac{19}{32}$.

7. (1)0.986 1；　(2)0.310 0；　(3)0.066 8；　(4)0.866 4.

8. (1)0.532 8；　(2)0.999 6；　(3)0.697 7；　(4)0.5.

习题 8.5

1. $E(X)=0.45, E(X^2)=1.025, D(X)=0.822\,5$.

2. $E(X)=1.2, D(X)=0.36$.

3. $E(\xi)=1, E(2\xi-1)=\frac{1}{2}, D(\xi)=\frac{12}{5}-1=\frac{7}{5}$.

4. $a=0.4, b=1.2$.

5. $E(X)=\frac{7}{6}, E(X^2)=\frac{5}{3}, D(X)=\frac{1}{2}$.

6. $a=1, b=7$.

附录1 常用初等数学公式

1. 乘法与因式分解公式

$(a\pm b)^2=a^2\pm 2ab+b^2$，　　$(a\pm b)^3=a^3\pm 3a^2b+3ab^2\pm b^3$，

$a^2-b^2=(a+b)(a-b)$，　　$a^3\pm b^3=(a\pm b)(a^2\mp ab+b^2)$，

$a^n-b^n=(a-b)(a^{n-1}+a^{n-2}b+a^{n-3}b^2+\cdots+ab^{n-2}+b^{n-1})$（$n$ 为正整数）.

2. 指数公式

$a^{-n}=\frac{1}{a^n}(a\neq 0)$，　　$a^0=1(a\neq 0)$，

$a^{\frac{m}{n}}=\sqrt[n]{a^m}(a\geqslant 0)$，　　$a^{-\frac{m}{n}}=\frac{1}{\sqrt[n]{a^m}}(a\geqslant 0)$（$m$、$n$ 均为正整数），

$(ab)^x=a^x\cdot b^x$，　　$\left(\frac{a}{b}\right)^x=\frac{a^x}{b^x}(a>0,b>0,x$ 为任意实数).

3. 对数公式

定义式：$a^b=N\Leftrightarrow \log_a N=b$.

性质：

$a^{\log_a N}=N$，　$\mathrm{e}^{\ln N}=N$，　$\log_a a^x=x$，　$\log_a 1=0$，　$\log_a a=1$.

运算法则：

$\log_a(MN)=\log_a M+\log_a N$，　$\log_a\frac{M}{N}=\log_a M-\log_a N$，

$\log_a N^x=x\log_a N$，

换底公式：

$\log_a N=\frac{\log_b N}{\log_b a}$.

4. 数列公式

1）等差数列

通项公式：$a_n=a_1+(n-1)d$.

前 n 项的和：$S_n=\frac{n}{2}(a_1+a_n)=\frac{n}{2}[2a_1+(n-1)d]$.

2）等比数列

通项公式：$a_n=a_1q^{n-1}$.

前 n 项的和：$S_n=\frac{a_1(1-q^n)}{1-q}$.

常见数列前 n 项的和：

$$1+2+3+\cdots+n=\frac{n(n+1)}{2},$$

$$1^2+2^2+3^2+\cdots+n^2=\frac{n(n+1)(2n+1)}{6},$$

$$1^3+2^3+3^3+\cdots+n^3=\left[\frac{n(n+1)}{2}\right]^2,$$

$$\frac{1}{1\times2}+\frac{1}{2\times3}+\frac{1}{3\times4}+\cdots+\frac{1}{n\times(n+1)}=\frac{n}{n+1}.$$

5. 排列组合

排列：$A_m^n=m(m-1)(m-2)\cdots(m-n+1)=\dfrac{m!}{(m-n)!}$.

组合：$C_m^n=\dfrac{A_m^n}{A_n}=\dfrac{m(m-1)(m-2)\cdots(m-n+1)}{1\times2\times3\times\cdots\times n}=\dfrac{m!}{(m-n)!\ n!}$.

组合的性质：$C_m^n=C_m^{m-n}$，　$C_{m+1}^n=C_m^{n-1}+C_m^n$.

二项式定理　$(x+a)^n=x^n+C_n^1ax^{n-1}+C_n^2a^2x^{n-2}+\cdots+C_n^ka^kx^{n-k}+\cdots+a^n$.

6. 三角形的基本关系

正弦定理：$\dfrac{a}{\sin A}=\dfrac{b}{\sin B}=\dfrac{c}{\sin C}=2R$（$R$ 为外接圆半径）.

余弦定理：$a^2=b^2+c^2-2bc\cos A$,

$b^2=c^2+a^2-2ca\cos B$,

$c^2=a^2+b^2-2ab\cos C$.

面积公式：(1) $S=\dfrac{1}{2}ah_a=\dfrac{1}{2}ab\sin C$;

(2) $S=\sqrt{p(p-a)(p-b)(p-c)}$ $\left(\text{其中 } p=\dfrac{a+b+c}{2}\right)$.

7. 解析几何

1)圆

圆周长 $C=2\pi r$，面积 $S=\pi r^2$，

扇形面积 $S=\dfrac{1}{2}r^2\theta$，弧长 $l=r\theta$（θ 为圆心角，单位是弧度）.

2)正圆锥

体积 $V=\dfrac{1}{3}\pi r^2h$，侧面积 $S=\pi rl$.

3)正棱锥

体积 $V=\dfrac{1}{3}\times$底面积$\times$高，侧面积 $A=\dfrac{1}{2}\times$斜高$\times$底周长.

4)圆台

体积 $V=\dfrac{1}{3}\pi h(R^2+r^2+Rr)$，侧面积 $A=\pi l(R+r)$.

5)球

体积 $V=\frac{4}{3}\pi r^3$，侧面积 $S=4\pi r^2$.

8. 初等几何

1）平面坐标系

点 A、B 的坐标分别为 (x_1,y_1) 和 (x_2,y_2).

两点间距离公式：$|AB|=\sqrt{(x_2-x_1)^2+(y_2-y_1)^2}$.

中点坐标公式（AB 的中点坐标为 (x,y)）：

$$x=\frac{x_1+x_2}{2},y=\frac{y_1+y_2}{2}.$$

直线 AB 的斜率：$k=\tan\alpha=\frac{y_2-y_1}{x_2-x_1}$（$\alpha$ 为直线 AB 的倾斜角）.

2）直线的方程

一般式：$Ax+By+C=0$；　　点斜式：$y-y_1=k(x-x_1)$；

斜截式：$y=kx+b$；　　截距式：$\frac{x}{a}+\frac{y}{b}=1$；

两点式：$\frac{y-y_1}{y_2-y_1}=\frac{x-x_1}{x_2-x_1}$.

3）点 $M(x_0,y_0)$ 到直线 $Ax+By+C=0$ 的距离公式

$$d=\frac{|Ax_0+By_0+C|}{\sqrt{A^2+B^2}}.$$

附录 2 标准正态分布表

$$\Phi(x) = \int_{-\infty}^{x} \frac{1}{\sqrt{2\pi}} e^{\frac{x^2}{2}} dx$$

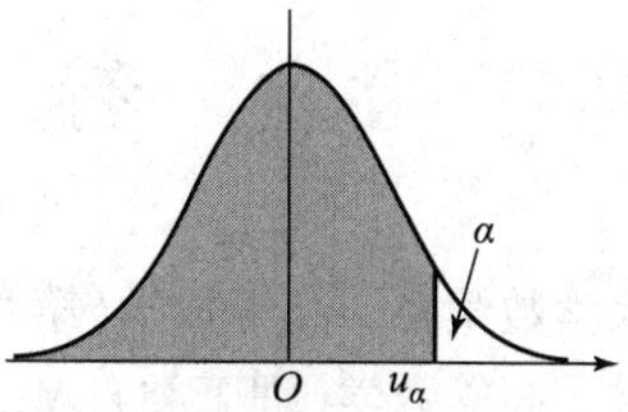

x	0.000 00	0.010 00	0.020 00	0.030 00	0.040 00	0.050 00	0.060 00	0.070 00	0.080 00	0.090 00
0.0	0.500 00	0.503 99	0.507 98	0.511 97	0.515 95	0.519 94	0.523 92	0.527 90	0.531 88	0.535 86
0.1	0.539 83	0.543 80	0.547 76	0.551 72	0.555 67	0.559 62	0.563 56	0.567 49	0.571 42	0.575 35
0.2	0.579 26	0.583 17	0.587 06	0.590 95	0.594 83	0.598 71	0.602 57	0.606 42	0.610 26	0.614 09
0.3	0.617 91	0.621 72	0.625 52	0.629 30	0.633 07	0.636 83	0.640 58	0.644 31	0.648 03	0.651 73
0.4	0.655 42	0.659 10	0.662 76	0.666 40	0.670 03	0.673 64	0.677 24	0.680 82	0.684 39	0.687 93
0.5	0.691 46	0.694 97	0.698 47	0.701 94	0.705 40	0.708 84	0.712 26	0.715 66	0.719 04	0.722 40
0.6	0.725 75	0.729 07	0.732 37	0.735 65	0.738 91	0.742 15	0.745 37	0.748 57	0.751 75	0.754 90
0.7	0.758 04	0.761 15	0.764 24	0.767 30	0.770 35	0.773 37	0.776 37	0.779 35	0.782 30	0.785 24
0.8	0.788 14	0.791 03	0.793 89	0.796 73	0.799 55	0.802 34	0.805 11	0.807 85	0.810 57	0.813 27
0.9	0.815 94	0.818 59	0.821 21	0.823 81	0.826 39	0.828 94	0.831 47	0.833 98	0.836 46	0.838 91
1.0	0.841 34	0.843 75	0.846 14	0.848 49	0.850 83	0.853 14	0.855 43	0.857 69	0.859 93	0.862 14
1.1	0.864 33	0.866 50	0.868 64	0.870 76	0.872 86	0.874 93	0.876 98	0.879 00	0.881 00	0.882 98
1.2	0.884 93	0.886 86	0.888 77	0.890 65	0.892 51	0.894 35	0.896 17	0.897 96	0.899 73	0.901 47
1.3	0.903 20	0.904 90	0.906 58	0.908 24	0.909 88	0.911 49	0.913 08	0.914 66	0.916 21	0.917 74
1.4	0.919 24	0.920 73	0.922 20	0.923 64	0.925 07	0.926 47	0.927 85	0.929 22	0.930 56	0.931 89
1.5	0.933 19	0.934 48	0.935 74	0.936 99	0.938 22	0.939 43	0.940 62	0.941 79	0.942 95	0.944 08
1.6	0.945 20	0.946 30	0.947 38	0.948 45	0.949 50	0.950 53	0.951 54	0.952 54	0.953 52	0.954 49
1.7	0.955 43	0.956 37	0.957 28	0.958 18	0.959 07	0.959 94	0.960 80	0.961 64	0.962 46	0.963 27
1.8	0.964 07	0.964 85	0.965 62	0.966 38	0.967 12	0.967 84	0.968 56	0.969 26	0.969 95	0.970 62
1.9	0.971 28	0.971 93	0.972 57	0.973 20	0.973 81	0.974 41	0.975 00	0.975 58	0.976 15	0.976 70
2.0	0.977 25	0.977 78	0.978 31	0.978 82	0.979 32	0.979 82	0.980 30	0.980 77	0.981 24	0.981 69
2.1	0.982 14	0.982 57	0.983 00	0.983 41	0.983 82	0.984 22	0.984 61	0.985 00	0.985 37	0.985 74
2.2	0.986 10	0.986 45	0.986 79	0.987 13	0.987 45	0.987 78	0.988 09	0.988 40	0.988 70	0.988 99
2.3	0.989 28	0.989 56	0.989 83	0.990 10	0.990 36	0.990 61	0.990 86	0.991 11	0.991 34	0.991 58
2.4	0.991 80	0.992 02	0.992 24	0.992 45	0.992 66	0.992 86	0.993 05	0.993 24	0.993 43	0.993 61
2.5	0.993 79	0.993 96	0.994 13	0.994 30	0.994 46	0.994 61	0.994 77	0.994 92	0.995 06	0.995 20
2.6	0.995 34	0.995 47	0.995 60	0.995 73	0.995 85	0.995 98	0.996 09	0.996 21	0.996 32	0.996 43
2.7	0.996 53	0.996 64	0.996 74	0.996 83	0.996 93	0.997 02	0.997 11	0.997 20	0.997 28	0.997 36
2.8	0.997 44	0.997 52	0.997 60	0.997 67	0.997 74	0.997 81	0.997 88	0.997 95	0.998 01	0.998 07
2.9	0.998 13	0.998 19	0.998 25	0.998 31	0.998 36	0.998 41	0.998 46	0.998 51	0.998 56	0.998 61
3.0	0.998 65	0.998 69	0.998 74	0.998 78	0.998 82	0.998 86	0.998 89	0.998 93	0.998 96	0.999 00

参考文献

[1]同济大学数学系. 高等数学(第六版)[M]. 北京:高等教育出版社,2007.
[2]钱椿林. 高等数学(理工类)[M]. 北京:电子工业出版社,2012.
[3]王霞. 高等数学(经管类)[M]. 天津:天津大学出版社,2004.
[4]卢春燕,魏运. 经济数学基础[M]. 北京:北京交通大学出版社,2006.
[5]陈卫忠,杨晓华. 高等数学[M]. 苏州:苏州大学出版社,2012.
[6]关革强. 高等数学(应用类)[M]. 大连:大连理工大学出版社,2005.
[7]李先明. 高等应用数学基础[M]. 北京:中国水利水电出版社,2009.
[8]季霏. 经济数学[M]. 北京:北京邮电大学出版社,2012.